JN250687

発刊にあたって

「音響テクノロジーシリーズ」の第1巻「音のコミュニケーション工学－マルチメディア時代の音声・音響技術－」が刊行されてから20年が経過した。本シリーズは，日本音響学会が刊行する書籍のシリーズとして，「音響工学講座」に続く2番目のシリーズである。またその後，日本音響学会では，新たに「音響入門シリーズ」，「音響サイエンスシリーズ」の編集が開始され，音の世界への入門から応用まで，科学から技術まで，広くウィングを広げつつある。

「音響工学講座」が，大学や専門学校で音響工学を学び，あるいは現場で音響学を応用した仕事に従事する研究者・技術者を対象として，学術分野別に筋の通った教科書として統一的に編集されたシリーズであるのに対して，「音響テクノロジーシリーズ」は，その時々の音響工学に関係する最先端の分野をとりあげ，その技術を深く理解すべく編集されたシリーズである。東倉洋一初代編集委員長は，これを「従来の研究分野別の構成とは異なり，複数の分野に横断的に係わるメソッド的なシリーズ」と述べている。「音響工学講座」のように分野別のシリーズを縦糸，本シリーズのように分野は違えども共通に応用できる技法や手法をまとめたシリーズを横糸，と喩えられることもある。丈夫な縦糸と横糸が偏りなく，しっかりと組み合わされることによって，直面する課題の解決に耐えうる盤石の知識基盤が構築できる。

「音響テクノロジーシリーズ」は，シリーズ名に「テクノロジー」をうたっている。テクノロジーとは，実用的な目的のために，知識を応用することやその方法，理論，体系を意味する。本シリーズが扱う音響学は，かかわる分野が非常に幅広い。音波の発生と伝搬は物理現象であり，音波の知覚と認識は，心理学や生理学の領域にある。音楽音響の分野に至っては，楽器の発音機構の理解には非常に高度な物理的知識が必要であると同時に，芸術の分野にまで踏み込むこともある。そのため，音響学は現代の科学技術の各所に役立てられ，応用されている。本シリーズではこれまで，音のトランスデューサやディジタル処理技術，心理学的測定法のように，音響工学や音響心理学の根幹をなすテーマから，音を用いたイメージング技術やアクティブコントロールのような音の工学的応用を深く掘り下げたテーマ，さらには非線形音響のように最新のトピックを取り扱ってきた。今後は，知識や技術のボーダーレス化に伴い，音響技術の国際化も重要な視点となるだろう。また，広く考えれば，音響学が担うべき役割は，単なる科学技術の領域にとどまらず，人間や社会のシステムにおける位置づけが重要となってくる。そのようなことも鑑み，今後も実学と直結した音響学の魅力を本シリーズで伝えていきたい。最後に，本シリーズの発刊にあたり，企画と執筆に多大なご努力をいただいた編集委員，著者の方々，ならびに出版に際して種々のご尽力をいただいたコロナ社の諸氏に深く感謝する。

2017年2月

音響テクノロジーシリーズ編集委員会

編集委員長　坂本　慎一

まえがき

人の生活において，より快適な音環境を実現することが，ますます望まれるようになってきており，機械や住宅の静粛化が重要な課題となっている。そのような静粛化には，従来，物体形状や構造を最適化したり，吸音材，遮音材，防振材などを用いる受動騒音制御（passive noise control，PNC）技術が広く用いられている。しかし，PNC では低周波音の対策が原理的に，大きく，重く，コスト高になる欠点があり，スピーカなどのアクチュエータを作動させて消音を実現する能動騒音制御（アクティブノイズコントロール：active noise control，ANC）技術が注目されている。アクティブノイズコントロールは波長の長い低周波音に対しては，アクチュエータやセンサの個数が少なく制御も容易であり，原理的に効果的である。

アクティブノイズコントロールはよく“逆位相の音を出してもとの音をキャンセル消音する技術”といわれるが，必ずしもそれだけではなく，本書に示すようにいろいろな物理メカニズムの消音を実現するものである。アクティブノイズコントロールの基本コンセプトは 1936 年に特許が取得されており，古いものである。その後なかなか実用化に至らなかったが，1970 年代以降の急速な電子技術とディジタル技術の進歩により，研究開発が進み，実用化されるようになってきた。しかし，まだ一般に普及し日常的に使えるところまでは至っていないと考えられる。

本書は，アクティブノイズコントロールの消音原理から，制御アルゴリズム，実用例を体系的にまとめた専門書である。本書により，アクティブノイズコントロールはどのようなメカニズムに基づいたものかを理解していただくとともに，その制御ロジック，アクティブノイズコントロールの利点，限界などを正しく理解していただければ幸いである。また多くの応用例を参考にして，種々の製品の騒音対策に活用していただくことを期待する。

1章ではアクティブノイズコントロールの概要として，その歴史や基本原理，基本構成と制御の概要，アクティブノイズコントロールの用途による分類などを述べた。2章ではアクティブノイズコントロールの物理と題して，音場の基礎方程式から，アクティブノイズコントロールの物理メカニズムについて解説した。3章ではフィードフォワード制御，フィードバック制御などアクティブノイズコントロールの制御アルゴリズムについてまとめた。4章では，ハードウェアとシステム構成と題して，制御システムを構築するうえでの留意点について述べた。センサやアクチュエータ，DSP（digital signal processor）などについては，それぞれの各専門書を参照されたい。5章ではアクティブノイズコントロールの適用例として，できるだけ多くの例を掲載した。

本書を執筆するにあたり，アクティブノイズコントロール適用例の紹介に快く同意していただいた多くの方々に感謝します。また，本書の出版の機会を与えていただいた日本音響学会およびコロナ社に対して心より感謝申し上げます。

2006年5月

著　者

新版にあたって

本書の初版が発行されてから10年以上が経過した。その間に信号処理アルゴリズム，ハードウェアの進歩は著しく，また実用例も多方面に及ぶようになってきた。そこで，執筆陣を拡充し，3章：制御アルゴリズム，4章：ハードウェアとシステム構成，5章：アクティブノイズコントロールの適用例に最新の情報を取り入れた。また，近年注目を集めている音場再現技術は，アクティブノイズコントロールと類似の信号処理を行い，実用化の一展開ととらえることができる。そこで，6章：音場再現への展開を追加した。

2017年8月

著　者

目　　次

1. アクティブノイズコントロールの概要

2. アクティブノイズコントロールの物理

3. 制御アルゴリズム

4. ハードウェアとシステム構成

5. アクティブノイズコントロールの適用例

6. 音場再現への展開

アクティブノイズコントロールの概要

アクティブノイズコントロール（active noise control，**ANC** と略す場合もある）は一般に“逆位相の音を発生してもとの音をキャンセル消音する技術”といわれている。本技術は一見夢のような技術に見えるが，実用面では限界も多い。その適用にあたっては消音のメカニズム，技術の限界などを十分理解しておく必要がある。

そこで本章では，まず機械の騒音対策を進めるうえでのアクティブノイズコントロールの位置付けを明確にする。その後，アクティブノイズコントロールの歴史，アクティブノイズコントロールの基本原理と構成について述べ，アクティブノイズコントロールの概要，限界などを解説する。最後にアクティブノイズコントロールを種々の観点で分類し，どのようなアクティブノイズコントロールがあるかを解説する。

1.1 騒音対策とアクティブノイズコントロール

機械の騒音対策は，その音源となる圧力変動を引き起こす気流の乱れや振動を引き起こす加振力を低減する，いわゆる音源対策が最も効果的である。しかし，それらは機械の性能確保と相いれない場合も多く，空気伝播（ぱ）や固体伝播の伝播経路対策が多く用いられる。

図 1.1 は，ガスタービン発電ユニットを例に取った場合の各種騒音伝播経路対策を示したものである。エンクロージャ，消音器，防振マウント，遮音壁，防音ラギングなどの対策があるが，それらはいずれも吸音，遮音，音の反射，

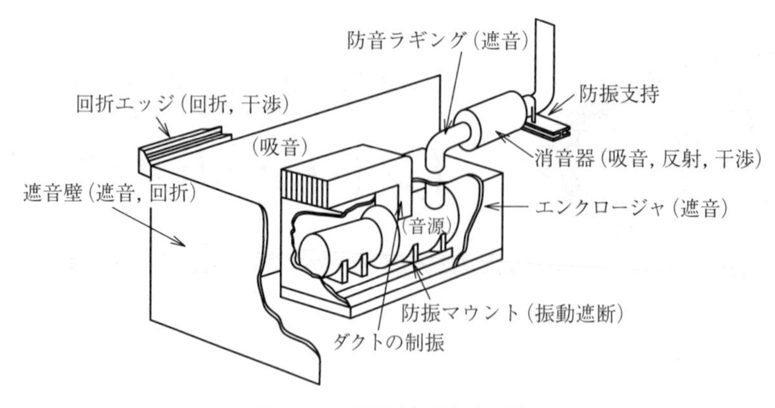

図 1.1　各種騒音伝播経路対策

干渉，制振，防振などを利用したものである。これらの対策は通常，吸音材，遮音材，制振材，防振材などを利用したり，形状を適正化することによって行われる。これらは特に動くものをもたないことから**受動騒音制御**（passive noise control，**PNC** と略す場合もある）と呼ばれている。しかし，これらの対策は一般的に高周波音成分に関しては有効であるが，低周波音成分に対しては減音効率が悪く，大きな減音効果を得るには一般に大きく，重い，コスト高の対策となる。

アクティブノイズコントロールはこれらの騒音対策を，何かを動かして実現しようとするものである。**アクチュエータ**（actuator，**駆動部**）としては，スピーカや加振器が通常用いられるが，空気流量などをバルブでコントロールしてもよい。稼動部があることから**能動騒音制御**（アクティブノイズコントロール）と呼ばれている。アクティブノイズコントロールは後述のように原理的に波長の長い低周波音対策に効果的であり，PNC の不得意な領域をカバーする技術として注目されている。

アクティブノイズコントロールは原理的には上記すべての騒音対策に適用することが可能であるが，現在では消音器，エンクロージャ，遮音壁，防振マウントの性能向上などにより効果的に使われている。PNC とアクティブノイズコントロールの効果的な周波数範囲は対象とする機械によって変わってくるが，一般的にアクティブノイズコントロールのメリットが出てくるのは500 Hz以下といわれている。

本書ではアクティブノイズコントロールは音の伝播経路対策と位置付けているが，後述の分類で示すように，アクティブノイズコントロール自体は流れの制御や加振力の制御など音源対策にも広く用いられることを付記しておく。

1.2　アクティブノイズコントロールの歴史

アクティブノイズコントロールのアイディアは古く，すでに1936年にP. Luegによって米国特許が取得されている[1)†]。そこには，ダクト内を伝播してくる音を検出し，それに基づいて制御音を作成放射する**フィードフォワード制御**（feed forward control）の考え方が図示されている。また，音が伝播してくる空間に制御音を放射し，その後方に静粛領域を形成する考え方も示されている。その後，H. F. Olsonらが1953年に電子吸音器なる概念を発表している[2)]。これは，制御スピーカのすぐ前に誤差マイクロホンを設置し，誤差マイクロホンの信号を**フィードバック制御**（feedback control）することにより，誤差マイクロホンの周囲に静粛領域を形成しようとするもので，いわゆる**TCM**（tight coupled monopole）である。制御は当時のことでアナログ制御であるが，現在最も広く使われているアクティブノイズコントロールイヤーマフラはまさにこれを実用化したものである。日本では1969年に城戸ら[3)]が変圧器の消音対策にアクティブノイズコントロールの適用を提案したのが最初といわれている。これは，変圧器から発生する100 Hzとその倍音を特定の方向に伝播しないように，そのまわりに設置したスピーカで制御したものであり，バンドパスフィルタで発生音を周波数帯域ごとに分離し，その帯域ごとにゲインと位相をマニュアルで調整している。この結果，制御方向では減音は得られているが，他の方向で増音が見られた。これらの先駆的研究は実験としては成功

† 肩付数字は章末の引用・参考文献番号を示す。

しているが，当時のアナログ電子技術では限界があり，実用化には至っていなかった。

アクティブノイズコントロールの研究開発が活発化したのは，1970年代に入り電子技術や制御技術が急速に進歩し始めた時期からである。まずイギリス，フランスで研究が進み[4)~7)]，ディジタル技術が世に出てきた1970年代後半からしだいに研究の輪が拡がった。1980年代初めにはChaplinらにより，波形同期法を用いたアクティブノイズコントロールを舶用エンジンに適用した例[8)]や，Rossがランダム音制御アルゴリズム[9)]に基づいて11 MWのガスタービン排気低周波音を制御した例が発表されている。

1980年代後半に入り，ディジタル信号処理技術，適応制御技術が発展すると，アクティブノイズコントロールの研究も大きく加速され論文の数も急速に増加した。特に**DSP**（digital signal processor）の飛躍的な発展は音響領域の周波数のリアルタイム信号処理を可能にし，アクティブノイズコントロールを一気に実用化に導いた。

その後，種々の制御アルゴリズム，信号処理手法が発案され，種々の機械に適用されるようになり，アクティブノイズコントロールのメリット，デメリット，アクティブノイズコントロールの限界も明確になってきた。本書では，その内容について以後の章で紹介，解説していく。アクティブノイズコントロールは一時のブーム的な研究開発時期は去ったものの，各方面で地道な実用化研究が行われ，すでに種々の分野で実用化，商品化が実現されている。PNCと同様，騒音対策の一つの道具として定着しつつある。

1.3　アクティブノイズコントロールの基本原理

1.3.1　ホイヘンスの原理

アクティブノイズコントロールの消音原理についてはいろいろな説明がなされるが，波の重ね合せで説明するのが最もわかりやすい。ホイヘンス

(Huygen's) の原理によると，**図1.2**において，**一次音源**（primary source, **騒音源**）のまわりに形成される音場とまったく同一の音場 Ω を，一次音源を取り囲む空間に閉じた面 Σ 上に分布した**二次音源**（secondary source）によって形成することが可能である。そこで，二次音源の位相を反転させた場合，Ω 内では一次音源で形成される音場と，二次音源で形成される音場が同一ゲイン・逆位相となり，重ね合せにより完全にキャンセルされ音圧が 0 になる。これが音場のアクティブノイズコントロールの基本原理である。図(b)に示すように，制御対象空間 Ω を囲むように Σ を選ぶと，Ω 内の音圧を 0 にすることができる。

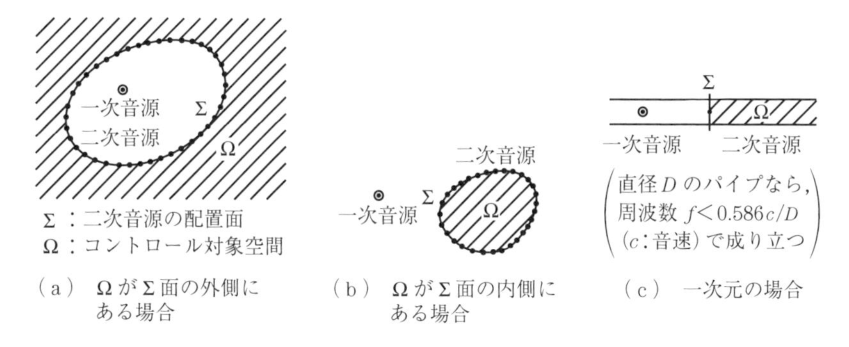

図1.2 アクティブノイズコントロールの基本原理

対象領域が三次元の場合は境界が面になり，理論的には無数の二次音源が必要になるが，実際には対象音の波長に比べて十分短い間隔で二次音源を配置すれば十分である。よって波長の長い低周波音では粗い間隔の配置で十分であるが，波長の短い高周波音を対象とする場合はより密な配置が必要になる。アクティブノイズコントロールが低周波音に対して実現しやすく，高周波音に対して難しいのはこのような原理によるものである。

図(c)のようなダクトでは，断面寸法が対象音の半波長より短い場合は平面波のみが伝播し，一次元的な取扱いが可能である。厳密には，長辺が l の矩形断面ダクトでは，$f < 0.5c/l$ の周波数範囲で，直径が D の円形断面では $f < 0.586c/D$ の周波数範囲で平面波のみが伝播する。ここで，c は音速である。

この場合，境界はポイントになり，1個のスピーカで制御が可能になる。アクティブノイズコントロールがダクトの消音で最も広く用いられているのはこのような理由による。

1.3.2　消音のメカニズム

一方，アクティブノイズコントロールは一般に二次音源によって制御点の音圧を最小にするものであり，粒子速度が最小となるとは限らない。そこで，一次音源，二次音源，**制御点**（control point）の位置関係によって消音のメカニズムが異なってくる。伊勢は音響インピーダンスを操作するとの観点でアクティブノイズコントロールを分類し，**図1.3**のようにまとめている[10]。

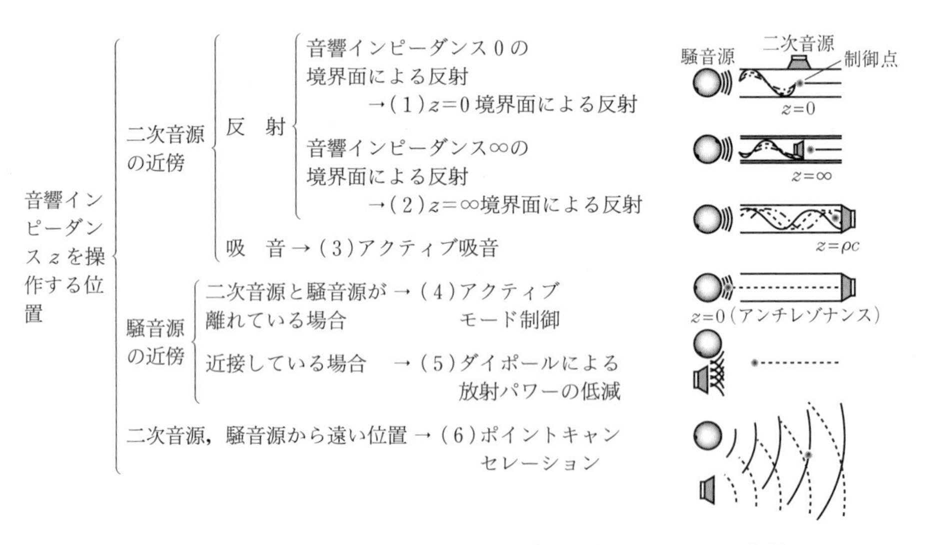

図1.3　減音メカニズムに基づいたアクティブノイズコントロールの分類[10]

まず二次音源近傍に制御点を設け，そこでの音響インピーダンスを操作する場合，一次音源から見ると，二次音源が音を反射するように見える場合と音を吸収するように見える場合とがある。また反射は，音響インピーダンスが 0 の場合と無限大の場合とに分かれる。一次音源近傍で音響インピーダンスを 0 にする場合（つまり音圧を 0 にする場合），一次音源と二次音源が離れている場合は音場のモードを制御し，音響放射効率の低減を行うことになる。また，一次音源と二次音源が近接している場合は，後述するダイポール放射による放射音響パワーの低減を行うことになる。

一次音源からも二次音源からも遠い位置で音響インピーダンスを0にする場合，その制御点周辺の波長に比例した範囲において制御効果が期待され，ポイントキャンセレーションと呼ばれる。この場合，二次音源の存在によって一次音源から放射される音響パワーはほとんど影響を受けず，二次音源からの放射音響パワーが加わる分，全体として放射音響パワーは増加し，音圧が増加する領域も現れるので注意が必要である。**図1.4** は 500 mm×700 mm× 1 000 mm のアルミ箱で，内部の一点をポイントキャンセレーションしたときの，その制

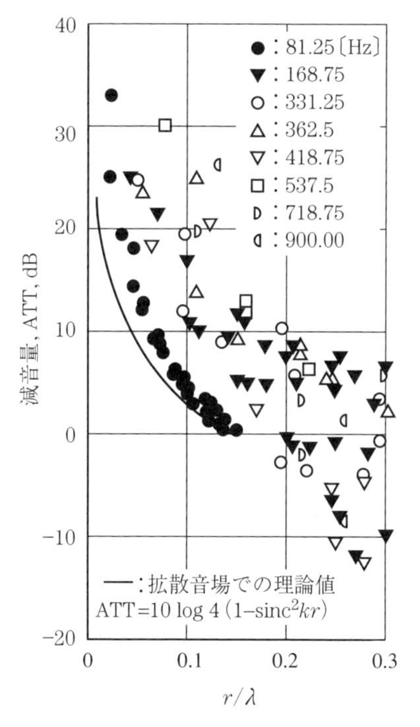

（r：制御点からの距離，λ：波長，k：波数
500 mm×700 mm×1 000 mm のアルミ箱）

図1.4 閉空間でポイントキャンセレーションしたときの減音効果[11)]

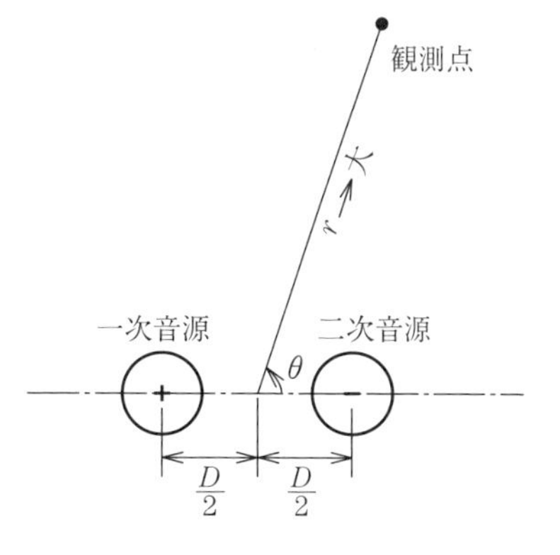

図1.5 ダイポール放射

御点まわりの減音量を示したものである[11]。理論値としては拡散音場を仮定した場合の減音量を示している。結果は拡散音場を仮定した場合より大きな減音効果が得られているが，拡散音場の条件では 10 dB 以上減音効果が得られるのは，制御点まわりの半径約 0.05λ の非常に狭い領域であることがわかる。

ダイポール放射による放射音響パワーの低減については，簡単な算式が成り立つ。つまり，**図 1.5** に示すように，一次音源と二次音源が同振幅，逆位相のモノポール音源で，近接して配置されている場合，遠方での音の強さ I_d はモノポールだけの場合の音の強さ I_m に対してつぎのような関係になる。

$$\frac{I_d}{I_m} = \left| \frac{2\pi D}{\lambda} \right|^2 \cos^2\theta \tag{1.1}$$

ここで，D は一次音源と二次音源中心間距離，λ は波長，θ は図に示す角度である。式（1.1）から $D < \lambda/(2\pi)$ の場合は全方向で音の強さが低減することがわかる。また全方向について積分することにより，$D < \sqrt{3}\,\lambda/(2\pi)$ の場合，放射音響パワーが減少することがわかる。**図 1.6** は，$D = 0.05\lambda$ の場合の結果を図示したものである。このような図からも，アクティブノイズコントロー

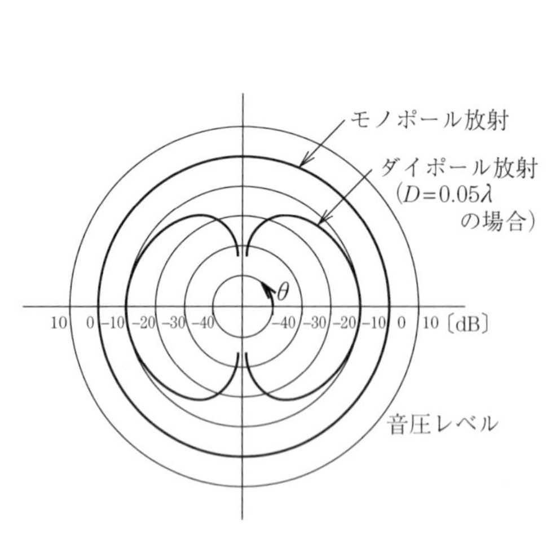

図 1.6　ダイポール放射による発生音の低減

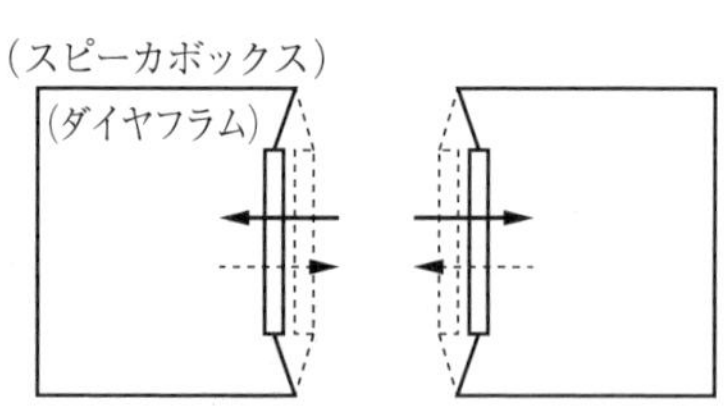

（a）　ダイヤフラムが同位相で振動（放射音響パワー大）

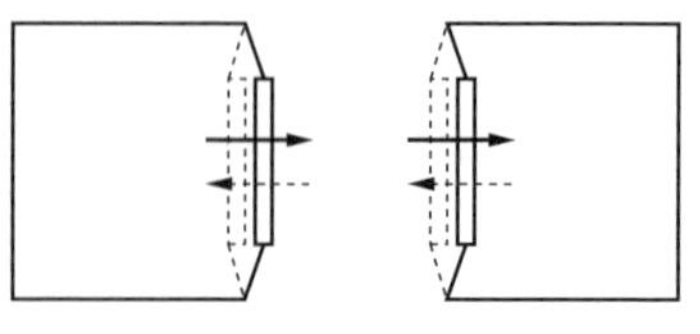

（b）　ダイヤフラムが逆位相で振動（放射音響パワー小）

図 1.7　ダイポール放射のメカニズム

ルが低周波音で効果的なことがよく読み取れる。

図 1.7 はこの関係を直感的に理解しやすいように説明した図である。図(a)では 2 個のスピーカのダイヤフラムが同位相で振動しており，その間の空間の空気が圧縮・膨張され圧力変動を発生しやすい。言い換えると放射音響インピーダンスの実部（放射抵抗）が大きく，放射音響パワーが大きくなる。一方，図(b)では 2 個のスピーカのダイヤフラムが逆位相・同振幅で振動しており，その間の空間の空気は圧縮も膨張もしにくく圧力変動が発生しにくい。つまり音が発生しにくいことになる。この場合，スピーカのダイヤフラムは同様に振動しているが，放射抵抗が小さく，音への変換効率が大幅に減少したことになる。消音のメカニズムの詳細については 2 章を参照されたい。

1.4 アクティブノイズコントロールの基本構成と制御手法

1.4.1 フィードフォワード制御

アクティブノイズコントロールの制御方法としては一般に，フィードフォワード制御とフィードバック制御があるが，二次音源と制御点が接近していない限り，通常フィードフォワード制御が用いられる。その基本配置を**図 1.8** に示す。

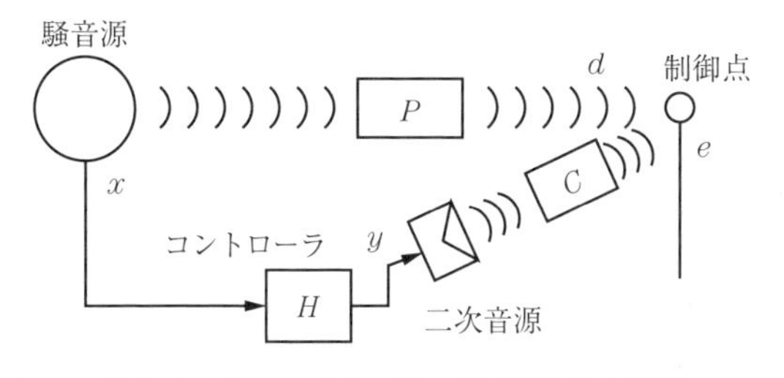

図 1.8 フィードフォワード制御の基本配置

まず検出マイクロホンなどにより一次音源を代表する**参照信号**（reference signal）x を事前に検出し，その信号を処理して，誤差マイクロホンを設置する制御点で一次音源からの到達音に対して逆位相・同振幅になるように二次音源からの音を制御する。図において，d は一次音源から伝達経路 P を通って制御点に至る音圧信号であり，制御音は一次音源から検出した参照信号 x がコントローラの伝達特性 H を経て二次音源から放出され，**二次経路**（secondary path）C を経て制御点に至るものである。制御点では両者の和である**誤差信号**（error signal）e なる音圧信号が検出され，それが最小になるように制御することになる。この関係を周波数領域で表現するとつぎのようになる。なお，各信号のフーリエ変換を大文字で表している。

$$E(\omega) = D(\omega) + H(\omega)C(\omega)X(\omega) \tag{1.2}$$

ここで，ω は角周波数である。$D(\omega) = P(\omega)X(\omega)$ だから

$$H(\omega) = -\frac{P(\omega)}{C(\omega)} \tag{1.3}$$

となるように H を定めれば，制御点の音圧は完全にキャンセルされることになる。ここで，H は空間での音の伝播特性だけでなく，スピーカやマイクロホンの特性も含んだかなり複雑なものになる。また空間の条件件が変わったり，音源や制御点が移動したり，温度が変わったりして音の伝播特性が変化した場合や，スピーカやマイクロホンの特性が変化した場合にも消音効果を維持するためには，H が自動的に適応していく必要がある。具体的に H を求めていく手法として種々のアルゴリズムが開発されているが，詳細は3章で述べる。

制御音が一次音源からの音に対して完全に同一振幅，逆位相であれば，音は完全にキャンセルされ誤差信号は0になるが，現実には難しい。実際は何らかのミスマッチが発生し，減音効果は有限値に収まることになる。**図 1.9** はそのような振幅，位相のミスマッチと減音量の関係を示したものである[12)]。

この図から，20 dB 以上の減音量を得るには，位相誤差が5°以内で振幅誤差が3％以内に収める厳密な制御が必要であることがわかる。一方，10 dB 程度の減音量で満足するなら，位相誤差15°，振幅誤差20％程度まで許され，かなり楽な制御になる。なお，ここでの減音効果はあくまでも制御点における効果であって，周囲の受音点における減音効果は個々の音場やアクティブノイズコントロールシステムで異なってくるので注意されたい。

フィードフォワード制御の場合，十分な減音効果を得るためにはつぎの三つ

の条件を満足する必要がある。一つ目は**因果律**（causality）が成り立つことである。参照信号を検出してからコントローラで信号処理し，二次音源から放射された音が二次経路を経て制御点まで至る時間は，一次音源からの音が参照信号として検出された時点から制御点に到達するまでの時間に一致しなければならない。もし信号処理などに時間がかかりすぎると，制御音が制御点に到達したときには一次音源からの音はすでに制御点を通り過ぎていて制御が間に合わないことになる。上記のように制御が間に合うことを因果律が成り立つという。

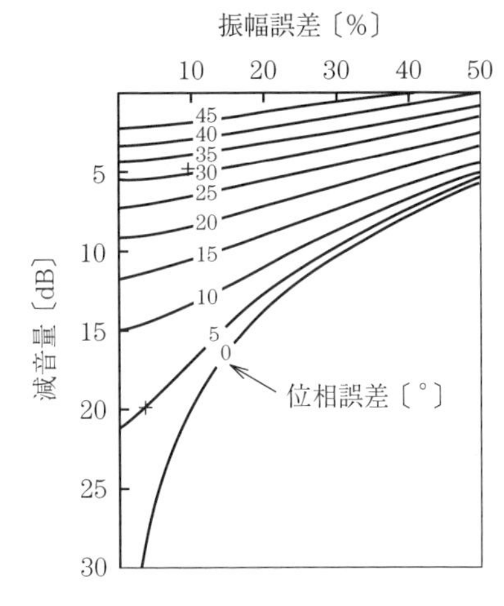

図 1.9 振幅，位相のミスマッチと減音量の関係[12)]

二つ目は参照信号と誤差信号の**関連度**（coherence）が高いことである。制御信号はあくまでも参照信号に基づいて伝播経路の補正を行ったものであるから，誤差信号に含まれる参照信号と関連度のある成分のみを消音することができる。別の言い方をすれば，制御点に伝播してくる一次音源以外からの音を消音することはできない。この効果を逆用すれば，制御点に入ってくる音のうち特定の音源からの音のみを消音することも可能と考えられる。

最後に，キャンセレーションを行う場合は，制御点において一次音源からの音に対して十分余裕をもって大きい音が出せる二次音源が必要である。これは制御対象とする全周波数領域において成り立たなければならない。もし二次音源に余裕がない場合は，波形の歪（ひず）みなどが発生しやすくなる。

1.4.2 フィードバック制御

つぎにフィードバック制御の基本構成を**図 1.10** に示す。参照信号を用いず，制御点に設置した誤差マイクロホンの出力である誤差信号のみをフィードバッ

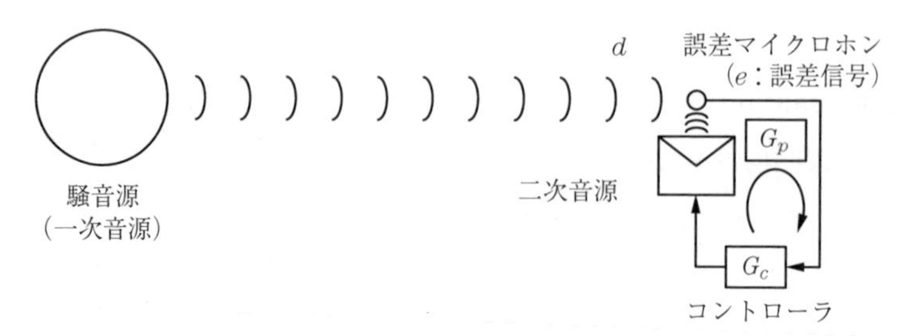

図 1.10　フィードバック制御の基本構成

クして制御を行うものである。この場合，通常のフィードバック理論がそのまま適用でき，一次音源からの音を外乱と見なし，目標値をゼロにおいた**図 1.11** のブロック図で考えることができる。ここで，G_p はコントローラを入れない場合のフィードバック回路の一巡伝達関数，G_c はコントローラの伝達関数である。周波数領域で表現すると，誤差信号は

$$E(\omega) = -\frac{1}{1 + G_p(\omega)G_c(\omega)}D(\omega) \tag{1.4}$$

と表され，G_pG_c のゲインを大きく取ることで減音効果が得られることがわかる。しかし，フィードバック回路なので，系の発振が起こらないように G_c の設計には十分な注意が必要である。詳細は 3 章を参照されたい。

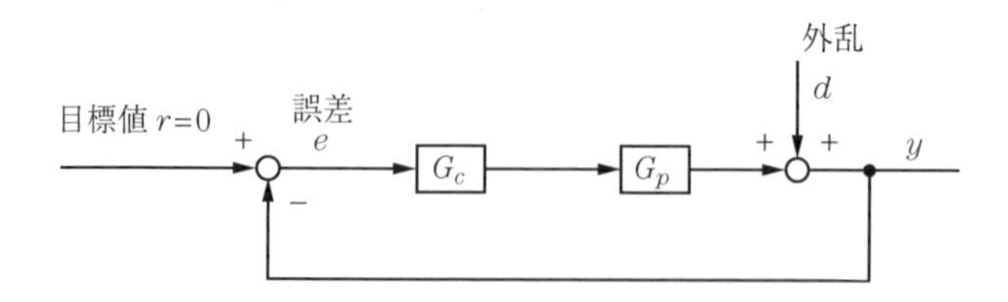

図 1.11　フィードバック制御のブロック図

1.4.3　周期音の制御

以上の手法は一次音源からの音がどのような波形のものであっても消音が可能であるが，騒音ではエンジンの爆発音，ファンの回転音，ギアのかみ合い音のように，周期的な繰返し波形をもった**周期音**（periodic noise）が問題にな

る場合も多い。この場合は，機械の軸回転パルスのように周期の基本となる信号を取り出し，その信号に同期して制御音の繰返し波形を作成していくという手法も可能である。この手法は**波形同期法**（wave synthesis method）と呼ばれ，一種のフィードフォワード制御である。**図 1.12** はエンジンの排気音制御に適用した例である。回転パルスに同期させて繰返し波形を作成，誤差信号に基づきその波形を修正し，誤差信号を最小にしていくという手法が取られている。これについては 3.3.1 項を参照されたい。

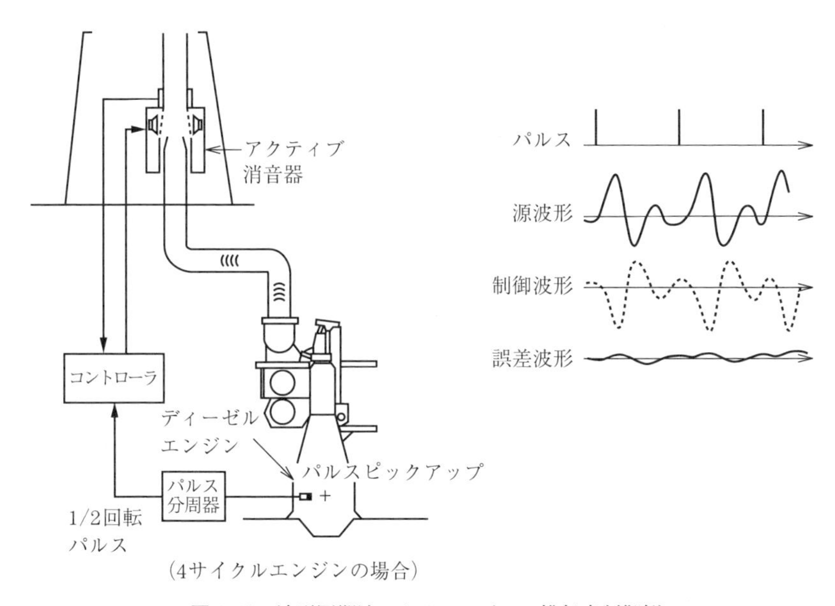

図 1.12 波形同期法によるエンジンの排気音制御例

また，周期音は波形が繰り返すため，周期的因果律が成り立つという特徴がある。このため，信号処理に時間がかかって時間的に因果率が成り立たない場合でも，何波か後の波形と因果関係が成り立つため，消音が可能になる。この特徴を利用して，上記フィードフォワード制御の参照信号と誤差信号を一体化させて，見掛け上フィードバック制御を行うことによっても消音が可能となる[13]。3.5.4 項，および 5.5 節を参照されたい。

1.4.4　多チャネルシステム

ここまでは問題をわかりやすくするため1入力1出力システムで述べてきたが，当然複数の音源を扱う場合は多入力となり，複数の制御点を制御するには複数の二次音源が必要で，多出力となる。その場合，二次音源相互の影響を考慮していく必要があり，システムは一気に複雑になって，多量のデータ処理を素早く実施する高価なシステムが必要になってくる。

複雑さを回避するため，最近では，各々独立に制御する1入力1出力システムを複数個並べて複数の制御点を制御する，いわゆる分散システムが普及し始めている。この場合，シンプルなシステムを量産し，それをただ並べていくだけでよいことになり，実現しやすい。ただシステム相互の干渉を抑える必要があり，あまり大きな減音効果を望めない場合もある。5章の事例（5.4節）を参照されたい。

1.5　アクティブノイズコントロールの用途による分類

アクティブノイズコントロールの消音原理による分類，制御手法による分類はすでに述べてきたので，ここでは，用途による分類を行う。**表1.1**は，アクティブノイズコントロールを用途により分類したものである[14)]。最近の開発状況，課題なども併記している。

やはりアクティブノイズコントロールが最も広く用いられているのは，一次元音場であるダクトの消音である。エンジンのマフラのように断面積変化をつけなくても，低周波音をコンパクトに消音できることから，圧損の増加がなく，スペースが節約できるという特徴が出せる。コントローラも1チャネルシステムで比較的安価に実現できることも普及している理由であろう。一時期高周波音の高次モードの伝播にも対応できるように多チャネルシステムも提案されたが，システムが高価になり，なかなか商品化されていない。

空間の騒音制御で最も普及しているのは，小さなキャビティの消音，つまりイヤーマフラである。これはオーディオ装置と組み合わされて，外部からの音の進入を防止したヘッドセットとしても市販されている。耳元の小さなキャビティを消音するため，比較的高周波音まで1チャネルシステムで容易に消音できる特徴をもつ。コントローラはディジタルシステムのものもあるようだが，大半はアナログフィードバックシステムで安価に実現している。

閉空間のこもり音は，外部から進入してくる音が室内で共鳴し定在波を形成するもので，室内に設置した二次音源で逆位相の定在波を形成することで容易に消音が可能である。二次音源は最も音圧の立つコーナ部に設置するのが効率的で，1チャネルシステムで消音が可能である。自動車内のブーミングノイズの消音などに効果的である。

局所空間の消音は，空間内に消音領域（quiet zone または zone of quiet (ZoQ)）[†]を形成しようとするもので，一般に複数の制御点を制御する多チャネルシステムが用いられる。椅子のヘッドレストに二次音源と誤差マイクロホンを埋め込み，左右の耳元の音を静粛化しようとするコンパクトなものから，航空機の全座席の頭部近傍を静粛化する数十チャネルの大規模なシステムまで存在する。しかし，大規模システムでは，広帯域ランダム音を制御するにはシステムの演算スピードが追い付かず，周期的因果律が成り立つプロペラ回転音などの周期音成分の消音に用いられている。

回折音の減少は，塀の頂上に二次音源を並べたり，誤差マイクロホンを並べることにより，回折しやすい低周波音を制御しようとするものである。固定音源に対しては多チャネルシステムで適当な領域の消音は可能であったが，道路交通騒音のように音源が移動するものに対して広範囲の消音を実現させることは難しかった。最近分散制御の考え方を採用し，防音壁の頂部の音場境界を制御することにより回折音を低減する手法が開発された[15)]。本手法は移動音源にも十分対応することが確認され，道路交通騒音対策にも実用化されている（5.4.2項を参照されたい）。

---

† zone of quiet（ZoQ）の表記が定着してきているが，本書では先駆的な研究での表記に敬意を表して quiet zone という表記を用いる。

表 1.1　アクティブノイズコントロールの用途による分類[14]

分類		技術概要	適用機種	開発状況	備考
音場の制御	一次元音場	サイレンサ　圧力脈動吸収装置 ・伝播音の吸収・反射による消音 ・圧損の増加なし ・ダクトの音響特性の変化	送風機 空調ダクト エンジン ガスタービン 水・油圧配管 など	・最も古くから研究開発が進んでいる ・商品化済み（空調ダクト，エンジン排気ダクトなど） ・水・油圧配管への適用はまだ進んでいない	・大音圧，超低周波音などを効率良く放射できるスピーカの開発が依然課題である
	三次元音場	閉空間のこもり音対策 ・制御スピーカで逆位相の音場を形成 ・共鳴音は，一つのスピーカで空間の平均音圧を低減可。非共鳴音は局所減音のみ可	自動車 一般の居室 など	・商品化済み（自動車のエンジンこもり音については省エネルギーとの両立で特に適用が進んでいる）	・カーオーディオ装置の利用で，安価に実現
		局所空間の消音 ・波長に比べて十分狭い空間を消音 ・多チャネル化して消音領域を拡大 ・拡散音場，自由音場，一般の音場に適用	自動車 航空機 車　両 一般の居室 クワイエットチェア	・多チャネル制御をいかに効率良く行うかがポイント ・広帯域ランダム音の制御が難しく，周期音や狭帯域ランダム音が主な対象 ・商品化済み（航空機プロペラ音，自動車のロードノイズ，車両の座席耳元など）	・システムが大がかりになり，分散制御への移行が課題 ・広帯域ランダム音対策をどのように実現さすかが課題
		回折音の減少 ・塀の上に二次音源または誤差マイクロホンを設置し，回折音が最小になるように制御	防音壁	・商品化済み（建設機械など特定音源を対象にしたもの，道路用防音壁として，移動する複数音源を対象としたものなどがある） ・最近では信号処理速度が速くなり，移動，複数音源に対してもフィードフォワード制御も可能となってきている	・音場境界の制御とも位置付けられる ・見通せる場所の消音のニーズが高まっている
		耳元の消音 ・フィードバック制御，フィードフォワード制御で耳元の小さなキャビティの音場を制御（密閉タイプ） ・キャビティが小さいので高周波までの制御が可（密閉タイプ）	イヤープロテクタ ヘッドホン	・密閉タイプは古くから商品化が最も進んでいる ・音質の改善で競争している ・耳に圧迫を与えないオープンタイプの開発が進んでいる（制御スピーカを頭に装着するタイプ，地上に固定するタイプ）	・制御スピーカを地上に固定するタイプでは，人の移動に合わせて二次経路をオンラインで素早く固定することが課題
		放射音響パワーの低減 ・小さな音源に近接して制御スピーカを設置し，ダイポール放射による放射音響パワーの低減を狙う ・音源を囲むように制御スピーカを設置	全　般	・音源を囲むことは実用的に難しく，適切な制御スピーカと誤差マイクロホンの位置を選ぶことによって放射音響パワーを最小にする研究が進んでいる ・ダクト開口端からの放射音については実用化済み	

表 1.1 （つ づ き）

分類	技術概要	適用機種	開発状況	備考
音場境界の制御	壁の音響反射率制御 ・スピーカで壁を作成 ・入射してくる音波に合わせて壁（スピーカ）を振動させ反射率を適切に調節する	ホール 一般室内 など	・実験室ベースでは，完全吸音，複素反射率の制御まで実証済み（分散制御） ・実用化までには至っていない	・システムの簡素化が必要 ・スピーカの軽量化が課題
	壁の遮音増加 アクチュエータ ・アクチュエータで壁の振動を制御し，遮音量やダンピングを増す	車　両 航空機 一般の部屋 など	・パネルの振動自体を分散制御する方法と，二重壁の内部音場を分散制御する方法が研究開発中	・システムの軽量化，コンパクト化が必要 ・機能材料の活用課題
	開口窓からの透過音の低減 ・窓に小型スピーカを分散配置し，入射してくる音に合わせて逆位相の音を生成し，透過音を消音する	住宅の窓 エンクロージャ開口部 など	・実験室ベースでは小型の音響セルを分散配置することによって，移動音源，複数音源にも対応できることを検証済み ・同様技術は遮音カーテンなどにも応用できると期待される	・コスト，メンテナンスなど実用化までの課題は多い
振動制御	アクティブマウント アクチュエータ アクティブ制振 ・音響周波数領域の対策で固体伝播音を防止	各種機械	・振動制御の領域では技術が確立し，広く実用化されている ・音響領域の周波数帯域では分散制御が必要でまだ研究段階	・音響領域では機能材の活用が課題
流れの制御	アクティブフローコントロール ・流力自励音，燃焼振動の防止 ・乱流遷移，混合促進 ・流れに作用し，発生音を低減	各種機械	・流れ性能改善による音源対策 ・ダンピング負荷による自励音対策など ・実験室ベースでは検証されているが実用化までには至っていない	・MEMSなどアクチュエータの開発が課題

放射音響パワーを低減するには，前述のダイポール放射のように，一次音源の近傍に二次音源を設置するか，一次音源を取り囲むように二次音源を設置する必要がある。ダクトの開口端からの音の放射のように，音源が小さく点音源と見なせる場合は，近くに二次音源を設置することが可能で，放射音響パワーの低減が可能である。音源が大きい場合，それを取り囲むように二次音源を設置し多チャネル制御するのは現実的には難しい。そこで最近では音源をシンプルにモデル化し，適切な制御点を選ぶことにより，1チャネルシステムで放射音響パワー最小を狙う試みがなされている[16)]。

音場境界の制御は，壁や空間の仮想境界に制御点を置き，その点の音響インピーダンスや音響エネルギーフローなどを制御するものである。それにより壁の吸音率，反射率，透過率，音の伝播方向などが制御可能で，結果として音場を制御し，静粛化も可能である。多チャネル制御で音場を制御する手法の開発や分散制御で吸音率や遮音量の増加を狙う開発が行われているが，上述の防音壁の回折音制御以外はまだ実用化には至っていない。また，窓のような開口部から透過してくる音を，アクティブノイズコントロールで低減しようという試みも行われている。詳しくは5.4.4項を参照されたい[17)]。

最近では，アクティブノイズコントロールを単に低騒音化技術として使用するだけではなく，省エネルギー実現のためのツールや機械の快音化のためのツールとして用いる動きもあり，また上記開口窓への適用など，アクティブノイズコントロールでしかできない分野への適用などの開発が進んでいる[18)]。

振動制御は別途広く行われているが，音の制御という観点では，固体伝播音の防止やパネル振動制御による放射音の低減がこれに対応する。しかし音が問題になる周波数領域は一般の振動が問題にする周波数領域より高く，高次モードの制御が必要でシステムが複雑になる難点がある。

流れの制御も別途広く行われているが，音の制御という観点では，流れの剝離（はくり）制御や噴流の混合促進によって結果的に音の発生を低減することと，音場のダンピングなどを制御することによって，キャビティ音のような流力自励音の発生を防止することがこれに対応する。特に後者では，音場境界の吸音率制御や音響インピーダンス制御などが有効である。

1.6 アクティブノイズコントロールの特徴と課題

以上，アクティブノイズコントロールの概要について述べてきたが，その特徴の一つは，PNC に比べて低周波の減音がコンパクトに効率良くできることである。アクティブノイズコントロールと PNC を使い分ける周波数限界は，ケースバイケースで異なるが，総じて 500 Hz 程度がその目安とされている。それ以下の周波数に対しては，PNC で大きな減音効果を得ようとすると，分厚く，大きく，重くなるためである。逆に高周波に対しては，アクティブノイズコントロールは二次音源や誤差マイクロホンを密に配置し，多チャネルの制御が必要になり非効率である。制御対象音に合わせてうまくアクティブノイズコントロールと PNC を組み合わせたハイブリッドの騒音対策が理想である。アクティブノイズコントロールのもう一つの特徴は，見通せる場所から伝播してくる音の消音や，壁のない音響的プライベート空間の実現，省エネ技術や快音化技術への適用など，アクティブノイズコントロール技術でしか実現できない（パッシブ技術では実現できない）分野への適用が期待されることである。

アクティブノイズコントロールの最大の欠点は稼動部があり，動力が必要という点である。そのため耐久性の検討，メンテナンスが必要になってくる。また，現在ではまだコントローラ，スピーカなどコストが高く，それが普及の妨げになっている。コントローラのコストダウンとともに，複雑な信号処理を必要としないシンプルなシステムの開発も課題である。さらに，原理的に低周波音対策に有利であるが，スピーカで低周波音を発生するのは結構難しく，低周波音を効率よく発生できるアクチュエータの開発も課題である。

引用・参考文献

1）Lueg, P.：Process of silencing sound oscillation, U. S. Patent No. 2043416

2）Olsen, H. F. and May, E. G.：Electronic sound absorber, J. Acoust. Soc. of Am., **25**, 6, p. 1130 (1953)
3）城戸健一，斧田誠一：変圧器騒音自動制御の実施予備実験，電気音響研究会資料 EA 69-6（1969）
4）Jessel, M. J. M. and Mangiante, G. A.：Active sound absorbers in an air duct, J. Sound and Vib., **23**, 3 (1972)
5）Swinbanks, M. A.：The active control of sound propagation in long ducts, J. Sound and Vib., **27**, pp. 411～436 (1973)
6）Poole, J. H. B. and Leventhall, H. G.：An experimental study of Swinbanks Method of active attenuation of sound in duct, J. Sound and Vib., **49**, pp. 257～266 (1976)
7）Canevet, G.：Active sound absorption in an air conditioning duct, J. Sound and Vib., **58**, pp. 333～345 (1978)
8）Chaplin, G. B. B. and Smith, R. A.：Waveform Synthesis—The Essex solution to repetitive noise and vibration, Proc. of Internoise'83 (1983)
9）Ross, C. F.：An algorithm for designing a broad band active sound control system, J. Sound and Vib., **80**, pp. 373～380 (1982)
10）伊勢史郎：建築音響におけるアクティブノイズコントロールに関する研究，博士学位論文（東京大学）（1991）
11）西村正治，藤田勝久：閉空間の音場制御に関する基礎試験，日本機械学会第 67 期通常総会講演会講演論文集，**C**，900-14，pp. 248～250（1990）
12）浜田晴夫，三浦種敏：騒音のアクティブコントロールに関する現状と課題，信学誌，EA 88-25，pp. 1～8（1988）
13）Nishimura, M. and Fujita, K.：Active adaptive feedback control of sound field, JSME International Journal, **37**, 3-C, pp. 607～611
14）西村正治：アクティブノイズコントロールの現状，計測と制御，**51**，12，pp. 1105～1109（2012）
15）大西慶三，寺西進，西村正治，上坂克己，大西博文：アクティブソフトエッジ遮音壁の基本コンセプトと無響室内実験による減音効果，音響会誌，**57**，2，pp. 129～138（2001）
16）江波戸明彦 他：音響パワーを最小とする能動騒音制御の研究，機論（C），**69**，686，pp. 2541～2549（2003）
17）Murao, T. and Nishimura, M.：Basic study on active acoustic shielding, Journal of Environment Engineering, **7**, pp. 76～91 (2012)
18）西村正治：アクティブノイズコントロールの現状と課題，日本騒音制御工学会研究発表会講演論文集，pp. 89～92（2013.4）

2 アクティブノイズコントロールの物理

アクティブノイズコントロールを現象として理解するためには，その物理的なふるまいを把握する必要がある。物理的なふるまいは一般的にはエネルギー収支などによって説明されることが多いが，音は波動現象であり，エネルギーのふるまい，すなわち粒子的な現象とは別の次元で理解される必要もある。例えば，アクティブノイズコントロールの原理的な説明として重ね合せの原理がよく用いられる。騒音と逆位相の音波を重ね合わせることによって，干渉によって打ち消すことができるというような説明である。この説明は波動現象の次元での説明である。この説明に対して，では騒音のエネルギーはどうなったのかという疑問がよく生じる。この疑問は粒子的な現象の次元での疑問である。最終的には現象を身体と同じ次元で把握することが必要であり，そのためにはやはり物質的，すなわち粒子的，エネルギー的な説明が必要となるが，アクティブノイズコントロールの原理が上述のように波動現象という数学的，抽象的な次元で説明される場合には混乱が生じることになる。この点を注意しながらアクティブノイズコントロールの物理を理解していく必要がある。

本章ではまず音の干渉についての基本的な説明を行い，つぎに一次元音場におけるアクティブノイズコントロールの物理を詳細に見ていく。物理的なふるまいについては三次元音場と同じであるため，まず最初に一次元音場におけるアクティブノイズコントロールの物理的な解釈を学んでいただきたい。つぎに三次元音場におけるアクティブノイズコントロールに進むわけだが，その原理的な説明はキルヒホッフ-ヘルムホルツ積分方程式によって行う。したがって，それに先立って音の物理を理想流体の物理から説明する。きわめて基礎的な記述も含めてあるため，参考書を使用しないで読み進められるはずである。

2.1 音の干渉

2.1.1 重ね合せの原理

音源を含まない空間では音場の方程式としてヘルムホルツ方程式 $(\nabla^2 + k^2)p(\boldsymbol{r}) = 0$ が成り立ち，その解の数は無限に及ぶ。ここで二つの音場 $p_1(\boldsymbol{r})$, $p_2(\boldsymbol{r})$ をヘルムホルツ方程式の解としたとき，$p_1(\boldsymbol{r}) + p_2(\boldsymbol{r})$ もヘルムホルツ方程式の解となる。この原理を重ね合せの原理と呼ぶ。$p_1(\boldsymbol{r})$ が音源1による音場，$p_2(\boldsymbol{r})$ が音源2による音場としよう。両方の音源を駆動した場合には各音源による音場の和，すなわち $p_1(\boldsymbol{r}) + p_2(\boldsymbol{r})$ が生じることになり，したがってそれぞれの波が干渉し合うと考えることができる。ただし，これらの音源が音場の影響を受けないと仮定している。

ここで，$p_1(\boldsymbol{r})$ を騒音源による音場，$p_2(\boldsymbol{r})$ を二次音源による音場と考えて，二つの音場を重ね合わせたとき，二次音源の大きさを調整することにより，位置 $\boldsymbol{r}'$ で騒音を打ち消すという問題について考えてみよう。すなわち，音源1による音場 $p_1(\boldsymbol{r})$ と二次音源による音場 $p_2(\boldsymbol{r})$ の重ね合せが位置 $\boldsymbol{r}'$ で0になるということである。式で表現するとつぎのようになる。

$$p_1(\boldsymbol{r}') + p_2(\boldsymbol{r}') = 0 \tag{2.1}$$

ここで，二次音源を点 $\boldsymbol{r}_2$ に配置された大きさ A_2 の点音源だとしよう。このとき二次音源により生成される音場の式はつぎのようになる。

$$p_2(\boldsymbol{r}) = A_2 \frac{e^{jk|\boldsymbol{r}-\boldsymbol{r}_2|}}{|\boldsymbol{r} - \boldsymbol{r}_2|} \tag{2.2}$$

ところで式（2.2）によれば，音圧 $p_2(\boldsymbol{r})$ は $\boldsymbol{r} = \boldsymbol{r}_2$ において無限大となる。すなわち式（2.2）で表される音場には $\boldsymbol{r}_2$ の位置に極（ポール）が存在すると表現できる。さて，式（2.1）に式（2.2）を代入すると，二次音源の複素振幅は式（2.3）のようになる。

$$A_2 = -p_1(\boldsymbol{r}')\frac{|\boldsymbol{r}' - \boldsymbol{r}_2|}{e^{jk|\boldsymbol{r}'-\boldsymbol{r}_2|}} \tag{2.3}$$

このように，二次音源の大きさと，音圧を干渉させる位置において二次音源が生成する音圧信号の大きさとの関係がわかっていれば，所望の位置で音波を打ち消すための二次音源の大きさを決めることができる。

2.1.2 逆システム

式（2.3）の解釈はつぎのようになる。まず，騒音源によって位置 $\boldsymbol{r}'$ において生じる音圧信号 $p_1(\boldsymbol{r}')$ を予測し，その信号と逆位相となる音 $-p_1(\boldsymbol{r}')$ を生成するため，$-p_1(\boldsymbol{r}')$ に逆システムを乗じたものを二次音源出力信号とする。ここでいう逆システムは位置 $\boldsymbol{r}_2$ に配置された二次音源から位置 $\boldsymbol{r}'$ への伝達関数

$$\frac{e^{jk|\boldsymbol{r}'-\boldsymbol{r}_2|}}{|\boldsymbol{r}' - \boldsymbol{r}_2|}$$

の逆システムである。上記では二次音源が一つであり，また周波数軸上で考えているため，二次音源の位置から制御点への伝達関数の逆数

$$\frac{|\boldsymbol{r}' - \boldsymbol{r}_2|}{e^{jk|\boldsymbol{r}'-\boldsymbol{r}_2|}}$$

が逆システムである。

実際に二次音源に接続されるシステムの伝達関数の時間応答すなわちインパルス応答を求めるためには，逆システムを時間領域で計算して求めるか，あるいは周波数領域で計算して逆フーリエ変換して求めるなどの処理が必要となる。その場合，周波数領域で計算できたとしても，システムの因果性，安定性が満たされていない場合には，逆フーリエ変換した時間信号において誤差が生じるため注意が必要である。

ここで二つの二次音源を用いて，二つの位置で騒音を打ち消すシステムについて考えてみよう。二つ目の二次音源は位置 $\boldsymbol{r}_3$ にある大きさ A_3 の点音源とする。二つ目の制御点（騒音が打ち消される点）の位置を $\boldsymbol{r}''$ とする。二つの制御点位置 $\boldsymbol{r}'$ と $\boldsymbol{r}''$ における騒音源による音場と，二つの二次音源による音場の

重ね合せの式はそれぞれつぎのようになる。

$$\left.\begin{array}{l} p_1(\boldsymbol{r}') + p_2(\boldsymbol{r}') + p_3(\boldsymbol{r}') = 0 \\ p_1(\boldsymbol{r}'') + p_2(\boldsymbol{r}'') + p_3(\boldsymbol{r}'') = 0 \end{array}\right\} \tag{2.4}$$

$p_2(\boldsymbol{r})$ と $p_3(\boldsymbol{r})$ に点音源の伝達関数の式を適用して書き直すとつぎのようになる。

$$\left.\begin{array}{l} p_1(\boldsymbol{r}') + A_2\dfrac{e^{jk|\boldsymbol{r}'-\boldsymbol{r}_2|}}{|\boldsymbol{r}'-\boldsymbol{r}_2|} + A_3\dfrac{e^{jk|\boldsymbol{r}'-\boldsymbol{r}_3|}}{|\boldsymbol{r}'-\boldsymbol{r}_3|} = 0 \\ p_1(\boldsymbol{r}'') + A_2\dfrac{e^{jk|\boldsymbol{r}''-\boldsymbol{r}_2|}}{|\boldsymbol{r}''-\boldsymbol{r}_2|} + A_3\dfrac{e^{jk|\boldsymbol{r}''-\boldsymbol{r}_3|}}{|\boldsymbol{r}''-\boldsymbol{r}_3|} = 0 \end{array}\right\} \tag{2.5}$$

マトリックスで表すとつぎのようになる。

$$\begin{bmatrix} p_1(\boldsymbol{r}') \\ p_1(\boldsymbol{r}'') \end{bmatrix} + \begin{bmatrix} \dfrac{e^{jk|\boldsymbol{r}'-\boldsymbol{r}_2|}}{|\boldsymbol{r}'-\boldsymbol{r}_2|} & \dfrac{e^{jk|\boldsymbol{r}'-\boldsymbol{r}_3|}}{|\boldsymbol{r}'-\boldsymbol{r}_3|} \\ \dfrac{e^{jk|\boldsymbol{r}''-\boldsymbol{r}_2|}}{|\boldsymbol{r}''-\boldsymbol{r}_2|} & \dfrac{e^{jk|\boldsymbol{r}''-\boldsymbol{r}_3|}}{|\boldsymbol{r}''-\boldsymbol{r}_3|} \end{bmatrix} \begin{bmatrix} A_2 \\ A_3 \end{bmatrix} = 0 \tag{2.6}$$

この連立方程式を二次音源の大きさについて解くとつぎのようになる。

$$\begin{bmatrix} A_2 \\ A_3 \end{bmatrix} = -\begin{bmatrix} \dfrac{e^{jk|\boldsymbol{r}'-\boldsymbol{r}_2|}}{|\boldsymbol{r}'-\boldsymbol{r}_2|} & \dfrac{e^{jk|\boldsymbol{r}'-\boldsymbol{r}_3|}}{|\boldsymbol{r}'-\boldsymbol{r}_3|} \\ \dfrac{e^{jk|\boldsymbol{r}''-\boldsymbol{r}_2|}}{|\boldsymbol{r}''-\boldsymbol{r}_2|} & \dfrac{e^{jk|\boldsymbol{r}''-\boldsymbol{r}_3|}}{|\boldsymbol{r}''-\boldsymbol{r}_3|} \end{bmatrix}^{-1} \begin{bmatrix} p_1(\boldsymbol{r}') \\ p_1(\boldsymbol{r}'') \end{bmatrix} \tag{2.7}$$

このように二次音源が二つあり，制御される点も 2 ヶ所ある場合には，二次音源の大きさを求めるための方程式に二次音源から制御点への伝達関数を含む 2×2 のマトリクスが現れる。そのマトリクスが正則であれば，その逆行列を求めることにより二次音源の大きさを計算することができる。一般に二次音源が m 個，制御される点が n ヶ所ある場合には，二次音源から制御点への伝達関数を含む $m \times n$ のマトリクスが現れる。そのマトリクスが正則であれば，その逆行列を求めればよい。正則ではない場合には最小ノルム解（解が不定の場合）や，最小二乗解（解が不能の場合）を求めることにより，逆システムを求めることができ，何らかの条件のもとでの二次音源の大きさを決めることができる。最小二乗解は方程式を満たさず誤差が生じるが，その誤差を最も小さくする逆システムの解である。

2.2　音響エネルギーを反射するアクティブノイズコントロール

アクティブノイズコントロールの現象を説明するときに波動性に基づいて説明する場合には，粒子的な現象としての理解が難しくなり，その反対も同じことがいえる。上述の説明では，騒音源による音圧信号と二次音源による音圧信号がある場所で干渉によって打ち消されることを説明した。しかし，このときその場所にもともと存在した音響エネルギーがどうなったのかということについては触れていない。音圧信号が打ち消された場所での音響エネルギーの物理的なふるまいを知るためには，音圧のみではなく，粒子速度についても知る必要があり，さらにそれらの空間分布を知る必要がある。ただ，音圧と3軸方向の粒子速度の空間分布がわかったとしても，音響エネルギーの流れ，すなわち音響インテンシティ分布の可視化が可能となるだけであり，現象として理解はできるが，どのような制御を意図しているのかという方法論を理解することは難しい。

アクティブノイズコントロールにおける制御の方法を説明するための一つの有効な概念として，音響インピーダンスが挙げられる。そこで，ここでは音響インピーダンスの性質を理解することによって，アクティブノイズコントロールの方法を理解する。

2.2.1　一 次 元 音 場

直線状の音響管内において一方向に伝播する音波（すなわち進行波）を想定する。**図 2.1** の波形は一次元音場において周波数 500 Hz の音波が時間変化する様子である。実線，点線，破線，一点破線はそれぞれ時刻 $t = 0$，0.3，0.6，0.9 ms における音圧分布を示す。以降，本章で示す音響管内の音波の図は同じ様式で表示する。

音波の周波数は音響管の内径に比較して十分波長が長く，音響管内部は一次

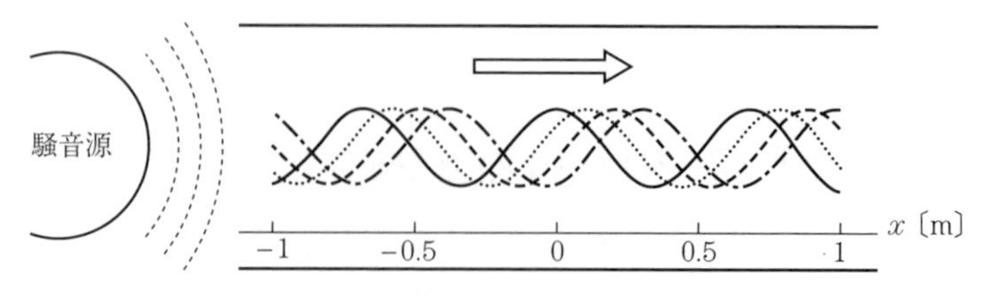

図 2.1　想定する一次元音場

元音場と仮定できるとする。一般に音響管内を伝播する音圧分布について次式が成り立つ。

$$p_1(t,x) = A_1 e^{j(\omega t - kx)} \tag{2.8}$$

この式は，一次元音場の境界条件を想定したときの後述（2.5.1 項）する波動方程式（2.82）の解である。

2.2.2　モノポール音源

図 2.2 のように側壁にスピーカが取り付けられており，スピーカからは音響管断面に対して十分長い波長の音が出力され，音響管内で一次元音場が生成されている状況を想定しよう。音圧分布は音源の位置（$x=0$）を中心として対称となる。また，$x>0$ では x の正方向に向かう進行波となり，$x<0$ では x の負方向に向かう後退波となるため，音圧分布は以下のようになる。

$$p_2(t,x) = \begin{cases} A_2 e^{j(\omega t - kx)} & (x \geqq 0) \\ A_2 e^{j(\omega t + kx)} & (x < 0) \end{cases} \tag{2.9}$$

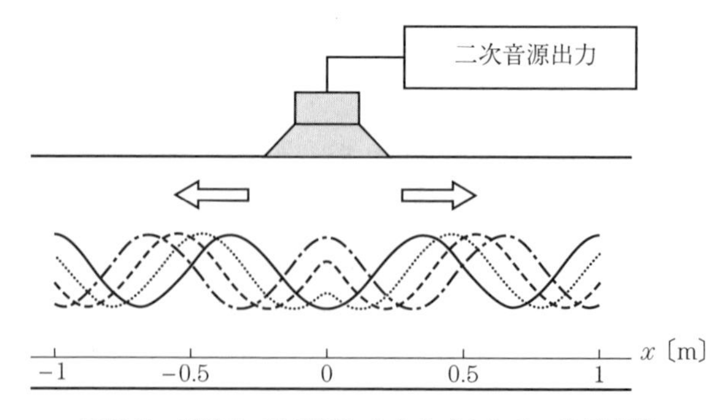

図 2.2　側壁の二次音源により生成される一次元音場

ここで，騒音によって生じる音圧分布 $p_1(t, x)$ と二次音源によって生じる音圧分布 $p_2(t, x)$ を重ね合わせてみる。

$$p_1(t, x) + p_2(t, x) = \begin{cases} (A_1 + A_2)e^{j(\omega t - kx)} & (x \geqq 0) \\ A_1 e^{j(\omega t - kx)} + A_2 e^{j(\omega t + kx)} & (x < 0) \end{cases} \tag{2.10}$$

$x \geqq 0$ の範囲で $p_1(t, x) + p_2(t, x) = 0$ となるためには，$A_1 + A_2 = 0$ の条件を満たせばよいことがわかる。したがって，二次音源の出力の大きさは $A_2 = -A_1$ とすればよい。この場合，式（2.10）はつぎのように書き直される。

$$p_1(t, x) + p_2(t, x) = \begin{cases} 0 & (x \geqq 0) \\ A_1[e^{j(\omega t - kx)} - e^{j(\omega t + kx)}] & (x < 0) \end{cases} \tag{2.11}$$

これは二次音源よりも下流（$x \geqq 0$）の範囲では波は存在しないが，二次音源よりも上流（$x < 0$）では定在波が生じているということになる。図で描くと**図 2.3** のようになる。

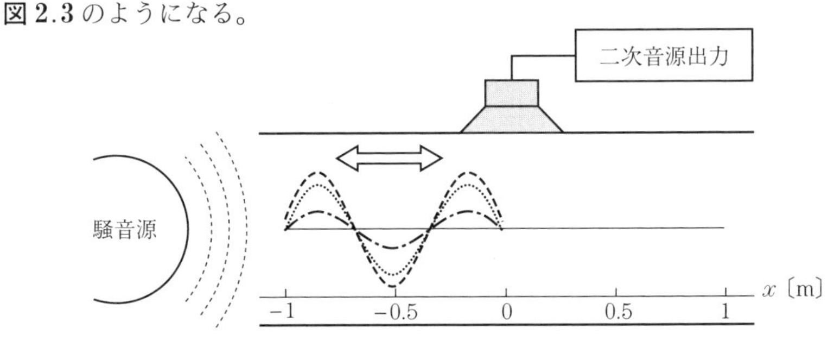

図 2.3 騒音源と二次音源により生成される音圧の重ね合せ

エネルギーの流れを把握するために，粒子速度 $v(x)$ についても調べてみよう。調和振動における音圧分布 $p(x)$ と粒子速度の関係式（2.5.1 項を参照）

$$v(x) = -\frac{1}{j\omega\rho_0} \cdot \frac{\partial p(x)}{\partial x} \tag{2.12}$$

を用いて式（2.11）を書き直すと，x 方向の粒子速度は式（2.13）のようになる。

$$v(x) = \begin{cases} 0 & (x \geqq 0) \\ \dfrac{A_1}{j\rho_0 c}[e^{j(\omega t - kx)} + e^{j(\omega t + kx)}] & (x < 0) \end{cases} \tag{2.13}$$

ここで，粒子速度 $v(x)$ の波形について考える。まず $x = 0$ の位置に注目してみよう。**図 2.4** において $x = 0$ の位置より左側で粒子速度は有限の値を取り，右側で 0 となっている。実際にはこのように不連続になることはないが，理論上は $x = 0$ の位置で不連続となることがわかる。このような現象は開放された音響管で生じることが知られており，開放端（あるいは開端）における反射と呼ばれる。これは音響管の端で音響インピーダンスが 0 となっているために反射すると考えてよい。

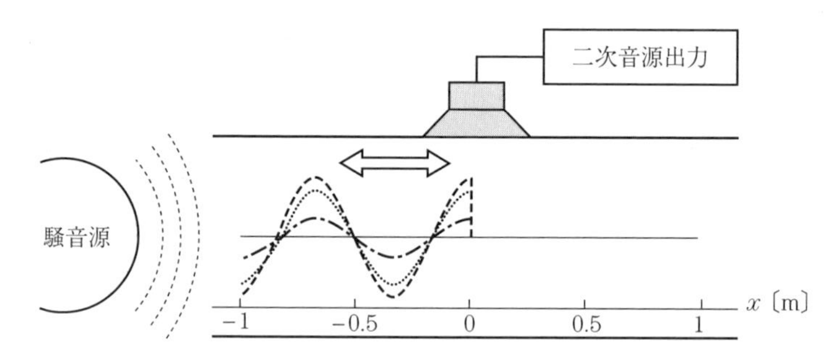

図 2.4　騒音源と二次音源により生成される粒子速度の重ね合せ

ところで音響インピーダンスは

$$z(x) = \frac{p(x)}{v(x)} \tag{2.14}$$

と定義される。上述の例では x の負方向から見て二次音源の位置，すなわち $x = 0$ の位置の音響インピーダンスは 0 であることがわかる。つまり，ここで示したアクティブノイズコントロールでは，騒音源により生成された音波は x の正方向に進み，二次音源の位置に達したとき音響インピーダンスが 0 となっていたため反射されると解釈することができる。このように二次音源を適切に設置し駆動することによって，騒音が伝播する経路に音響インピーダンスが 0 となる反射面をつくり出すことが可能となり，騒音の流れを変えることができるのである。

2.2.3 ダイポール音源

音響管において開端ではなく閉端のときも当然音響エネルギーは反射する。この場合は閉端の位置で音響インピーダンスは無限大となり，剛壁による完全反射が生じる。また，上記の例では二次音源の位置でが音響インピーダンスが0となるように制御したが，二次音源の設置を変えることによって音響インピーダンスが無限大となるように制御することも可能である。

例えば**図 2.5** のように音響管の断面に平行に二次音源スピーカを設置する。スピーカのバッフルが飛び出したときバッフル正面の空気が圧縮されて，正の音圧が発生する。逆にバッフルの裏側では空気が膨張し，負の音圧が発生する。このようにごく近傍で正負が逆転する音圧信号はダイポール音源によって生成される。

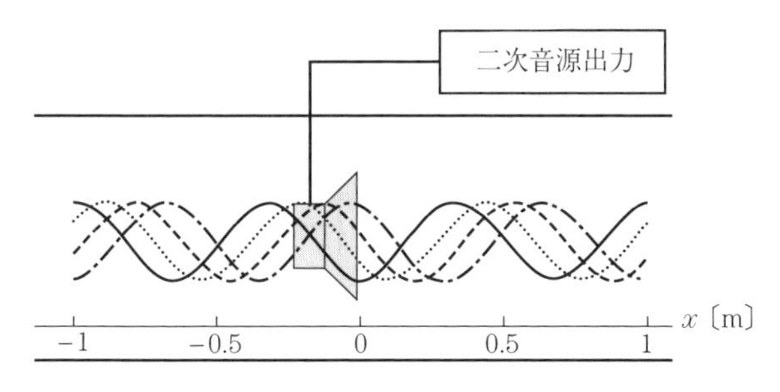

図 2.5 断面に平行に設置された二次音源により生成される音圧波形

ダイポールは二つ（ダイ）の極（ポール）という意味である。それに対して極が一つと見なせる場合はモノポール音源である。厳密にいえば一次元音場では音源の位置でも音圧が無限大とならないことから，極は一次元音場では現れないことは明らかである。したがって，上記のような音源がモノポールあるいはダイポール音源だとは考えにくいが，ここでは三次元音場（あるいは二次元音場）とのアナロジーから，壁面に設置した音源をモノポール音源，断面に平行に設置した音源をダイポール音源と考えておいてほしい。

さて，ダイポール音源により生じる音圧分布は式（2.15）のようになり，図示すると図 2.5 のようになる。

$$p_2'(t,x)=\begin{cases}A_2'e^{j(\omega t-kx)} & (x\geqq 0)\\ -A_2'e^{j(\omega t+kx)} & (x<0)\end{cases}\qquad(2.15)$$

ここで，式 (2.8) に示した騒音源による音圧分布 $p_1(t,x)$ と式 (2.15) のダイポール音源による音場の重ね合せについて考える。$x\geqq 0$ の範囲で $p_1(t,x)+p_2'(t,x)=0$ となるようにダイポール音源の大きさを選ぶと $A_2'=-A_1$ となる。すなわち，つぎのように書ける。

$$p_1(t,x)+p_2'(t,x)=\begin{cases}0 & (x\geqq 0)\\ A_1[e^{j(\omega t-kx)}+e^{j(\omega t+kx)}] & (x<0)\end{cases}\qquad(2.16)$$

この場合，音圧波形を図示すると**図 2.6** のようになる。

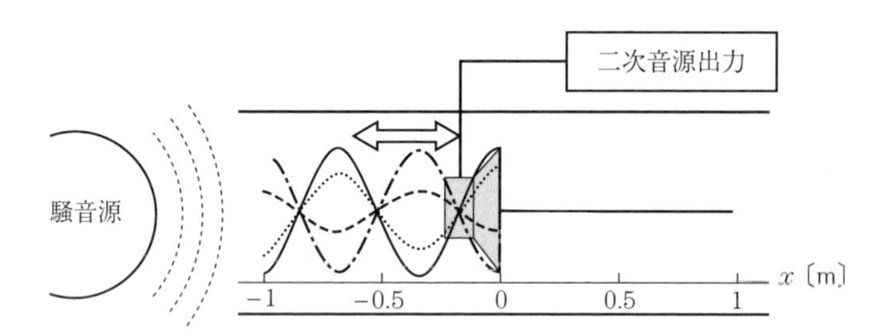

図 2.6　ダイポール音源によるアクティブノイズコントロールにおける音圧波形

また，前述と同様にこのときの粒子速度についても調べてみよう。式 (2.12) を用いて式 (2.16) を書き直すと，x 方向の粒子速度はつぎのようになる。

$$v'(x)=\begin{cases}0 & (x\geqq 0)\\ \dfrac{A_1}{j\rho_0 c}[e^{j(\omega t-kx)}-e^{j(\omega t+kx)}] & (x<0)\end{cases}\qquad(2.17)$$

図示すると**図 2.7** のようになる。

ここで，図 2.6 より $x=0$ の位置では音圧は最大値をとるのに対し，図 2.7 より $x=0$ の位置では粒子速度はつねに 0 となることがわかる。これは $x=$

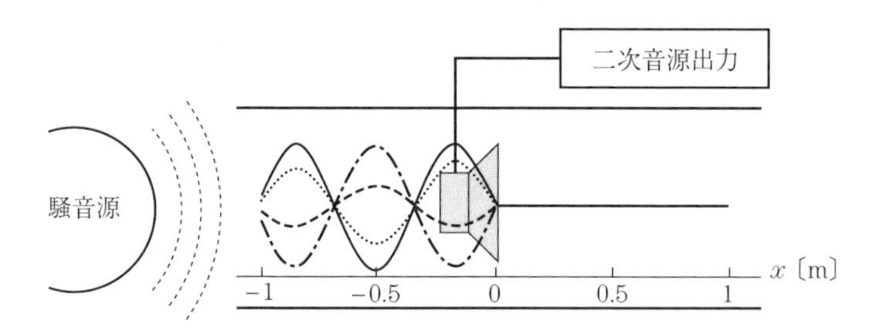

図 2.7　ダイポール音源によるアクティブノイズコントロールにおける粒子速度波形

0 の位置に剛壁が存在し，剛壁によって完全反射が生じるのと同じ現象である。つまり，x の負側から見たとき $x=0$ での音響インピーダンスは $z(0)=p(0)/v(0)=\infty$ となるため，二次音源の位置で音響インピーダンスが無限大となっている。

2.2.4　トリポール音源

図 2.2 のように音響管の側壁に二次音源を設置しても，あるいは図 2.5 のように音響管の断面に向けて二次音源を設置しても，音波は $x=0$ を対称に x の正負両方向に拡がっていくことがわかる。しかし，モノポール音源とダイポール音源を組み合わせることによって非対称に音波を生成することも可能である。例えば，式 (2.9) の A_2 と式 (2.15) の A_2' について $A_2=A_2'$ となるようにして重ね合わせてみるとつぎのようになる。

$$p_2''(t,x)=p_2(t,x)+p_2'(t,x)=\begin{cases}2A_2e^{j(\omega t-kx)} & (x\geqq 0)\\ 0 & (x<0)\end{cases} \tag{2.18}$$

図示すると**図 2.8** のようになる。

これはモノポール音源とダイポール音源を重ね合わせることにより，二次音源から $x<0$ の範囲では音波を生成せずに，$x\geqq 0$ の方向のみに音波を生成することが可能となる。モノポール音源（極が一つ）とダイポール音源（極が二つ）の音源を重ね合わせたものはトリポール音源（極が三つ）と呼ばれる。

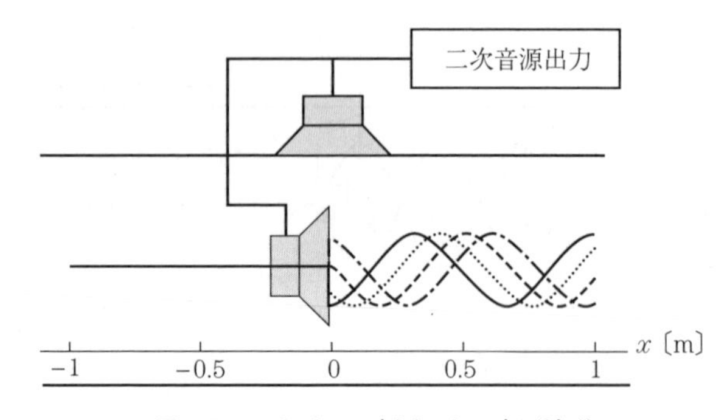

図 2.8　トリポール音源による音圧波形

さらに，トリポール音源を二次音源として用いたときのアクティブノイズコントロールについて考えてみよう。式 (2.8) に示した騒音源による音場 $p_1(t, x)$ と式 (2.18) のトリポール音源による音場を重ね合わせたとき，$x \geqq 0$ の範囲で $p_1(t, x) + p_2''(t, x) = 0$ となるようにトリポール音源の大きさを選ぶと $2A_2 = -A_1$ となる。すなわち，つぎのように書ける。

$$p_1(t, x) + p_2''(t, x) = \begin{cases} 0 & (x \geqq 0) \\ A_1 e^{j(\omega t - kx)} & (x < 0) \end{cases} \tag{2.19}$$

図示すると**図 2.9** のようになる。

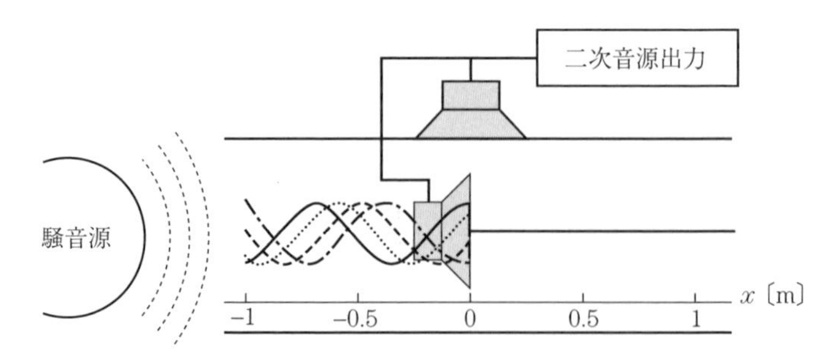

図 2.9　トリポール音源によるアクティブノイズコントロールにおける音圧波形

ここで図 2.1 と図 2.9 を見比べて $x < 0$ の範囲では波形が同じであることに注目しよう。つまり，騒音源からの波形が $x < 0$ の範囲では x の正方向に進行しているが，$x = 0$ の位置で突然消えてしまうのである。騒音源が放射し

た音響エネルギーはトリポール音源によって吸収されてしまったのである。つまり，モノポール音源は音響インピーダンスが0となることによる反射，ダイポール音源は音響インピーダンスが無限大となることによる反射を行うのに対し，それらを組み合わせたトリポール音源は騒音源から放射した音波を吸音するのである。

2.3　音響エネルギーを低減するアクティブノイズコントロール

2.2節で述べたように，二次音源を駆動することによって空間において音響インピーダンスを変えることができれば音響エネルギーを反射することが可能となる。このような制御では音響エネルギーの量は空間内で減ることはない。一方，音源から音響エネルギーが放射しないように制御することも可能である。例えばある機械振動によって音波が生成されているとき，音源に与えられた機械的なエネルギーのすべてが音響エネルギーに変換されるわけではない。すなわち機械エネルギーから音響エネルギーへの変換効率を制御することができれば，空間全体における音響エネルギーを減らすことが可能となる。このようなアクティブノイズコントロールを実現する方法としては二つのケースが考えられる。一つ目は音響エネルギーへの変換効率が最も高くなる共鳴現象が生じている場合に，二次音源を設置して騒音源近傍での音響インピーダンスを変えることによって共鳴を抑える方法である。二つ目は騒音源の近傍に二次音源を設置し，騒音源による音響エネルギーの放射と二次音源による音響エネルギーの放射を同時に制御する方法である。

2.3.1　共 鳴 の 制 御

音源の存在しない剛壁で囲まれた閉空間の波動方程式を解いてみると，無限に解が存在する。初期値を与えれば，あるモードで振動し続ける音場の解が得られる。しかし，実際には剛壁や空気の粘性抵抗などにより，空気の振動は減衰するため，振動し続けることはない。また，閉空間の固有周波数で駆動する定速度音源を閉空間内に設置すると音圧分布は理論上は無限大となる。実際には振動速度が一定となるような音源はありえないため，音圧分布は無限大とはならない。共鳴現象を物理的に考える場合には，理論に存在する非現実的な条件を考慮する必要がある。ここでは音源の機械的な特性を考慮しながら共鳴を物理的に考察する。

図 2.10 のように音響管の端にピストン運動する音源を設置し，音源によって生成される音場について考えてみよう。

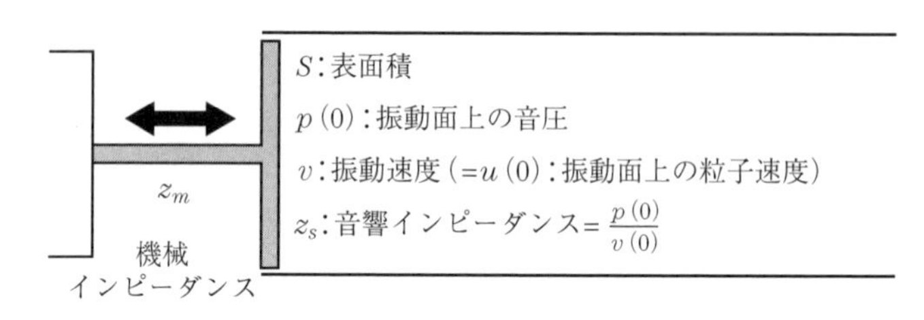

図 2.10　機械的な特性を考慮した音源

ピストンへ加わる力を $Fe^{j\omega t}$，機械インピーダンスを z_m，音響インピーダンスを z_s とする。機械インピーダンスはピストン運動において生じる摩擦などの抵抗であり，音響インピーダンスはピストン表面の音圧によって生じる（面積当りの）抵抗だと考えてよい。各インピーダンスに振動速度 $ve^{j\omega t}$ を乗じたものが力となるため，次式が成り立つ。

$$Fe^{j\omega t} = (z_s S + z_m)ve^{j\omega t}$$

ただし，S はピストン表面の面積である。以降，調和振動を想定するため，$e^{j\omega t}$ は省略する。したがって

$$F = (z_s S + z_m)v \tag{2.20}$$

である。また，式を簡単にするため音響インピーダンス z_s と機械インピーダンス z_m は正の実数と仮定する。通常は機械インピーダンスは音響インピーダンスに比べて圧倒的に大きい。このような音源で駆動される音響管内の音場について求めてみよう。図の音響管内で右側を正方向とする x 座標を取り，ピストン表面を $x = 0$ とする。進行波と後退波の割合を $A : B$ とすると，音圧

$p(x)$ と粒子速度 $u(x)$ は次式のように表される。

$$\left.\begin{aligned} p(x) &= Ae^{-jkx} + Be^{jkx} \\ u(x) &= \frac{1}{\rho c}(Ae^{-jkx} - Be^{jkx}) \end{aligned}\right\} \tag{2.21}$$

式（2.21）に $x = 0$ を代入すると

$$\left.\begin{aligned} p(0) &= A + B \\ u(0) &= \frac{1}{\rho c}(A - B) \end{aligned}\right\} \tag{2.22}$$

となる。ここで，音源の振動速度と $x = 0$ における粒子速度は等しいため，$u(0) = v$ であること，ピストン表面の位置における音響インピーダンスについて $z_s = p(0)/u(0)$ が成り立つことを考慮し，式（2.22）に式（2.20）を代入して，A と B を解くとつぎのようになる。

$$\begin{pmatrix} A \\ B \end{pmatrix} = \frac{F}{2(z_s S + z_m)}\begin{pmatrix} z_s + \rho c \\ z_s - \rho c \end{pmatrix} \tag{2.23}$$

したがって，式（2.21）に式（2.23）を代入すると音圧と粒子速度はつぎのように表される。

$$\left.\begin{aligned} p(x) &= \frac{F}{2(z_s S + z_m)}[(z_s + \rho c)e^{-jkx} + (z_s - \rho c)e^{jkx}] \\ u(x) &= \frac{F}{2\rho c(z_s S + z_m)}[(z_s + \rho c)e^{-jkx} - (z_s - \rho c)e^{jkx}] \end{aligned}\right\} \tag{2.24}$$

また，音響管内の音響エネルギー密度は

$$E(x) = \frac{\rho}{2}\left(|u(x)|^2 + \frac{|p(x)|^2}{\rho^2 c^2}\right) \tag{2.25}$$

と表される。式（2.25）に式（2.24）を代入するとつぎのようになる。

$$E(x) = \frac{F^2({z_s}^2 + \rho^2 c^2)}{\rho c^2(z_s S + z_m)^2} \tag{2.26}$$

つまり，音響管内の音響エネルギー密度は x によらず一定であり，音源の駆動力 F，音源の機械インピーダンス z_m，ピストン表面の音響インピーダンス z_s によって表される。

つぎに音響インピーダンスの変化によって音響エネルギーがどのように変化

するかについて調べてみよう。式 (2.26) より $z_s = 0$ のとき音響エネルギー密度が最小となることは明らかである。そのとき音圧，粒子速度，音響エネルギー密度はそれぞれ次式のようになる。

$$\left.\begin{aligned} p(x) &= \frac{-jF\rho c}{z_m}\sin kx \\ u(x) &= \frac{F}{z_m}\cos kx \\ E(x) &= \frac{F^2\rho}{{z_m}^2} \end{aligned}\right\} \tag{2.27}$$

一方，音響エネルギー密度が最大となるのは $z_s = \infty$ のときであり，音圧，粒子速度，音響エネルギー密度はそれぞれ次式のようになる。

$$\left.\begin{aligned} p(x) &= \frac{F}{S}\cos kx \\ u(x) &= \frac{jF}{\rho cS}\sin kx \\ E(x) &= \frac{F^2}{\rho c^2 S^2} \end{aligned}\right\} \tag{2.28}$$

音響インピーダンスが 0 あるいは無限大のときの $x = 0$ の位置における，音圧，粒子速度，音響エネルギー密度を表にまとめると**表 2.1** のようになる。

表 2.1　音響インピーダンスと各物理量の関係

	$p(0)$	$u(0)$	$E(x)$
$z_s = 0$	0	$\frac{F}{z_m}$	$\frac{F^2\rho}{{z_m}^2}$
$z_s = \infty$	$\frac{F}{S}$	0	$\frac{F^2\rho}{(\rho cS)^2}$

ピストン表面の音響インピーダンスが無限大のときの音響エネルギーは，音響インピーダンスが 0 のときの音響エネルギーの ${z_m}^2/(\rho cS)^2$ 倍となる。騒音を発する機械の機械インピーダンス z_m は空気のインピーダンス ρcS に比べて圧倒的に大きい。すなわち $z_m \gg \rho cS$ である。音源の振動面において音響インピーダンスが無限大となる条件がそろうときわめて大きな音響エネルギーが音場に生じるのである。どのくらい大きいかというと，音源表面の音圧が F/S

となり粒子速度が0となることから，音圧という空気の圧力が機械の力と釣り合って，振動速度が0となって振動が止まってしまうことがわかる。つまり，機械の振動を止めるほど大きな音圧を発生することになる。音響インピーダンスが無限大になるのは空間の固有周波数を音源が含む場合である。例えば上記の音響管の場合は音響管の長さや音源と反対の端が閉じているか，開いているかによって固有周波数が異なってくる。閉じている場合には波長の整数倍，開いている場合はそれに半波長を加えた長さが管の長さに等しい場合に，音源表面の音響インピーダンスは無限大になる。そのときに大きな音響エネルギーが生じて共鳴現象が生じるのである。

音源表面の音響インピーダンスが無限大となったときに共鳴が生じて管内の音響エネルギーがきわめて大きくなるが，それを抑えるためには音源表面の音響インピーダンスを小さくすればよい。表より音響インピーダンスが0となるときには，音響エネルギーは最小になるが，このとき音源の振動速度は最大となる。

音源の振動速度が大きい場合には当然,音源の内部で機械摩擦などによって消費されるエネルギーも大きくなる。音響インピーダンスが0のときに音響エネルギーを反射する面が生成されると前に説明したが,その面を音源表面に生成することができれば,音は放射されずに音源の内部に留まる。つまり,音響インピーダンスが0となる面を振動面上につくることによって,音源に与えられるエネルギーは音響エネルギーへ変換されて放射がされることなく,振動源の内部において摩擦などの熱エネルギーとして消費させることができるのである。

2.3.2　音響放射の制御

共鳴現象は閉空間において生じるものであり，共鳴のアクティブノイズコントロールは閉空間内の音響エネルギーを低減する制御である。それに対して開空間において音響エネルギーを低減することが可能である。すなわち，開空間に騒音源があるときに放射される音響エネルギーをアクティブノイズコントロールによって低減することが可能である。

2.2.2 項で示したとおり，モノポール音源は音源の位置を中心に音響管内を拡がっていく。**図 2.11** のように $x = 0$ の位置に設置された音源による音圧波形はつぎのように表される。

$$p_0(t, x) = \begin{cases} Ae^{j(\omega t - kx)} & (x \geqq 0) \\ Ae^{j(\omega t + kx)} & (x < 0) \end{cases} \tag{2.29}$$

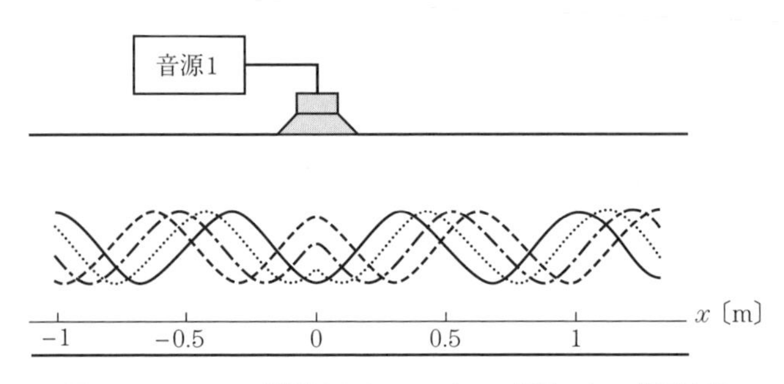

図 2.11　$x = 0$ に設置されたモノポール音源による音圧波形

つぎに**図 2.12** のように $x = d$ の位置に音源を設置した場合を想定すると，音圧波形はつぎのように表される。

$$p_d(t, x) = \begin{cases} Ae^{j(\omega t - kx + kd)} & (x \geqq d) \\ Ae^{j(\omega t + kx - kd)} & (x < d) \end{cases} \tag{2.30}$$

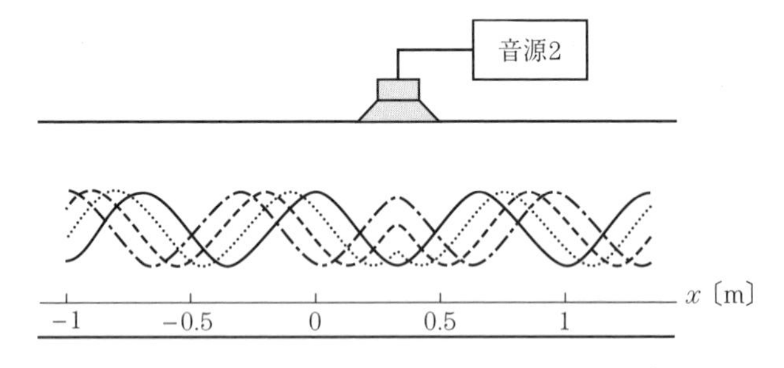

図 2.12　$x = d$ に設置されたモノポール音源による音圧波形

上記の二つのモノポール音源を重ね合わせる。すなわち**図 2.13** のように音響管に間隔 d で二つの音源を設置する。

ここで，二つの音源からは純音が出力され，二つの音源の間隔はその純音の

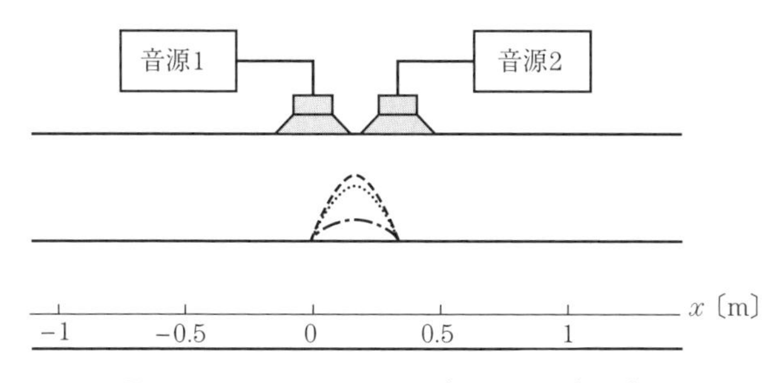

図 2.13　二つのモノポール音源による音圧波形

半波長としてみよう。つまり，$d = \pi/k$ が成り立つ。さらに二つの合成音場 $p_0(t, x) + p_d(t, x)$ を考える。このとき $p_0(t, x)$ と $p_d(t, x)$ は $x \geqq d$ および $x < 0$ の範囲で完全に逆位相になるため，その合成音場では音波は打ち消される。したがって，次式のようになる。

$$p_0(t, x) + p_d(t, x) = \begin{cases} 0 & (x \geqq d) \\ A[e^{j(\omega t - kx)} - e^{j(\omega t + kx)}] & (0 \leqq x < d) \\ 0 & (x < 0) \end{cases} \tag{2.31}$$

つまり，図 2.11 と図 2.12 の音圧波形を重ね合わせると図 2.13 のようになる。

これは管長が d のときの開管において管の半波長の音波が生成しているときと同じである。つまり，二つの音源の位置で音響インピーダンスが 0 となっているため，音波が反射して音響エネルギーが $0 < x < d$ の範囲に閉じ込められたのである。このとき音波の放射が抑えられ，開空間全体に存在する音響エネルギーが打ち消されたことになる。このように放射された音響エネルギーを低減するアクティブノイズコントロールが理論上は可能である。

2.4　流体の基礎方程式

図 2.14 のように，位置座標 $\boldsymbol{r}(t)$ における密度が $\rho(\boldsymbol{r}, t)$〔kg/m³〕，圧力が $P(\boldsymbol{r}, t)$〔Pa (=N/m²)〕となる流体において体積 V〔m³〕，表面積 S〔m²〕の微小要素

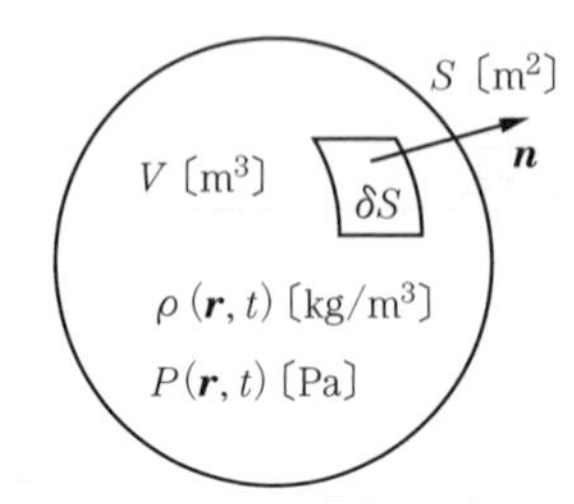

図 2.14　微 小 要 素

を考える。要素内では密度 $\rho(\boldsymbol{r}, t)$，圧力 $P(\boldsymbol{r}, t)$ が一様であることを仮定する。

2.4.1 連続の方程式

〔1〕 微小要素内の質量変化

時間 t における微小要素（図 2.14）内の質量 $M(t)$ は

$$M(t) = \iiint_V \rho \delta V \quad \text{〔kg〕} \tag{2.32}$$

であり（以降，式中では $(\boldsymbol{r}, t)$ を省略する），時間 t から $t + \delta t$ に変化したときの微小要素内の質量の増加は $M_r = M(t + \delta t) - M(t)$ である。

〔2〕 微小要素の表面から流出する質量

微小要素の表面の微小部分 δS を想定する。**図 2.15** のように δS を通過する流体の速度を $\boldsymbol{v}(\boldsymbol{r}, t)$，$\delta S$ の法線ベクトルを $\boldsymbol{n}(\boldsymbol{r})$ とする。時間 t から $t + \delta t$ の間に面 δS から流出する体積について考える。すなわち図において面 δS の移動による軌跡の体積 δV を求めればよい。流体の移動距離は $\delta t \cdot \boldsymbol{v}$〔m〕であるが，高さは $h = \delta t \cdot (\boldsymbol{n} \cdot \boldsymbol{v})$〔m〕である。したがって，流出する体積は $\delta V = \delta S \cdot h = \delta S \cdot \delta t \cdot (\boldsymbol{n} \cdot \boldsymbol{v})$〔m³〕となる。さらに面 δS から流出する質量は $\delta V \cdot \rho = \delta S \cdot \delta t \cdot (\boldsymbol{n} \cdot \boldsymbol{v}) \cdot \rho$〔kg〕となる。したがって，時間 t から $t + \delta t$ の間に面 S から流出する質量 M_s は

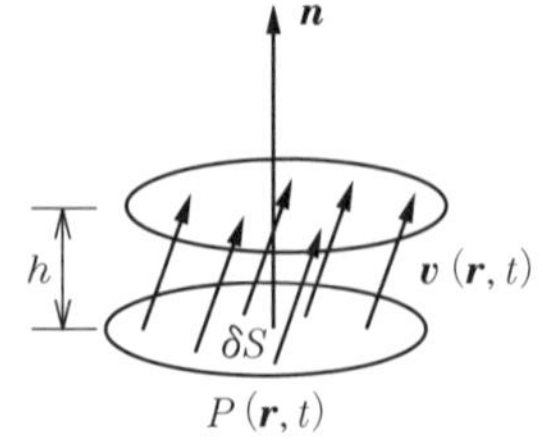

図 2.15　微 小 面

$$\begin{aligned} M_s &= \delta t \cdot \iint_S (\boldsymbol{n} \cdot \boldsymbol{v}) \cdot \rho \delta S \\ &= \delta t \cdot \iint_S (\rho \boldsymbol{v}) \boldsymbol{n} \delta S \quad \text{〔kg〕} \end{aligned} \tag{2.33}$$

となり，ガウスの定理

$$\iint_S \boldsymbol{un}\delta S = \iiint_V \nabla\cdot\boldsymbol{u}\delta V \tag{2.34}$$

を用いると

$$M_s = \delta t\cdot\iiint_V \nabla\cdot(\rho\boldsymbol{v})\delta V \quad \text{〔kg〕} \tag{2.35}$$

となる。$\rho\cdot\boldsymbol{v}$〔$\mathrm{kg/m^2\cdot s}$〕は運動量密度であり，質量流束密度とも呼ばれる。その方向は流体の運動の方向であり，その大きさは速度方向に垂直な単位面積を通って単位時間内に流れる流体の質量に等しい。

〔3〕 微小要素内の流出源から湧き出す質量

微小要素 V 内に流出源があることを想定する。時間 δt の間に流出源から湧き出す体積を $q\delta V\delta t$〔$\mathrm{m^3}$〕とすると，微小要素内において流出源から時間 δt の間に湧き出す質量 M_p は次式で表される。

$$M_p = \delta t\cdot\iiint_V \rho\cdot q\delta V \quad \text{〔kg〕} \tag{2.36}$$

〔4〕 連続の方程式の導出

微小要素 V 内で質量について次式が成り立つ。

微小要素 V 内で 湧き出す質量 M_p	−	微小要素 V 内の 質量の増加 M_r	=	微小要素 V の表面 S から 流出する質量 M_s

(2.37)

すなわち，$M_p - (M(t+\delta t) - M(t)) = M_s$ が成り立つ。$M(t+\delta t) - M(t) = \delta t\cdot\partial M(t)/\partial t$（第一次近似）なので式 (2.37) は式 (2.32)，(2.35)，(2.36) より

$$\delta t\cdot\iiint_V \rho\cdot q\delta V - \delta t\cdot\frac{\partial}{\partial t}\left(\iiint_V \rho\delta V\right) = \delta t\cdot\iiint_V \nabla\cdot(\rho\boldsymbol{v})\delta V \quad \text{〔kg〕} \tag{2.38}$$

となり，両辺を δt で割り，積分項をまとめると

$$\iiint_V \left(\frac{\partial\rho}{\partial t} + \nabla\cdot(\rho\boldsymbol{v}) - \rho\cdot q\right)\delta V = 0 \quad \text{〔kg/s〕} \tag{2.39}$$

となる。この方程式はあらゆる体積中で成立しなければならないから，被積分関数は 0 でなければならない。

$$\frac{\partial \rho}{\partial t} + \nabla \cdot (\rho \boldsymbol{v}) = \rho \cdot q \quad 〔\mathrm{kg/m^3 \cdot s}〕 \tag{2.40}$$

微小要素内に流出源がない場合には，右辺は 0 となりつぎのようになる。

$$\frac{\partial \rho}{\partial t} + \nabla \cdot (\rho \boldsymbol{v}) = 0 \quad 〔\mathrm{kg/m^3 \cdot s}〕 \tag{2.41}$$

この式は質量保存則を表す。

2.4.2　オイラーの方程式（流体の運動方程式）

〔1〕 流体の圧力による微小要素への力

図 2.14 の微小要素の中の微小面 δS へ加わる力は $P \cdot \delta S$〔N〕である。また，図 2.15 のように，δS の外向き法線単位ベクトルが $\boldsymbol{n}(\boldsymbol{r})$ なので面の内側へ加わる力をベクトルで表すと $-P \cdot \boldsymbol{n}\delta S$〔N〕となる。したがって，微小要素全体に加わる力は

$$F_s = -\iint_S P \cdot \boldsymbol{n} \delta S \quad 〔\mathrm{N}〕 \tag{2.42}$$

となる。ここで，スカラ関数 f に関するつぎのような関係式[1)]

$$\iiint_V \nabla f \delta V = \iint_S f \cdot \boldsymbol{n} \delta S$$

を用いると，式（2.42）は

$$F_s = -\iiint_V \nabla P \delta V \quad 〔\mathrm{N}〕 \tag{2.43}$$

となる。したがって，微小要素内 δV に加わる力は

$$\delta F_s = -\nabla P \delta V \quad 〔\mathrm{N}〕 \tag{2.44}$$

である。

〔2〕 流体要素の加速度

体積 δV の流体要素が時間 t から $t + \delta t$ に変化したときの速度の変化について考える。速度 $\boldsymbol{v}(\boldsymbol{r}, t)$ は空間と時間の関数であるが，時間 t から $t + \delta t$ に変化したときには流体要素の位置が $\boldsymbol{r}$ から $\boldsymbol{r} + \delta \boldsymbol{r}$ に変化しているとする。

三次元座標 (x, y, z) において展開すると，速度は $\boldsymbol{v}(x, y, z, t)$ から $\boldsymbol{v}(x+\delta x, y+\delta y, z+\delta z, t+\delta t)$ に変化することとなる。$\boldsymbol{v}(x+\delta x, y+\delta y, z+\delta z, t+\delta t)$ をテイラー展開し，一次項までで近似すると

$$
\begin{aligned}
&\boldsymbol{v}(x+\delta x, y+\delta y, z+\delta z, t+\delta t)\\
&= \boldsymbol{v} + \delta x \cdot \frac{\partial \boldsymbol{v}}{\partial x} + \delta y \cdot \frac{\partial \boldsymbol{v}}{\partial y} + \delta z \cdot \frac{\partial \boldsymbol{v}}{\partial z} + \delta t \cdot \frac{\partial \boldsymbol{v}}{\partial t}\\
&= \boldsymbol{v} + (\delta x \ \delta y \ \delta z)\begin{bmatrix} \dfrac{\partial}{\partial x} \\ \dfrac{\partial}{\partial y} \\ \dfrac{\partial}{\partial z} \end{bmatrix}\boldsymbol{v} + \delta t \cdot \frac{\partial \boldsymbol{v}}{\partial t}\\
&= \boldsymbol{v} + (\delta \boldsymbol{r} \cdot \nabla)\boldsymbol{v} + \delta t \cdot \frac{\partial \boldsymbol{v}}{\partial t} \qquad \text{ただし，} \boldsymbol{v} = \boldsymbol{v}(x, y, z, t)
\end{aligned}
\tag{2.45}
$$

となる。したがって，ある流体要素の加速度 $\delta \boldsymbol{v}/\delta t$ はつぎのようになる。

$$
\begin{aligned}
\frac{\delta \boldsymbol{v}}{\delta t} &= \frac{\boldsymbol{v}(x+\delta x, y+\delta y, z+\delta z, t+\delta t) - \boldsymbol{v}(x, y, z, t)}{\delta t}\\
&= \left(\frac{\delta \boldsymbol{r}}{\delta t} \cdot \nabla\right)\boldsymbol{v} + \frac{\partial \boldsymbol{v}}{\partial t} = \frac{\partial \boldsymbol{v}}{\partial t} + (\boldsymbol{v} \cdot \nabla)\boldsymbol{v}
\end{aligned}
\tag{2.46}
$$

第1項は時間の変化による速度の変化であり，第2項は空間の変化による速度の変化である。

〔3〕 オイラーの方程式の導出

ある流体要素に加わる単位体積当りの外力を $\boldsymbol{f}(\boldsymbol{r}, t)$ とすると，ある微小要素 δv に加わる力は $\boldsymbol{f}\delta V$〔N〕である。また，質量は $\rho\delta V$〔N〕であるから，質量と加速度（式（2.46））の積 $\rho\delta V \cdot \delta \boldsymbol{v}/\delta t$〔N〕が，外力と流体の圧力による力（式（2.44））の和 $-\nabla p\delta V + \boldsymbol{f}\delta V$〔N〕に等しいとおいて，つぎのような運動方程式が得られる。

$$
\rho\left(\frac{\partial \boldsymbol{v}}{\partial t} + (\boldsymbol{v} \cdot \nabla)\boldsymbol{v}\right) = -\nabla P + \boldsymbol{f} \quad 〔\mathrm{N/m^3}〕
\tag{2.47}
$$

ただし，両辺に現れる体積 δV は約した。

2.4.3 エネルギー保存則

〔1〕 流体のエネルギー

流体の体積当りのエネルギー $E(\boldsymbol{r}, t)$ は

$$E = \frac{1}{2}\rho\boldsymbol{v}^2 + \rho\varepsilon \quad \text{〔J/m}^3\text{〕} \tag{2.48}$$

で与えられる。最初の項は運動エネルギーを表し，2番目の項は内部エネルギーを表している。$\varepsilon(\boldsymbol{r}, t)$〔J/kg〕は単位質量当りの内部エネルギーである。

〔2〕 エネルギー保存則

質量保存則が式（2.41）で表されるのと同様にしてエネルギー保存則を表す式として，つぎのような方程式が想定される。

$$\frac{\partial E}{\partial t} + \nabla\cdot\boldsymbol{J} = 0 \quad \text{〔J/m}^2\cdot\text{s〕} \tag{2.49}$$

$\rho\cdot\boldsymbol{v}$ が質量流束密度と呼ばれたのと同様に，$\boldsymbol{J}$〔J/m²·s〕はエネルギー流束密度と呼ばれる。すなわち，その方向はエネルギーの運動の方向であり，その大きさは速度方向に垂直な単位面積を通って単位時間内に流れるエネルギーの量に等しい。

〔3〕 運動エネルギーの時間微分

連続の方程式（2.41）およびオイラーの方程式（(2.47）において $\boldsymbol{f} = 0$ とする）を用いて式（2.48）の第1項の運動エネルギーを時間微分すると次式のようになる。

$$\frac{\partial}{\partial t}\left(\frac{1}{2}\rho\boldsymbol{v}^2\right) = -\nabla\cdot\left(\left(\frac{1}{2}\rho\boldsymbol{v}^2\right)\boldsymbol{v}\right) - (\boldsymbol{v}\cdot\nabla)P \tag{2.50}$$

〔4〕 内部エネルギーの時間微分

同様にして式（2.48）の第2項の内部エネルギーを時間微分すると次式のようになる。

$$\frac{\partial(\rho\varepsilon)}{\partial t} = \rho\frac{\partial\varepsilon}{\partial t} + \varepsilon\frac{\partial\rho}{\partial t} = \rho\frac{\partial\varepsilon}{\partial t} - \varepsilon\nabla\cdot(\rho\boldsymbol{v}) \tag{2.51}$$

となる。さらに，$\nabla\cdot(\rho\varepsilon\boldsymbol{v})$ が

$$\nabla\cdot(\rho\varepsilon\boldsymbol{v}) = \varepsilon\nabla\cdot(\rho\boldsymbol{v}) + \rho(\boldsymbol{v}\cdot\nabla)\varepsilon$$

となることを考慮すると，式（2.51）は

$$\frac{\partial(\rho\varepsilon)}{\partial t} = \rho\frac{\partial\varepsilon}{\partial t} - \nabla\cdot(\rho\varepsilon\boldsymbol{v}) + \rho(\boldsymbol{v}\cdot\nabla)\varepsilon \tag{2.52}$$

となる。ε は単位質量当りの内部エネルギーである。圧力 P 中に単位質量をもつ流体要素を想定し，体積変化による内部エネルギーの変化 $\delta\varepsilon$ について考える。この流体要素の密度を ρ〔kg/m^3〕，体積を V〔m^3〕とすると，単位質量を想定しているため，その質量は $\rho V = 1$ である。これを ρ で微分すると

$$V + \rho\frac{\delta V}{\delta\rho} = 0 \tag{2.53}$$

が得られる。したがって，δV は

$$\delta V = -\frac{V}{\rho}\delta\rho = -\frac{1}{\rho^2}\delta\rho \tag{2.54}$$

となる。この式を用いると内部エネルギーの変化 $\delta\varepsilon$ は

$$\delta\varepsilon = -P\delta V = \frac{P}{\rho^2}\delta\rho \tag{2.55}$$

となる。時間，空間の変化にかかわらず内部エネルギーの変化についてこの式は成り立つため

$$\frac{\partial\varepsilon}{\partial t} = \frac{P}{\rho^2}\cdot\frac{\partial\rho}{\partial t} \tag{2.56}$$

$$(\boldsymbol{v}\cdot\nabla)\varepsilon = \frac{P}{\rho^2}(\boldsymbol{v}\cdot\nabla)\rho \tag{2.57}$$

となるから，これらの式を用いて式（2.52）を変形するとつぎのようになる。

$$\frac{\partial(\rho\varepsilon)}{\partial t} = \rho\frac{P}{\rho^2}\left(\frac{\partial\rho}{\partial t} + (\boldsymbol{v}\cdot\nabla)\rho\right) - \nabla\cdot(\rho\varepsilon\boldsymbol{v}) \tag{2.58}$$

再び，連続の方程式（2.41）の第2項を展開した式

$$\frac{\partial\rho}{\partial t} + \rho\cdot\nabla\cdot(\boldsymbol{v}) + (\boldsymbol{v}\cdot\nabla)\rho = 0 \tag{2.59}$$

を使うと，結果的に内部エネルギーの時間微分はつぎのように表せる。

$$\frac{\partial(\rho\varepsilon)}{\partial t} = -P\nabla\cdot(\boldsymbol{v}) - \nabla\cdot(\rho\varepsilon\boldsymbol{v}) \tag{2.60}$$

〔5〕 エネルギー流束密度の導出

運動エネルギーの時間微分（2.50）と内部エネルギーの時間微分（2.60）との和は

$$\frac{\partial}{\partial t}\left(\frac{1}{2}\rho\boldsymbol{v}^2+\rho\varepsilon\right)=-\nabla\cdot\left(\left(\frac{1}{2}\rho\boldsymbol{v}^2\right)+\rho\varepsilon\right)\boldsymbol{v}-(\boldsymbol{v}\cdot\nabla)P-P\nabla\cdot(\boldsymbol{v})$$

$$=-\nabla\cdot\left(\left(\frac{1}{2}\rho\boldsymbol{v}^2\right)+\rho\varepsilon+P\right)\boldsymbol{v} \tag{2.61}$$

さらに式（2.48）を代入して整理すると

$$\frac{\partial E}{\partial t}+\nabla\cdot(E+P)\boldsymbol{v}=0 \tag{2.62}$$

となる。この式から明らかに式（2.49）のエネルギー流束密度 $\boldsymbol{J}$ は

$$\boldsymbol{J}=(E+P)\boldsymbol{v}\quad〔\mathrm{J/m^2\cdot s}〕 \tag{2.63}$$

であることがわかる。第1項 E は流体によって単位時間に単位面を通って運ばれるエネルギーである。第2項 P はその表面内の流体に働く圧力によってなされる仕事である。

2.5 音の基礎方程式

音は圧縮性流体における微小振動である。そのため速度 $\boldsymbol{v}$〔m/s〕も微小であり，オイラーの方程式（2.47）の $(\boldsymbol{v}\cdot\nabla)\boldsymbol{v}$ の項，すなわち速度の空間的な変化の項は無視することができる。同様に流体の密度 ρ〔kg/m³〕や圧力 P〔Pa〕の相対的な変化も小さい。平衡状態での密度および圧力を ρ_0, p_0 とおき，それぞれ平衡状態からの変化分を ρ', p $(\rho'\ll\rho_0,\ p\ll p_0)$ とおくと，流体の密度 ρ および圧力 P はつぎのように書くことができる。

$$P=p_0+p\quad〔\mathrm{Pa}〕,\qquad \rho=\rho_0+\rho'\quad〔\mathrm{kg/m^3}〕 \tag{2.64}$$

p は音圧である。

2.5.1 波動方程式

〔1〕 断熱変化における圧力と密度の関係

断熱変化のときの圧力と体積の関係として

$$PV^{\gamma} = constant \tag{2.65}$$

が成り立つ。単位質量として考えた場合

$$P\left(\frac{1}{\rho}\right)^{\gamma} = constant \tag{2.66}$$

である。対数をとると $\log P - \gamma \log \rho = constant$ となるので，その微分をつくると

$$\frac{\delta P}{P} - \gamma \frac{\delta \rho}{\rho} = 0 \tag{2.67}$$

となる。したがって，断熱変化における圧力と密度の関係として次式が得られる。

$$\frac{\delta P}{\delta \rho} = \gamma \frac{P}{\rho} \tag{2.68}$$

さらに，式（2.64）を代入すると

$$\frac{\delta p}{\delta \rho'} = \frac{\gamma p_0}{\rho_0} = c^2 \tag{2.69}$$

となる。

〔2〕 連続の方程式

連続の方程式（2.40）に式（2.64）を代入すると

$$\frac{\partial \rho'}{\partial t} + \rho_0 \nabla \cdot \boldsymbol{v} = \rho_0 \cdot q \quad [\mathrm{kg/m^3 \cdot s}] \tag{2.70}$$

となる。ここで，式（2.69）を用いて，$\partial \rho'/\partial t$ を p に関する式として書き直すと

$$\frac{\partial \rho'}{\partial t} = \frac{1}{c^2} \cdot \frac{\partial p}{\partial t} \tag{2.71}$$

となる。したがって，式（2.70）はつぎのように書き直される。

$$\frac{1}{c^2} \cdot \frac{\partial p}{\partial t} + \rho_0 \nabla \cdot \boldsymbol{v} = \rho_0 \cdot q \quad [\mathrm{kg/m^3 \cdot s}] \tag{2.72}$$

対象となる体積内に湧き出し源がなければ，すなわち $q=0$ ならば式（2.72）は

$$\frac{1}{c^2}\cdot\frac{\partial p}{\partial t}+\rho_0\nabla\cdot\boldsymbol{v}=0 \quad \text{〔kg/m}^3\cdot\text{s〕} \tag{2.73}$$

となる。

〔3〕　オイラーの方程式

オイラーの方程式（2.47）に式（2.64）を代入すると

$$\rho_0\left(\frac{\partial \boldsymbol{v}}{\partial t}\right)+\nabla p=\boldsymbol{f} \quad \text{〔N/m}^3\text{〕} \tag{2.74}$$

となる。式（2.74）は式（2.72）と合わせて，音波の完全な記述を与える。音波については重力による影響を無視してよく，また他の外力もなく $\boldsymbol{f}=0$ の場合は式（2.74）は

$$\rho_0\left(\frac{\partial \boldsymbol{v}}{\partial t}\right)+\nabla p=0 \quad \text{〔N/m}^3\text{〕} \tag{2.75}$$

となる。

〔4〕　音圧と粒子速度の関係

音圧と粒子速度が角速度 ω で調和振動するとした場合，それぞれ $p(\boldsymbol{r},t)=p(\boldsymbol{r})e^{j\omega t}$，$\boldsymbol{v}(\boldsymbol{r},t)=\boldsymbol{v}(\boldsymbol{r})e^{j\omega t}$ と表される。これらを式（2.75）に代入すると

$$j\omega\rho_0\boldsymbol{v}(\boldsymbol{r})+\nabla p(\boldsymbol{r})=0 \tag{2.76}$$

が得られる。例えば，方向 $\boldsymbol{n}$ の粒子速度 v_n は

$$v_n(\boldsymbol{r})=-\frac{1}{j\omega\rho_0}\cdot\frac{\partial p(\boldsymbol{r})}{\partial n} \tag{2.77}$$

となる。また，音圧と粒子速度を関係付けるパラメータとして音響インピーダンス $z_n(\boldsymbol{r})$ やその逆数の音響アドミタンス $y_n(\boldsymbol{r})$ が定義されており，それぞれつぎのように表される。

$$z_n(\boldsymbol{r})=\frac{1}{y_n(\boldsymbol{r})}=\frac{p(\boldsymbol{r})}{v_n(\boldsymbol{r})} \tag{2.78}$$

積分方程式を解く場合などの境界条件として実用上 $\partial p(\boldsymbol{r})/\partial n$ を用いることが

多い。境界条件が振動速度，音響インピーダンス，音響アドミタンスなどで与えられているときには次式を用いればよい。

$$\frac{\partial p(\boldsymbol{r})}{\partial n} = -j\omega\rho_0 v_n(\boldsymbol{r}) = -\frac{j\omega\rho_0}{z_n(\boldsymbol{r})}p(\boldsymbol{r}) = -j\omega\rho_0 y_n(\boldsymbol{r})p(\boldsymbol{r}) \qquad (2.79)$$

剛壁（完全反射の壁面）の音響インピーダンスは無限大（$z_n(\boldsymbol{r}) = \infty$）となり，このような場合には実際に計算ができないため，境界条件として音響アドミタンス（$y_n(\boldsymbol{r}) = 0$）を用いることも多い。

〔5〕 波動方程式

式（2.74）に∇·を乗じたものから，式（2.72）に $\partial/\partial t$ を乗じた（時間微分した）ものを引くと

$$\nabla^2 p - \frac{1}{c^2}\cdot\frac{\partial^2 p}{\partial t^2} = \nabla\cdot\boldsymbol{f} - \rho_0\frac{\partial q}{\partial t} \qquad (2.80)$$

となり，非同次波動方程式が得られる。外力 $\boldsymbol{f} = 0$ および流出源からの湧き出し $q = 0$ のとき

$$\nabla^2 p - \frac{1}{c^2}\cdot\frac{\partial^2 p}{\partial t^2} = 0 \qquad (2.81)$$

となり，同次波動方程式が得られる。

〔6〕 ヘルムホルツ方程式

外力 $\boldsymbol{f}$ の振幅が $\boldsymbol{f}_a$，流出源からの湧き出し q の振幅が q_a で角振動数 ω で調和振動すると仮定する。すなわち，$\boldsymbol{f} = \boldsymbol{f}_a e^{j\omega t}$，$g = g_a e^{j\omega t}$ と表される。このとき，音圧 p も同じ角振動数 ω で調和振動するため，$p(\boldsymbol{r}, t) = p(\boldsymbol{r})e^{j\omega t}$ と表せる。これらを式（2.80）に代入し，両辺を $e^{j\omega t}$ で割るとつぎのような非同次ヘルムホルツ方程式が得られる。

$$\nabla^2 p(\boldsymbol{r}) + k^2 p(\boldsymbol{r}) = \nabla\cdot\boldsymbol{f}_a - j\omega\rho_0 q_a \qquad (2.82)$$

外力も流出源からの湧き出しもなく $\boldsymbol{f} = 0$，$q = 0$ のとき

$$(\nabla^2 + k^2)p(\boldsymbol{r}) = 0 \qquad (2.83)$$

となり，同次ヘルムホルツ方程式が得られる。

2.5.2 グリーン関数と点音源

〔1〕 グリーン関数

ヘルムホルツ方程式におけるグリーン関数は次式を満たす。

$$\nabla^2 G(\boldsymbol{r}|\boldsymbol{s}) + k^2 G(\boldsymbol{r}|\boldsymbol{s}) = -\delta(\boldsymbol{r}-\boldsymbol{s}) \tag{2.84}$$

ここで $\delta(\boldsymbol{r}-\boldsymbol{s})$ はデルタ関数であり，あるスカラ関数 $h(\boldsymbol{s})$ を想定した場合

$$\iiint_V h(\boldsymbol{s})\delta(\boldsymbol{r}-\boldsymbol{s})\delta V = \begin{cases} h(\boldsymbol{r}) & (\boldsymbol{r} \in V) \\ 0 & (\boldsymbol{r} \notin V) \end{cases} \tag{2.85}$$

という性質がある。境界をもたない自由音場におけるグリーン関数として次式が知られている。

$$G(\boldsymbol{r}|\boldsymbol{s}) = \frac{e^{-jk|\boldsymbol{r}-\boldsymbol{s}|}}{4\pi|\boldsymbol{r}-\boldsymbol{s}|} \tag{2.86}$$

〔2〕 呼吸球による音場

体積速度 v_a，半径 a，中心の座標 $\boldsymbol{r}_a$ の呼吸球が自由音場にある場合について考える。位置 $\boldsymbol{r}$ における音圧 $p(\boldsymbol{r})$ は Pierce[2)]によれば

$$p(\boldsymbol{r}) = \frac{j\omega\rho_0 v_a}{4\pi|\boldsymbol{r}-\boldsymbol{r}_a|(1-jka)} e^{-jk(|\boldsymbol{r}-\boldsymbol{r}_a|-a)} \tag{2.87}$$

となる。体積速度を一定として半径 $a \to 0$ の極限を考えると音圧 $p(\boldsymbol{r})$ は

$$p(\boldsymbol{r}) = \frac{j\omega\rho_0 v_a}{4\pi|\boldsymbol{r}-\boldsymbol{r}_a|} e^{-jk|\boldsymbol{r}-\boldsymbol{r}_a|} \tag{2.88}$$

となる。この式と式（2.84），（2.86）を照らし合わせると

$$(\nabla^2 + k^2)p(\boldsymbol{r}) = -j\omega\rho_0 v_a \cdot \delta(\boldsymbol{r}-\boldsymbol{r}_a) \tag{2.89}$$

が成り立つことがわかる。この式はヘルムホルツ方程式（2.82）において $\boldsymbol{f} = 0$，$q_a(\boldsymbol{r}) = v_a \cdot \delta(\boldsymbol{r}-\boldsymbol{r}_a)$ とおいたものに等しい。

〔3〕 グリーンの定理

f と g をスカラ関数としてベクトル場 $\boldsymbol{u} = f\nabla g$ を考えると，$\nabla\cdot(f\nabla g) = f\nabla^2 g + \nabla f \cdot \nabla g$ である。$\boldsymbol{u}$ をガウスの定理（2.33）に代入し

$$\boldsymbol{un}\delta S = f(\boldsymbol{n}\cdot\nabla g)\delta S = f\frac{\partial g}{\partial n}\delta S$$

（$\partial g/\partial n$ は g の n 方向微分係数）を用いれば

$$\iiint_V (f\nabla^2 g + \nabla f \cdot \nabla g)\delta V = \iint_S f\frac{\partial g}{\partial n}\delta S$$

を得る。f と g を取り換えた式との差をとると次式のようなグリーンの定理が得られる。

$$\iiint_V (f\nabla^2 g - g\nabla^2 f)\delta V = \iint_S f\frac{\partial g}{\partial n} - g\frac{\partial f}{\partial n}\delta S \tag{2.90}$$

〔4〕 相　反　原　理

閉曲面 S 内に体積速度 v の点音源 A が座標 $\boldsymbol{r}_a$ にある場合の音場 $p_a(\boldsymbol{r})$，および同じ体積速度の点音源 B が座標 $\boldsymbol{r}_b$ にある場合の音場 $p_b(\boldsymbol{r})$ について考える。$p_a(\boldsymbol{r})$，$p_b(\boldsymbol{r})$ についてそれぞれの非同次ヘルムホルツ方程式が成り立つため，以下のように表される。

$$(\nabla^2 + k^2)p_a(\boldsymbol{r}) = -j\omega\rho_0 v\cdot\delta(\boldsymbol{r} - \boldsymbol{r}_a) \tag{2.91}$$

$$(\nabla^2 + k^2)p_b(\boldsymbol{r}) = -j\omega\rho_0 v\cdot\delta(\boldsymbol{r} - \boldsymbol{r}_b) \tag{2.92}$$

このとき境界条件として音響インピーダンス $z_n(\boldsymbol{r})$ が S 上で与えられているものとすると，各音場について次式が成り立つ。

$$\left.\begin{aligned}\frac{\partial p_a(\boldsymbol{r})}{\partial n} &= -\frac{j\omega\rho_0}{z_n(\boldsymbol{r})}p_a(\boldsymbol{r})\\ \frac{\partial p_b(\boldsymbol{r})}{\partial n} &= -\frac{j\omega\rho_0}{z_n(\boldsymbol{r})}p_b(\boldsymbol{r})\end{aligned}\right\} \tag{2.93}$$

式(2.91)に $p_b(\boldsymbol{r})$ を乗じたものから，式(2.92)に $p_a(\boldsymbol{r})$ を乗じたものを引くと

$$\begin{aligned}&p_b(\boldsymbol{r})\nabla^2 p_a(\boldsymbol{r}) - p_a(\boldsymbol{r})\nabla^2 p_b(\boldsymbol{r})\\ &= -j\omega\rho_0 v(p_b(\boldsymbol{r})\cdot\delta(\boldsymbol{r} - \boldsymbol{r}_a) - p_a(\boldsymbol{r})\cdot\delta(\boldsymbol{r} - \boldsymbol{r}_b))\end{aligned} \tag{2.94}$$

となる。両辺の面 S に囲まれた体積 V で積分をとり，左辺についてはグリーンの定理（2.90）を適用し，右辺についてはデルタ関数の性質（2.85）を適用すると

$$\iint_S p_b(\boldsymbol{r})\frac{\partial p_a(\boldsymbol{r})}{\partial n} - p_a(\boldsymbol{r})\frac{\partial p_b(\boldsymbol{r})}{\partial n}\delta S = -j\omega\rho_0 v(p_b(\boldsymbol{r}_a) - p_a(\boldsymbol{r}_b)) \tag{2.95}$$

となる。ここで，境界条件（式（2.93））を代入すると式（2.95）の左辺は

$$\iint_S p_b(\boldsymbol{r})\frac{-j\omega\rho_0 p_a(\boldsymbol{r})}{z_n(\boldsymbol{r})} - p_a(\boldsymbol{r})\frac{-j\omega\rho_0}{z_n(\boldsymbol{r})}p_b(\boldsymbol{r})\delta S = 0 \tag{2.96}$$

となるため，結果として式（2.95）より $p_b(\boldsymbol{r}_a) = p_a(\boldsymbol{r}_b)$ となる。すなわち，点音源の位置 $\boldsymbol{r}_a$，受音点の位置 $\boldsymbol{r}_b$ の場合と点音源の位置 $\boldsymbol{r}_b$，受音点の位置 $\boldsymbol{r}_a$ の場合が同等になることを意味している。このように，境界条件が音響インピーダンスという形で与えられるような音場では音源と受音点の相反性が保証される。

2.5.3　音響エネルギー

音波のもつエネルギーについて考える。完全流体のエネルギー密度の式（2.48）

$$E = \frac{1}{2}\rho\boldsymbol{v}^2 + \rho\varepsilon \quad 〔\mathrm{J/m^3}〕$$

について，音波に伴う密度の変化 ρ' および粒子速度 $\boldsymbol{v}$ の二次までの精度で求める。

〔1〕 運動エネルギー

$\frac{1}{2}\rho'\boldsymbol{v}^2$ は三次の項となるため，運動エネルギーは

$$\frac{1}{2}\rho_0\boldsymbol{v}^2 \quad 〔\mathrm{J/m^3}〕 \tag{2.97}$$

である。

〔2〕 内部エネルギー

$\rho\varepsilon$ を

$$\rho\varepsilon = \rho\varepsilon(\rho)|_{\rho=\rho_0+\rho'} \tag{2.98}$$

として $\rho = \rho_0$ のまわりで二次の項までテイラー展開すると

$$\rho\varepsilon = \rho_0\varepsilon(\rho_0) + \left.\frac{\partial\rho\varepsilon}{\partial\rho}\right|_{\rho=\rho_0}\cdot\rho' + \frac{1}{2}\cdot\left.\frac{\partial^2\rho\varepsilon}{\partial\rho^2}\right|_{\rho=\rho_0}\cdot\rho'^2 \tag{2.99}$$

となる。式（2.55）より

$$\frac{\partial \varepsilon}{\partial \rho} = \frac{P}{\rho^2} \tag{2.100}$$

を用いると，$\rho\varepsilon$ の 1 階微分は

$$\frac{\partial \rho\varepsilon}{\partial \rho} = \varepsilon + \rho\frac{\partial \varepsilon}{\partial \rho} = \varepsilon + \frac{P}{\rho} = w \tag{2.101}$$

となる。ただし，w は熱関数（エンタルピー）である。また，式（2.68）を用いると，2 階微分は

$$\frac{\partial^2 \rho\varepsilon}{\partial \rho^2} = \frac{\partial \varepsilon}{\partial \rho} - \frac{P}{\rho^2} + \frac{1}{\rho}\cdot\frac{\partial P}{\partial \rho} = \gamma\frac{P}{\rho^2} \tag{2.102}$$

となる。式（2.69）より密度変化と圧力変化について $\rho' = \rho/c^2$ の関係があることを考慮すると，式（2.99）は

$$\begin{aligned} \rho\varepsilon &= \rho_0\varepsilon_0 + w_0\cdot\rho' + \frac{1}{2}\cdot\frac{c^2}{\rho_0}\cdot\rho'^2 \\ &= \rho_0\varepsilon_0 + w_0\cdot\rho' + \frac{p^2}{2\rho_0 c^2} \quad \text{〔J/m}^3\text{〕} \end{aligned} \tag{2.103}$$

となる。第 1 項 $\rho_0\varepsilon_0$ は流体が静止している場合の単位体積中のエネルギーであり，音波に関係しない。したがって，音波による内部エネルギーは

$$\rho\varepsilon = \rho_0\varepsilon_0 + w_0\cdot\rho' + \frac{p^2}{2\rho_0 c^2} \tag{2.104}$$

で表される。

〔3〕 音響エネルギー密度

音のエネルギー密度は運動エネルギーおよび内部エネルギーの和をとると

$$E = w_0\cdot\rho' + \frac{1}{2}\rho_0\boldsymbol{v}^2 + \frac{p^2}{2\rho_0 c^2} \quad \text{〔J/m}^3\text{〕} \tag{2.105}$$

となる。第 1 項は単位体積中の流体の質量変化に伴うエネルギーの変化であり，時間平均すると消える。あるいは流体の全エネルギーを求めるために全体積で積分する際に消える。いずれにせよエネルギーの伝搬に関与するものではない。そこで音響エネルギー密度 E はつぎのように定義されている。

$$E = \frac{1}{2}\rho_0\boldsymbol{v}^2 + \frac{p^2}{2\rho_0 c^2} \quad \text{〔J/m}^3\text{〕} \tag{2.106}$$

〔4〕 **音響エネルギー流束密度**

同様にして，エネルギー流束密度は式 (2.63) より $\boldsymbol{J} = (E + P)\boldsymbol{v}$ なので，式 (2.105) を代入して二次までの近似を行うと

$$\boldsymbol{J} = (w_0 \cdot \rho' + p)\boldsymbol{v} \quad \text{〔J/m}^2\cdot\text{s〕} \tag{2.107}$$

となる。この式で表されるエネルギー流束密度は，式 (2.105) で表されるエネルギー密度とともにエネルギー保存則を表す式 (2.49) を満たす。しかし，音響エネルギー密度の場合と同じように，ある体積中の全流体の質量は平均すれば変化しないと考えられるため，閉曲面を通る質量流速の時間平均 $\overline{\rho' \boldsymbol{v}}$ は 0 でなければならない。よって音響エネルギー流束密度（$\boldsymbol{I}$ で表す）はつぎのようになる。

$$\boldsymbol{I} = p\boldsymbol{v} \quad \text{〔J/m}^2\cdot\text{s〕} \tag{2.108}$$

ここで，$\boldsymbol{I}$ は音響インテンシティと呼ばれる。

〔5〕 **音のエネルギー収支**

音響エネルギー密度の時間変化について調べる。式 (2.106) の両辺を時間で偏微分すると

$$\begin{aligned}\frac{\partial E}{\partial t} &= \frac{\partial}{\partial t}\left(\frac{1}{2}\rho_0 \boldsymbol{v}^2 + \frac{p^2}{2\rho_0 c^2}\right) \\ &= \rho_0 \boldsymbol{v} \cdot \frac{\partial \boldsymbol{v}}{\partial t} + \frac{p}{\rho_0 c^2} \cdot \frac{\partial p}{\partial t}\end{aligned} \tag{2.109}$$

となる。ここで，連続の方程式 (2.72)

$$\frac{1}{c^2} \cdot \frac{\partial p}{\partial t} = -\rho_0 \nabla \cdot \boldsymbol{v} + \rho_0 \cdot q \quad \text{〔kg/m}^3\cdot\text{s〕} \tag{2.110}$$

およびオイラーの方程式 (2.96)

$$\rho_0\left(\frac{\partial \boldsymbol{v}}{\partial t}\right) = -\nabla p + \boldsymbol{f} \quad \text{〔N/m}^3\text{〕} \tag{2.111}$$

を式 (2.109) に代入すると

$$\frac{\partial E}{\partial t} = -\boldsymbol{v} \cdot \nabla p + \boldsymbol{v} \cdot \boldsymbol{f} - p \nabla \cdot \boldsymbol{v} + pq \tag{2.112}$$

となる。また，$\boldsymbol{v} \cdot \nabla p + p \nabla \cdot \boldsymbol{v} = \nabla \cdot (p \cdot \boldsymbol{v}) = \nabla \cdot \boldsymbol{I}$ であることを考慮すると

$$\frac{\partial E}{\partial t} + \nabla \cdot \boldsymbol{I} = \boldsymbol{v} \cdot \boldsymbol{f} + pq \tag{2.113}$$

の関係が得られる。ある領域内に音源がない場合には

$$\frac{\partial E}{\partial t} + \nabla \cdot \boldsymbol{I} = 0 \tag{2.114}$$

となり，式（2.49）で示したエネルギー保存則に等しいことがわかる。式（2.113）をある領域 V で積分してみよう。ガウスの定理の式（2.34）を $\nabla \cdot \boldsymbol{I}$ に適用すると次式が得られる。

$$\frac{\partial}{\partial t}\iiint_V E\delta V + \iint_S \boldsymbol{I}\boldsymbol{n}\delta S = \iiint_V [\boldsymbol{v} \cdot \boldsymbol{f} + pq]\delta V \tag{2.115}$$

この式の左辺第1項は領域 V 内で単位時間に増加する音響エネルギーである。また，第2項は領域 V を取り囲む境界面 S から流出する音響エネルギーである。右辺は領域 V 内に存在するモノポール音源 q とダイポール音源 $\boldsymbol{f}$ から湧き出す音響エネルギーである。つまり，式（2.114）は領域 V 内で単位時間に増加する音響エネルギーと境界面 S から流出する音響エネルギーの和が，領域 V 内に存在するモノポール音源 q とダイポール音源 $\boldsymbol{f}$ から湧き出す音響エネルギーに等しいという意味である。

2.5.4 瞬時音響インテンシティと複素音響インテンシティ

複素音響インテンシティ $\boldsymbol{I}_c$ はつぎのように定義されている。

$$\boldsymbol{I}_c(\boldsymbol{r}) = \frac{1}{2}p(\boldsymbol{r}) \cdot \boldsymbol{v}(\boldsymbol{r})^* \tag{2.116}$$

ここで，複素数である音圧 $p(\boldsymbol{r})$ を振幅成分 $P(\boldsymbol{r})$ と位相成分 $\phi(\boldsymbol{r})$ に分解すると，つぎのような関係が得られる。

$$p(\boldsymbol{r}) = P(\boldsymbol{r})e^{-j\phi(\boldsymbol{r})} \tag{2.117}$$

このとき粒子速度 $\boldsymbol{v}(\boldsymbol{r})$ は

$$\boldsymbol{v}(\boldsymbol{r}) = \frac{1}{-j\omega\rho_0}\nabla P(\boldsymbol{r}) = \frac{1}{\omega\rho_0}(P(\boldsymbol{r})\nabla\phi(\boldsymbol{r}) + j\nabla P(\boldsymbol{r}))e^{-j\phi(\boldsymbol{r})} \tag{2.118}$$

となる。したがって，複素音響インテンシティ $\boldsymbol{I}_c$ は式（2.119）のようになる。

$$\boldsymbol{I}_c(\boldsymbol{r}) = \frac{1}{2}p(\boldsymbol{r})\cdot\boldsymbol{v}(\boldsymbol{r})^* = \frac{1}{2\omega\rho_0}(P(\boldsymbol{r})^2\nabla\phi(\boldsymbol{r}) - jP(\boldsymbol{r})\nabla P(\boldsymbol{r})) \quad (2.119)$$

複素音響インテンシティ $\boldsymbol{I}_c(\boldsymbol{r})$ の実部はアクティブインテンシティ，虚部はリアクティブインテンシティと呼ばれる。それぞれ $\boldsymbol{I}(\boldsymbol{r})$，$\boldsymbol{Q}(\boldsymbol{r})$ とすると

$$\boldsymbol{I}(\boldsymbol{r}) = \frac{1}{2\omega\rho_0}P(\boldsymbol{r})^2\nabla\phi(\boldsymbol{r}) \quad (2.120)$$

$$\boldsymbol{Q}(\boldsymbol{r}) = \frac{1}{2\omega\rho_0}P(\boldsymbol{r})\nabla P(\boldsymbol{r}) \quad (2.121)$$

である。音響インテンシティを表す式（2.108）において時間を考慮すると，瞬時音響インテンシティはつぎのように表される。

$$\boldsymbol{I}(\boldsymbol{r}, t) = \mathrm{Re}[p(\boldsymbol{r}, t)]\cdot\mathrm{Re}[\boldsymbol{v}(\boldsymbol{r}, t)] \quad [\mathrm{J/m^2\cdot s}] \quad (2.122)$$

複素音響インテンシティと関連付けるため，音圧と粒子速度の時間関数として角速度 ω の調和振動を考える。すなわち，$p(\boldsymbol{r}, t) = p(\boldsymbol{r})e^{j\omega t}$，$\boldsymbol{v}(\boldsymbol{r}, t) = \boldsymbol{v}(\boldsymbol{r})e^{j\omega t}$ である。このとき式（2.117），（2.118）はつぎのように表される。

$$p(\boldsymbol{r}, t) = p(\boldsymbol{r})e^{j\omega t} = P(\boldsymbol{r})e^{j(\omega t - \phi(\boldsymbol{r}))} \quad (2.123)$$

$$\boldsymbol{v}(\boldsymbol{r}, t) = \boldsymbol{v}(\boldsymbol{r})e^{j\omega t} = \frac{1}{\omega\rho_0}(P(\boldsymbol{r})\nabla\phi(\boldsymbol{r}) + j\nabla P(\boldsymbol{r}))e^{j(\omega t - \phi(\boldsymbol{r}))} \quad (2.124)$$

したがって，それぞれの実部は

$$\mathrm{Re}[p(\boldsymbol{r})e^{j\omega t}] = P(\boldsymbol{r})\cos(\omega t - \phi(\boldsymbol{r})) \quad (2.125)$$

$$\mathrm{Re}[\boldsymbol{v}(\boldsymbol{r})e^{j\omega t}] = \frac{1}{\omega\rho_0}(P(\boldsymbol{r})\nabla\phi(\boldsymbol{r})\cos(\omega t - \phi(\boldsymbol{r})) - \nabla P(\boldsymbol{r})\sin(\omega t - \phi(\boldsymbol{r}))) \quad (2.126)$$

となるので，これらの式を式（2.122）に代入して瞬時音響インテンシティ $\boldsymbol{I}(\boldsymbol{r}, t)$ を求めると，つぎのようになる。

$$\begin{aligned}\boldsymbol{I}(\boldsymbol{r}, t) &= \boldsymbol{I}(\boldsymbol{r})(1 + \cos 2(\omega t - \phi(\boldsymbol{r})) + \boldsymbol{Q}(\boldsymbol{r})\sin 2(\omega t - \phi(\boldsymbol{r})) \\ &= \mathrm{Re}[\boldsymbol{I}_c(\boldsymbol{r})(1 + e^{-j2(\omega t - \phi(\boldsymbol{r}))})]\end{aligned} \quad (2.127)$$

式（2.127）の時間平均をとると，右辺の振動を含む項はなくなるため

$$\overline{\boldsymbol{I}(\boldsymbol{r}, t)} = \mathrm{Re}[\boldsymbol{I}_c(\boldsymbol{r})] = \boldsymbol{I}(\boldsymbol{r}) \quad (2.128)$$

となり，瞬時音響インテンシティの時間平均がアクティブインテンシティと等

しくなることがわかる。

2.5.5 キルヒホッフ-ヘルムホルツ積分方程式

複数の点音源を含む音場におけるヘルムホルツ方程式について考える。**図 2.16** のように閉曲面 S で囲まれた領域 V 内の位置 $\boldsymbol{r}_k'$ に N 個の点音源があるとする。各点音源の大きさを $q_k\,(k=1,\cdots,N)$ とする。このときヘルムホルツ方程式は式 (2.83) より，つぎのようになる。

$$(\nabla^2+k^2)p(\boldsymbol{r}) = -j\omega\rho_0\sum_{k=1}^{N}q_k\cdot\delta(\boldsymbol{r}-\boldsymbol{r}_k') \qquad (2.129)$$

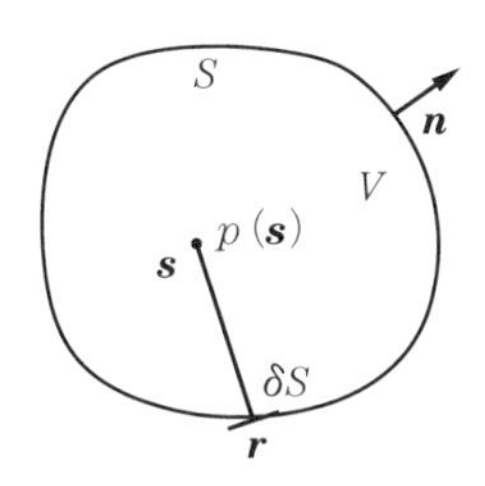

図 2.16 ある媒質中の境界 S に囲まれた空間

つぎに $G\nabla^2p - p\nabla^2G$ について考える。式 (2.84)，(2.129) より，以下のようになる。

$$G(\boldsymbol{r}|\boldsymbol{s})\nabla^2p(\boldsymbol{r}) - p(\boldsymbol{r})\nabla^2G(\boldsymbol{r}|\boldsymbol{s}) = -G(\boldsymbol{r}|\boldsymbol{s})Q(\boldsymbol{r}) + p(\boldsymbol{r})\delta(\boldsymbol{r}-\boldsymbol{s})$$

ただし

$$Q(\boldsymbol{r}) = j\omega\rho_0\sum_{k=1}^{N}q_k\cdot\delta(\boldsymbol{r}-\boldsymbol{r}_k')$$

である。両辺を V で体積積分をとると

$$\iiint_V G(\boldsymbol{r}|\boldsymbol{s})\nabla^2p(\boldsymbol{r}) - p(\boldsymbol{r})\nabla^2G(\boldsymbol{r}|\boldsymbol{s})\delta V$$

$$=\iiint_V -G(\boldsymbol{r}|\boldsymbol{s})Q(\boldsymbol{r}) + p(\boldsymbol{r})\delta(\boldsymbol{r}-\boldsymbol{s})\delta V \qquad (2.130)$$

となる。左辺についてグリーンの定理 (2.90) を適用すると

$$\iiint_V G(\boldsymbol{r}|\boldsymbol{s})\nabla^2p(\boldsymbol{r}) - p(\boldsymbol{r})\nabla^2G(\boldsymbol{r}|\boldsymbol{s})\delta V$$

$$=\iint_S G(\boldsymbol{r}|\boldsymbol{s})\frac{\partial p(\boldsymbol{r})}{\partial n} - p(\boldsymbol{r})\frac{\partial G(\boldsymbol{r}|\boldsymbol{s})}{\partial n}\delta S$$

となる。また，右辺第1項，2項についてはデルタ関数の性質（2.85）を適用すると

$$\iiint_V p(\boldsymbol{r})\delta(\boldsymbol{r}-\boldsymbol{s})\delta V = p(\boldsymbol{s}) \tag{2.131}$$

$$\iiint_V G(\boldsymbol{r}|\boldsymbol{s})Q(\boldsymbol{r})\delta V = j\omega\rho_0 \sum_{k=1}^{N} q_k G(\boldsymbol{r}'_k|\boldsymbol{s}) \tag{2.132}$$

となる。ただし，図2.16のように座標 $\boldsymbol{s}$ は V 内にあるものとした。以上を整理すると式（2.130）は

$$p(\boldsymbol{s}) = j\omega\rho_0 \sum_{k=1}^{N} q_k G(\boldsymbol{r}_k'|\boldsymbol{s}) + \iint_S G(\boldsymbol{r}|\boldsymbol{s})\frac{\partial p(\boldsymbol{r})}{\partial n} - p(\boldsymbol{r})\frac{\partial G(\boldsymbol{r}|\boldsymbol{s})}{\partial n}\delta S \tag{2.133}$$

となり，キルヒホッフ-ヘルムホルツ積分方程式が得られる。

〔1〕 境界要素法の定式化

ここでは座標 $\boldsymbol{s}$ が V 中にあることを仮定したが，境界要素法により積分方程式を解く場合には，まず境界面 S 上における音圧を求める必要がある。座標 $\boldsymbol{s}$ が S 上にある場合には式（2.133）の左辺は $p(\boldsymbol{s})/2$ となる。境界面 S において振動速度か音響アドミタンスのどちらかが既知である必要がある。

図2.17 のように境界条件として振動速度が与えられる範囲を S'，音響アドミタンスが与えられる範囲を S''（すなわち $S = S' \oplus S''$）とすると，式（2.78）を用いて式（2.133）はつぎのように表せる。

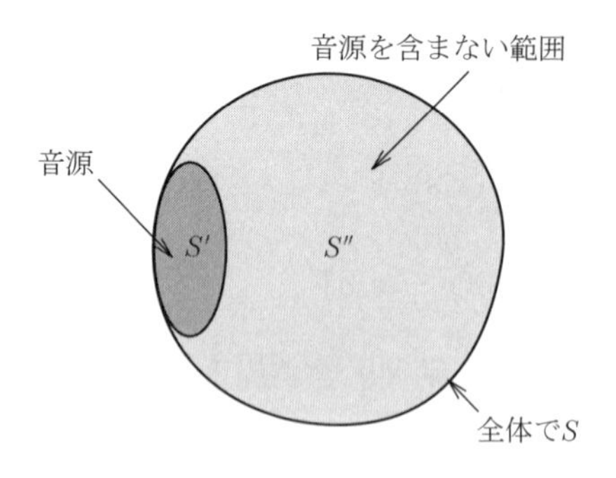

図2.17　境 界 条 件

$$C(\boldsymbol{s})p(\boldsymbol{s}) = j\omega\rho_0\sum_{k=1}^{N} q_k G(\boldsymbol{r}_k{}'|\boldsymbol{s}) - \iint_S \frac{\partial G(\boldsymbol{r}|\boldsymbol{s})}{\partial n} p(\boldsymbol{r})\delta S$$
$$- \iint_{S'} j\omega\rho_0 G(\boldsymbol{r}|\boldsymbol{s}) v_n(\boldsymbol{r})\delta S - \iint_{S''} j\omega\rho_0 G(\boldsymbol{r}|\boldsymbol{s}) y_n(\boldsymbol{r}) p(\boldsymbol{r})\delta S \tag{2.134}$$

ただし

$$C(\boldsymbol{s}) = \begin{cases} \dfrac{1}{2} & (\boldsymbol{s} \in S) \\ 1 & (\boldsymbol{s} \notin V) \end{cases} \tag{2.135}$$

である。

〔2〕 **微分演算子による表現**

微分演算子を用いて式（2.130）を書き直すとつぎのようになる。

$$p(\boldsymbol{s}) = j\omega\rho_0\sum_{k=1}^{N} q_k G(\boldsymbol{r}_k{}'|\boldsymbol{s}) + \iint_S [G(\boldsymbol{r}|\boldsymbol{s})\nabla p(\boldsymbol{r}) - p(\boldsymbol{r})\nabla G(\boldsymbol{r}|\boldsymbol{s})\cdot\boldsymbol{n}\delta S \tag{2.136}$$

これまで $\boldsymbol{s} \in V$ を想定してきたが，積分項は $\boldsymbol{s} \notin V$ のときに 0 となる。したがって音源がない場合，すなわち $q_k = 0$ のときには次式が成り立つ。

$$\iint_S [G(\boldsymbol{r}|\boldsymbol{s})\nabla p(\boldsymbol{r}) - p(\boldsymbol{r})\nabla G(\boldsymbol{r}|\boldsymbol{s})\cdot\boldsymbol{n}\delta S = \begin{cases} p(\boldsymbol{s}) & (\boldsymbol{s} \in V) \\ 0 & (\boldsymbol{s} \notin V) \end{cases} \tag{2.137}$$

2.6 三次元音場におけるアクティブノイズコントロールの物理

2.6.1 ホイヘンスの原理に基づいたアクティブノイズコントロール

〔1〕 **ホイヘンスの原理**

ホイヘンスの原理とは波がどのように伝わるかを説明する方法であるが，これは主に波の回折がなぜ生じるのかをうまく説明する。例えば，**図 2.18** のように，音源が中心から遠方に向かって拡がるときに，つぎの波面は前の波面上に無数の仮想的な点音源によって生じるものと考える。このような考え方によって波が障害物を回折してくる現象を説明することができる。ここではネルソ

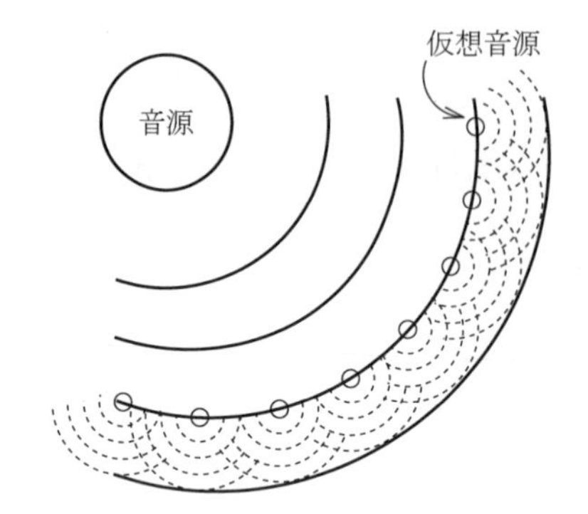

図 2.18　ホイヘンスの原理

ン（Nelson）とエリオット（Elliott）の教科書[3]の記述に従い積分方程式を用いて，ホイヘンスの原理および三次元音場におけるアクティブノイズコントロールの原理について説明する。

式 (2.77) の関係式を用いると $\nabla p(\boldsymbol{r}) = -j\omega\rho_0\boldsymbol{v}(\boldsymbol{r})$ であるため，式 (2.137) の被積分第 1 項はつぎのように書ける。

$$\iint_S [G(\boldsymbol{r}|\boldsymbol{s})\nabla p(\boldsymbol{r})]\cdot\boldsymbol{n}\delta S = -\iint_S G(\boldsymbol{r}|\boldsymbol{s})j\omega\rho_0 v_n(\boldsymbol{r})\delta S$$
$$= \iint_S G(\boldsymbol{r}|\boldsymbol{s})j\omega\rho_0 q_{\mathrm{surf}}(\boldsymbol{r})\delta S \tag{2.138}$$

ただし，$q_{\mathrm{surf}}(\boldsymbol{r}) = -\boldsymbol{v}(\boldsymbol{r})$，すなわち単位面積当りの法線方向の体積速度である。上記で述べたように $G(\boldsymbol{r}|\boldsymbol{s})$ は点音源により生成される音場の解に等しいため，右辺は体積速度 $q_{\mathrm{surf}}(\boldsymbol{r})$ の点音源，すなわちモノポール音源が面 S 上に分布していると解釈できる。同様にして式（2.137）の被積分第 2 項はつぎのように書ける。

$$-\iint_S p(\boldsymbol{r})\nabla G(\boldsymbol{r}|\boldsymbol{s})\cdot\boldsymbol{n}\delta S = -\iint_S \boldsymbol{f}_{\mathrm{surf}}(\boldsymbol{r})\nabla G(\boldsymbol{r}|\boldsymbol{s})\delta S \tag{2.139}$$

ただし，$\boldsymbol{f}_{\mathrm{surf}}(\boldsymbol{r}) = p(\boldsymbol{r})\boldsymbol{n}$，すなわち面 S における単位面積当りの力である。$\nabla G(\boldsymbol{r}|\boldsymbol{s})$ は隣接した二つの逆位相の点音源による音場であるため，ダイポール音源による音場である。したがって，右辺は力 $\boldsymbol{f}_{\mathrm{surf}}(\boldsymbol{r})$ のダイポール音源が面 S 上に分布していると解釈できる。

これらを合わせるとつぎのように書き直せる。

$$\iint_S [G(\boldsymbol{r}|\boldsymbol{s})j\omega\rho_0 q_{\mathrm{surf}}(\boldsymbol{r}) - \boldsymbol{f}_{\mathrm{surf}}(\boldsymbol{r})\nabla G(\boldsymbol{r}|\boldsymbol{s})]\cdot\boldsymbol{n}\delta S$$

$$= \begin{cases} p(\boldsymbol{s}) & (\boldsymbol{s} \in V) \\ 0 & (\boldsymbol{s} \notin V) \end{cases} \tag{2.140}$$

上式は，体積速度 $q_{\mathrm{surf}}(\boldsymbol{r})$ のモノポール音源と力 $\boldsymbol{f}_{\mathrm{surf}}(\boldsymbol{r})$ のダイポール音源を面 S 上に分布させることによって，領域 V 内で任意の音場 $p(\boldsymbol{s})$ を生成することができることを意味する。また，このとき領域 V の外側では音は何も生成されない。モノポール音源とダイポール音源の組合せ，すなわちトリポール音源が領域 V 内部に向かう単一指向性を実現していることになる。このような単一指向性の音源を実現することが理論上は可能であることは，2.2.4 項の図 2.8 のように一次元音場で説明した。

〔2〕 トリポール音源による吸音

アクティブノイズコントロールの原理について説明する。図 2.16 のように面 S で囲まれた領域 V を想定する。領域 V の外部に騒音源が存在すると仮定し，騒音源による一次音場を $p_1(\boldsymbol{r})$ とする。また，境界面上に設置したモノポール音源およびダイポール音源によって生成されている二次音場を $p_2(\boldsymbol{r})$ とすると次式が成り立つ。

$$\iint_S [G(\boldsymbol{r}|\boldsymbol{s})j\omega\rho_0 q_{\mathrm{surf}}(\boldsymbol{r}) - \boldsymbol{f}_{\mathrm{surf}}(\boldsymbol{r})\nabla G(\boldsymbol{r}|\boldsymbol{s})]\cdot\boldsymbol{n}\delta S$$

$$= \begin{cases} p_2(\boldsymbol{s}) & (\boldsymbol{s} \in V) \\ 0 & (\boldsymbol{s} \notin V) \end{cases} \tag{2.141}$$

ここで，モノポール音源およびダイポール音源の大きさをつぎのように設定する。

$$\left.\begin{aligned} j\omega\rho_0 q_{\mathrm{surf}}(\boldsymbol{r}) &= -\nabla p_1(\boldsymbol{r})\boldsymbol{n} \\ \boldsymbol{f}_{\mathrm{surf}}(\boldsymbol{r}) &= -p_1(\boldsymbol{r})\boldsymbol{n} \end{aligned}\right\} \tag{2.142}$$

ここで，$p_1(\boldsymbol{r})$ は騒音源によって生じた一次音場の面 S 上の音圧である。二次音源の大きさを式 (2.142) のように選ぶことにより，領域 V 内の音場では $p_2(r) = -p_1(r)$ となる。したがって，一次音場と二次音場を重ね合わせると，次式が導かれる。

$$p(\boldsymbol{r}) = p_1(\boldsymbol{r}) + p_2(\boldsymbol{r}) = \begin{cases} 0 & (\boldsymbol{s} \in V) \\ p_1(\boldsymbol{s}) & (\boldsymbol{s} \notin V) \end{cases} \tag{2.143}$$

つまり，領域 V の外側では一次音場に影響を与えずに，領域 V 内部の騒音を打ち消すことが可能となる。これは一次元音場で述べると図 2.9 で示したトリポール音源によるアクティブノイズコントロールに相当する。すなわち，2.2.4 項で述べたように領域 V 内の音響エネルギーが消滅したのは，トリポール音源が音響エネルギーを吸音しているためと考えられる。

〔3〕 モノポール/ダイポール音源による吸音

面 S 上でモノポール音源あるいはダイポール音源のみを設置することによって音響エネルギーを反射させることが可能である。例えば，つぎのような積分方程式を考える。

$$\iint_S [G(\boldsymbol{r}'|\boldsymbol{s})j\omega\rho_0 q_{\mathrm{surf}}'(\boldsymbol{r}') - \boldsymbol{f}_{\mathrm{surf}}'(\boldsymbol{r}')\nabla G(\boldsymbol{r}'|\boldsymbol{s})]\cdot\boldsymbol{n}\delta S'$$
$$= \begin{cases} p'_2(\boldsymbol{s}) & (\boldsymbol{s} \in V') \\ 0 & (\boldsymbol{s} \notin V') \end{cases} \tag{2.144}$$

ここで，V' は V の外側の領域であり，n' は n とは反対方向の V の内側に向かう単位法線ベクトルとする。前述した一次音場と二次音場の重ね合せに対して，式 (2.144) の音場を重ね合わせると次式が得られる。

$$p(\boldsymbol{r}) = \begin{cases} 0 & (\boldsymbol{s} \in V) \\ p_1(\boldsymbol{s}) + p'_2(\boldsymbol{s}) & (\boldsymbol{s} \notin V) \end{cases} \tag{2.145}$$

この重ね合せにより，領域 V の外側に法線ベクトル n をもつ面 S 上にモノポール音源 $q_{\mathrm{surf}}(\boldsymbol{r})$ とダイポール音源 $\boldsymbol{f}_{\mathrm{surf}}(\boldsymbol{r})$ があり，領域 V の内側に法線ベクトル n' をもつ面 S' 上にモノポール音源 $q_{\mathrm{surf}}'(\boldsymbol{r})$ とダイポール音源 $\boldsymbol{f}_{\mathrm{surf}}'(\boldsymbol{r})$ が存在する。また，積分方程式の性質によりモノポール音源 $q_{\mathrm{surf}}'(\boldsymbol{r})$ とダイポール音源 $\boldsymbol{f}_{\mathrm{surf}}'(\boldsymbol{r})$ の値，すなわち音源の振幅を変化させても領域 V 内は変化しない。そこで二つのダイポール音源の重ね合せをすべての面 S 上で打ち消すように選ぶ。すなわち

$$\boldsymbol{f}_{\mathrm{surf}}(\boldsymbol{r})\cdot\boldsymbol{n}+\boldsymbol{f}_{\mathrm{surf}}{}'(\boldsymbol{r})\cdot\boldsymbol{n}'=0 \tag{2.146}$$

とする。このとき面 S 上には二つのモノポール音源 $q_{\mathrm{surf}}(\boldsymbol{r})$，$q_{\mathrm{surf}}{}'(\boldsymbol{r})$ が残るが，これは $q_{\mathrm{surf}}(\boldsymbol{r})+q_{\mathrm{surf}}{}'(\boldsymbol{r})$ の大きさの一つのモノポール音源が残ることに等しい。このとき領域 V の外部の音場は $p_1(\boldsymbol{s})+p'_2(\boldsymbol{s})$ となるが，これは騒音源によって生じた音波 $p_1(\boldsymbol{s})$ が面 S 上で音響インピーダンス0の面により反射された音場が $p'_2(\boldsymbol{s})$ として重なったものであると解釈することができる。

また，反対にモノポール音源の重ね合せをすべての面 S 上で打ち消すように選ぶこともできる。すなわち

$$q_{\mathrm{surf}}(\boldsymbol{r})+q_{\mathrm{surf}}{}'(\boldsymbol{r})=0 \tag{2.147}$$

とする。前述と同様に，このとき面 S 上には二つのダイポール音源 $\boldsymbol{f}_{\mathrm{surf}}(\boldsymbol{r})$，$\boldsymbol{f}_{\mathrm{surf}}{}'(\boldsymbol{r})$ が残るが，これは $\boldsymbol{f}_{\mathrm{surf}}(\boldsymbol{r})-\boldsymbol{f}_{\mathrm{surf}}{}'(\boldsymbol{r})$ の大きさの一つのダイポール音源が残ることに等しい。この場合は，騒音源によって生じた音波 $p_1(\boldsymbol{s})$ が面 S 上で音響インピーダンス ∞ の面により反射された音場が $p'_2(\boldsymbol{s})$ として重なったものであると解釈することができる。

以上，面 S 上にモノポール音源，ダイポール音源，トリポール音源を配置することにより，それぞれ音響インピーダンス0による反射，音響インピーダンス ∞ による反射，吸音が行われる。このような面 S 上に連続的に配置される音源はContinuous source layers[3]，Huygens surface[4]，Secondary surface sources[5]（JMCソースと呼ばれることもある），Surface of anti-sound sources[6]，などさまざまな名前で呼ばれている。このような音源は2.2節で示したように一次元音場では実現できるが，三次元音場で実現するためには音響的に透明なモノポール音源やダイポール音源を開発する必要がある。このような音源を開発することが“hopeless idea”だといわれ[7]，アクティブノイズコントロールの理論に詳しい研究者は三次元音場のアクティブノイズコントロールは不可能だと考えていた経緯がある。

2.6.2 境界音場制御の原理に基づいたアクティブノイズコントロール

騒音によって生じている音場を $p_1(\boldsymbol{r})$ とする。音源をもたない領域 V 内部での音場は式（2.133）の積分方程式を用いるとつぎのようになる。

$$p_1(\boldsymbol{s}) = \iint_S G(\boldsymbol{r}|\boldsymbol{s})\frac{\partial p_1(\boldsymbol{r})}{\partial n} - p_1(\boldsymbol{r})\frac{\partial G(\boldsymbol{r}|\boldsymbol{s})}{\partial n}\delta S \qquad (\boldsymbol{s} \in V) \quad (2.148)$$

ここで，積分方程式の理論[8]に基づけば，境界面 S 上の音圧 $p_1(\boldsymbol{r})$ と粒子速度 $\partial p_1(\boldsymbol{r})/\partial n$ が決まれば領域 V 内の音場 $p_1(\boldsymbol{s})$ は一意に決まる。同様にして二次音源によって生成された音場を $p_2(\boldsymbol{r})$ として積分方程式を用いて記述すると，つぎのようになる。

$$p_2(\boldsymbol{s}) = \iint_S G(\boldsymbol{r}|\boldsymbol{s})\frac{\partial p_2(\boldsymbol{r})}{\partial n} - p_2(\boldsymbol{r})\frac{\partial G(\boldsymbol{r}|\boldsymbol{s})}{\partial n}\delta S \qquad (\boldsymbol{s} \in V) \quad (2.149)$$

騒音源による音場と二次音源による音場を重ね合わせるとつぎのようになる。

$$\begin{aligned} p_1(\boldsymbol{s}) + p_2(\boldsymbol{s}) = \iint_S G(\boldsymbol{r}|\boldsymbol{s})&\left[\frac{\partial p_1(\boldsymbol{r})}{\partial n} + \frac{\partial p_2(\boldsymbol{r})}{\partial n}\right] \\ &- [p_1(\boldsymbol{r}) + p_2(\boldsymbol{r})]\frac{\partial G(\boldsymbol{r}|\boldsymbol{s})}{\partial n}\delta S \qquad (\boldsymbol{s} \in V) \quad (2.150)\end{aligned}$$

騒音源による音場と二次音源による音場を領域 V 内において打ち消すためには，すなわち $p_1(\boldsymbol{s}) + p_2(\boldsymbol{s}) = 0$ とするためには

$$\left.\begin{aligned} &p_1(\boldsymbol{r}) + p_2(\boldsymbol{r}) = 0 \\ &\frac{\partial}{\partial n}[p_1(\boldsymbol{r}) + p_2(\boldsymbol{r})] = 0 \end{aligned}\right\} \quad (2.151)$$

とすればよいことは明らかである。つまり，ある騒音が生じている音場において境界 S 上の音圧と粒子速度を打ち消すように二次音源を駆動することによって，領域 V 内で音波を完全に打ち消すことができる。

境界音場制御の原理は式（2.133）の積分方程式をホイヘンスの原理としてではなく，もっと直接的な物理的な解釈を行うことによって導かれたものである。例えば，積分方程式における各定数に関して**表 2.2** のような解釈の違いがある。

表 2.2 積分方程式の解釈の相違

パラメータ	ホイヘンスの原理	境界音場制御の原理
$G(\boldsymbol{r}\|\boldsymbol{s})$	モノポール音源	係 数
$\partial G(\boldsymbol{r}\|\boldsymbol{s})/\partial n$	ダイポール音源	係 数
$\partial p(\boldsymbol{r})/\partial n$	モノポール音源の強さ	粒子速度
$p(\boldsymbol{r})$	ダイポール音源の強さ	音 圧

したがって二次音源を配置し，ある領域を囲む境界面上の音圧と粒子速度が最小となるようにシステムを構成すればよい。2.6.1項で示した従来のホイヘンスの原理に基づいたアクティブノイズコントロールの理論に基づく場合には，どのように音源をつくるかという問題に帰着していたため，三次元音場では理論的にはできないという矛盾が生じていた。境界音場制御の原理に基づくアクティブノイズコントロールでは音圧と粒子速度をある境界面で騒音と逆位相になるように生成すればよいという逆問題となり，その目標を達成するシステムの構成を考えればよい[9),10)]。

2.7 ま と め

アクティブノイズコントロールの原理を物理的に説明するために，音の干渉(2.1節)，一次元音場における音響インピーダンスによるアクティブノイズコントロールの原理（2.2，2.3節)，音響物理の基礎理論（2.4，2.5節)，積分方程式を用いた三次元音場におけるアクティブノイズコントロールの原理(2.6節)，などを記述した。物理の理解において数学は原理を記述するための言葉であるが，アクティブノイズコントロールの原理を学ぶことが数学という言葉を学ぶことにもつながるので，ぜひ深い理解を試みてほしい。なお，一次元音場におけるアクティブノイズコントロールの原理[11)]，音響基礎理論[12),13)]，積分方程式[14)]，三次元音場におけるアクティブノイズコントロールの原理[3),9),10)]についてさらなる理解を深めたい場合は，参考文献を参照していただきたい。

引用・参考文献

1）後藤憲一 共編：詳解 物理応用数学演習，共立出版，p. 66〔17〕(5) (1979)

2）Pierce, Allan D.：*Acoustics*, Acoustical society of america, p. 154 (1991)

3）Nelson, P. A. and Elliott, S. J.：*Active control of sound*, Academic Press Ltd., pp. 275～294 (1992)

4）Konyaev, S. I., Lebedev, V. I. and Fedoryuk, M. V.：Discrete approximation of a spherical Huygens surface, *Soviet Physics-Acoustics*, **23**, 4, pp. 373～374 (1977)

5）Jessel, M. J. M.：Secondary sources and their energy transfer, *Acoustics Letters*, **4**, 9, pp. 174～179 (1981)

6）Ffowcs-Williams, J. E.：Anti-sound. *R. Soc. London*, A395, pp. 63～88 (1984)

7）Camras, M.：Approach to recreating a sound field. *J. Acoust. Soc. Am.*, 43, pp. 1425～1431 (1968)

8）Kleinman, R. E. and Roach, G. F.：Boundary integral equations for the three dimensional Helmholtz equation. *SIAM Review*, **16**, 2, pp. 214～236 (1974)

9）伊勢史郎：キルヒホッフ-ヘルムホルツ積分方程式と逆システム理論に基づく音場制御の原理，音響会誌，**53,** pp. 706～713 (1997)

10）Ise, S.：A principle of sound field control based on the kirchhoff-helmholtz integral equation and the theory of inverse systems, *Acustica*, 85, pp. 78～87 (1999)

11）伊勢史郎：建築音響におけるアクティブノイズコントロールに関する研究，博士学位論文（東京大学）(1990-12)

12）Landau, L. D. and Lifshitz, E. M.，竹内均 訳：流体力学 1，2，東京図書 (1991)

13）恒藤敏彦：弾性体と流体，岩波書店 (1989)

14）Roach, G. F.：*Green's Functions-2nd ed.*, pp. 1～8, Cambridge University Press (1992)

3 制御アルゴリズム

アクティブノイズコントロールシステムの制御方法としては，フィードフォワード制御，フィードバック制御，およびそれらを組み合わせたハイブリッド制御が用いられている。これは，制御対象となる騒音の特性，特にその帯域幅から目的に応じて使い分けられている。また，制御システムをアナログシステムで構成したものや，ディジタルシステムとの組合せで実現したものも少なくないが，本章ではディジタルシステムのみを取り扱う。

まず，ディジタルのアクティブノイズコントロールシステムにおいて必要不可欠な適応フィルタについて述べる。アクティブノイズコントロールシステムで用いるディジタルフィルタは，FIR 型と IIR 型に大別できるが，ここでは一般に次数は高くなるものの安定性やその取扱いの容易さなどに優れる FIR 型ディジタルフィルタを取り上げる。そして，適応フィルタの代表的なアルゴリズムである LMS アルゴリズムを中心にアクティブノイズコントロールシステムで一般的に用いられている適応アルゴリズムについて説明する。つぎに，この分野で広く用いられているフィードフォワード型アルゴリズムについて述べる。その基本となる filtered-X アルゴリズムを詳述するとともに，ダクト騒音などで用いられる広帯域フィードフォワード制御について述べる。さらに，狭帯域騒音のためのフィードフォワード制御として分類できる周期性騒音に特化した制御手法についても述べる。また，他入力他出力のアクティブノイズコントロールシステムについて言及する。そして，フィードバック制御について，フィードフォワード制御との比較を含めて，古典制御理論および状態変数表現による現代制御理論に基づく表現から IMC 構成まで，簡単な具体例を含め述べる。最後に，近年研究が進められているバーチャルセンシングについても紹介する。

3.1 適応アルゴリズムの基礎

3.1.1 FIR型適応ディジタルフィルタ

図3.1に示されるような1入力1出力の適応ディジタルフィルタを未知の系の同定に適用した場合のシステム構成について考える。

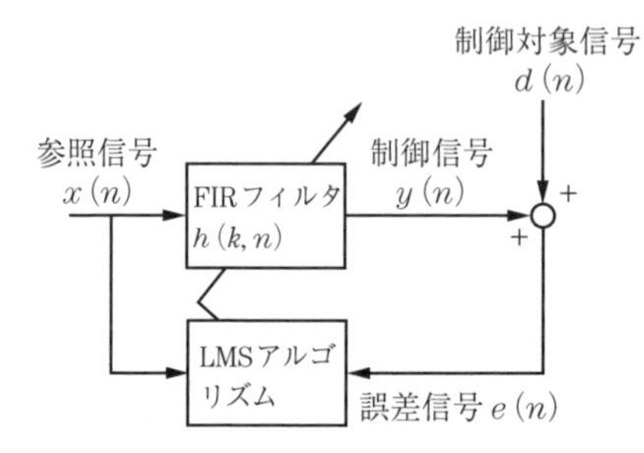

図3.1　1入力1出力適応ディジタルフィルタによるシステム同定のブロック図

時刻 n におけるFIR型適応ディジタルフィルタのインパルス応答が N_h-1 次のFIR型適応ディジタルフィルタで表現され，その k 次のフィルタ係数を $h(k,n)$ $(k=0,\cdots,N_h-1)$ と表すとすると，参照信号 $x(n)$ に対応する出力信号 $y(n)$ は

$$y(n)=\sum_{k=0}^{N_h-1}h(k,n)x(n-k) \tag{3.1}$$

と表される。いま，この適応フィルタの係数ならびに参照信号をベクトル表示すると，$\boldsymbol{h}(n)=[h(0,n),h(1,n),\cdots,h(N_h-1,n)]^T$ ならびに $\boldsymbol{x}(n)=[x(n),x(n-1),\cdots,x(n-N_h+1)]^T$ となり，式(3.1)は次式のように表される。

$$y(n)=\boldsymbol{h}^T(n)\boldsymbol{x}(n) \tag{3.2}$$

ただし，$\boldsymbol{h}^T(n)$ は，ベクトル $\boldsymbol{h}(n)$ の転置を表す。このとき制御対象信号 $d(n)$ と制御信号 $y(n)$ の和†を，誤差信号 $e(n)$ とすると

$$e(n)=d(n)+y(n) \tag{3.3}$$

と表され，二乗平均誤差 $\varepsilon(n)$ は

$$\varepsilon(n) = E[e^2(n)] \tag{3.4}$$

で表される。ただし，$E[\ \ ]$ は期待値操作を表す。この二乗平均誤差は正の実数値をとるスカラ量であり，誤差信号の平均電力を表す。式（3.4）を変形すると

$$\begin{aligned}\varepsilon(n) &= E[d^2(n)] + 2E[d(n)y(n)] + E[y^2(n)] \\ &= E[d^2(n)] + 2\sum_{k=0}^{N_h-1} h(k, n)E[d(n)x(n-k)] \\ &\quad + \sum_{k=0}^{N_h-1}\sum_{m=0}^{N_h-1} h(k, n)h(m, n)E[x(n-k)x(n-m)]\end{aligned} \tag{3.5}$$

が得られる。いま，参照信号と制御対象信号が，各々定常であり，かつ相互相関関数が時間差のみに依存すると仮定すると，式（3.5）の右辺の 3 項は，つぎのようにとらえることができる。

① $E[d^2(n)] = P_d$ （ただし，P_d は制御対象信号のパワー）

② $E[d(n)x(n-k)] = p(k)$ （ただし，$p(k)$ は制御対象信号 $d(n)$ と k サンプル遅延させた参照信号 $x(n-k)$ の相互相関関数）

③ $E[x(n-k)x(n-m)] = r(m-k)$ （ただし，$r(m-k)$ は，参照信号 $x(n)$ に $m-k$ の時間差を与えた場合の自己相関関数）

以上より，二乗平均誤差 $\varepsilon(n)$ は

$$\varepsilon(n) = P_d + 2\sum_{k=0}^{N_h-1} h(k, n)p(k) + \sum_{k=0}^{N_h-1}\sum_{m=0}^{N_h-1} h(k, n)h(m, n)r(m-k) \tag{3.6}$$

と表現される。式（3.6）より，参照信号と制御対象信号が，各々定常であり，かつ相互相関関数が時間差のみに依存する場合は，二乗平均誤差は FIR フィルタ係数の二次関数であることがわかる。したがって，二乗平均誤差は，各フィルタ係数に対して単一の最小点をもつ鉢（はち）状の曲面として表現できる。

† 一般に適応ディジタルフィルタの議論では，制御対象信号と制御信号の“差”として誤差信号を定義するが，アクティブノイズコントロールでは，制御対象信号に制御信号を加算（重畳）させることが通例であるので，ここでは両信号の“和”で誤差信号を定義している。

この二乗平均誤差 $\varepsilon(n)$ は，すべてのフィルタ係数 $h(k, n)$ に関する導関数が同時に 0 になる場合に最小値をとることから，フィルタ係数を解析的に求めることができる。まず，式 (3.6) で定義された二乗平均誤差を，k 次のフィルタ係数 $h(k, n)$ で偏微分すると

$$\frac{\partial\varepsilon(n)}{\partial h(k, n)} = 2p(k) + 2\sum_{m=0}^{N_h-1} h(m, n)r(m-k) \tag{3.7}$$

が得られる。この結果を 0 とおくと，次式で表される N_h 元連立方程式の解としてフィルタ係数が求まる。

$$\sum_{m=0}^{N_h-1} h(m, n)r(m-k) = -p(k) \qquad (k = 0, \cdots, N_h - 1) \tag{3.8}$$

式 (3.8) は，**FIR フィルタの正規方程式**（FIR filter normal equation），または Yule-Walker 方程式と呼ばれており，自己相関関数 $r(m-k)$ の対称性から，連立方程式の係数行列（共分散行列）は対称 Toeplitz 行列となり，この行列が正定値であれば，Levison-Durbin アルゴリズム†により効率的に解くことができる。

3.1.2 最急降下法

3.1.1 項の正規方程式を直接解く手法は，フィルタの次数が大きくなると急速に演算量が増大する。この問題を解決するため逐次的に最適解を求める方法が提案されており，その一つに**最急降下法**（method of steepest descent）がある。この方法は，あるフィルタ係数に対して二乗平均誤差の一次導関数から勾配を求め，その勾配が負の方向に係数を更新することにより，最小二乗平均誤差に到達できることを利用している。

$\nabla(n)$ を時刻 n における N_h 次元勾配ベクトルとすると，その k 番目の要素はフィルタ係数 $h(k, n)$ に関する二乗平均誤差の一次導関数となる。すなわち，勾配ベクトルの k 番目の要素は

† この Levison-Durbin アルゴリズムは，音声信号を分析する手法の一つとしてよく知られる PARCOR 係数の計算アルゴリズムとして有名である。

$$\frac{\partial \varepsilon(n)}{\partial h(k, n)} = 2p(k) + 2\sum_{m=0}^{N_h-1} h(m, n) r(m-k)$$

と表される。さらに，制御対象信号 $d(n)$ が

$$d(n) = -\sum_{m=0}^{N_h-1} h(m, n) x(n-m) + e(n)$$

と表現されることから，制御対象信号と参照信号の相互相関関数 $p(k)$ は

$$p(k) = -\sum_{m=0}^{N_h-1} h(m, n) r(m-k) + E[e(n) x(n-k)]$$

と表される。これらの関係を用いると，勾配ベクトルの各要素は

$$\frac{\partial \varepsilon(n)}{\partial h(k, n)} = 2E[e(n) x(n-k)]$$

と表され，参照信号をベクトル化して $\boldsymbol{x}(n) = [x(n), x(n-1), \cdots, x(n-N_h+1)]$ とすると，勾配ベクトル $\nabla(n)$ は

$$\nabla(n) = 2E[e(n)\boldsymbol{x}(n)] \tag{3.9}$$

と与えられる。よって，最急降下アルゴリズムによるフィルタ係数の更新式は

$$\begin{aligned} \boldsymbol{h}(n+1) &= \boldsymbol{h}(n) + \frac{1}{2}\mu[-\nabla(n)] \\ &= \boldsymbol{h}(n) - \mu E[e(n)\boldsymbol{x}(n)] \end{aligned} \tag{3.10}$$

と与えられる。ここで，μ は正のスカラ量であり，サンプリングごとの適応フィルタの係数更新量を制御するパラメータで，**ステップサイズパラメータ** (step size parameter) と呼ばれる。

3.1.3 LMS アルゴリズム

最急降下法は，誤差特性曲面に関する情報がなくても，初期条件に無関係に最適ウィーナー解に収束する。しかし，勾配ベクトルを求める際に，二乗誤差の期待値が必要となるが，それに要する演算量は決して少なくはない。この演算量の問題を回避するため，二乗平均誤差の瞬時値を用いたアルゴリズムが，**LMS** (least mean square) **アルゴリズム**である。

具体的には，式 (3.10) で行っていた期待値操作を省略し，勾配ベクトルの瞬時値 $\hat{\nabla}(n)$ を

$$\hat{\nabla}(n) = 2e(n)\boldsymbol{x}(n) \tag{3.11}$$

とおく。この関係を用いるとLMSアルゴリズムは，次式のように定式化される。

$$\begin{aligned}\boldsymbol{h}(n+1) &= \boldsymbol{h}(n) + \frac{1}{2}\mu[-\hat{\nabla}(n)] \\ &= \boldsymbol{h}(n) - \mu e(n)\boldsymbol{x}(n)\end{aligned} \tag{3.12}$$

一般に勾配ベクトルの瞬時値 $\hat{\nabla}(n)$ は大きな分散をもつため，LMSアルゴリズムの収束効率は最小二乗法に比べて劣る。しかし，N_h-1 次の適応フィルタの係数更新が，N_h 回の積算と同数の加算で実現できるため，アクティブノイズコントロールなどのできるだけ小規模のハードウェアで実時間処理をすることが求められる環境では高い有用性がある。

以上の議論より，LMSアルゴリズムの概要は以下のように整理できる。

① フィルタ係数ベクトル $\boldsymbol{h}(k,0)$ の初期化

② 参照信号ベクトル $\boldsymbol{x}(n)$ の初期化

③ ステップサイズパラメータの設定

④ 以下のステップ1～4の繰返し

ステップ1：誤差信号 $e(n)$ を観測する。

ステップ2：参照信号 $x(n)$ を観測し，参照信号ベクトルに組み込む。

ステップ3：式（3.1）に基づき制御信号 $y(n)$ を出力する。

ステップ4：式（3.12）に基づき適応フィルタの係数ベクトル $\boldsymbol{h}(n)$ を更新する。

なお，勾配ベクトルの瞬時推定を用いているため，LMSアルゴリズムでは無限回の係数更新を行ったとしても，評価関数の最小値（最小二乗誤差）に達することができず，最小値よりも大きな値で収束する。これをLMSアルゴリズムの誤調整という。この誤調整を小さくするためには，ステップサイズパラメータ μ を小さくする必要があるが，ステップサイズパラメータを小さくすると収束速度が遅くなる。よって，ステップサイズパラメータを適切に設定することは非常に重要である。なお，LMSアルゴリズムにおけるステップサイ

ズパラメータの設定範囲は

$$0 < \mu < \frac{2}{N_h E[x^2(n)]} \tag{3.13}$$

となることが知られている。

3.1.4 その他のアルゴリズム

3.1.3 項において適応フィルタにおける代表的なアルゴリズムである LMS アルゴリズムを説明したが，実際にアクティブノイズコントロールシステムに導入する際には LMS アルゴリズムではさまざまな問題が発生することがある。そこで，本項ではその他のより実用的な適応アルゴリズムを紹介する。

LMS アルゴリズムにおけるステップサイズパラメータの範囲を与える式 (3.13) を見ると，ステップサイズパラメータの上限は入力信号の電力が変化するのに伴って変動することがわかる。この場合，定常な騒音が対象の場合は問題ないが，多くの場面で騒音は非定常であることが多々ある。したがって，信号電力が大きく変化するような騒音に対して LMS アルゴリズムを適用した場合には式 (3.13) のステップサイズパラメータの上限が時間とともに変化することになり，ステップサイズパラメータを事前に設定することが困難となる。そこで，次式で与えられる正規化 LMS（NLMS）アルゴリズムが一般的に用いられる場合が多い。

$$\boldsymbol{h}(n+1) = \boldsymbol{h}(n) - \frac{\alpha}{\|\boldsymbol{x}(n)\|^2 + \beta} e(n)\boldsymbol{x}(n) \tag{3.14}$$

ここで，α は新たなステップサイズパラメータであり，その範囲は

$$0 < \alpha < 2 \tag{3.15}$$

となる。また，β は参照信号 $x(n)$ が小さくなった（騒音のレベルが低くなった）場合にフィルタ係数の更新量が大きくなりすぎるのを防ぐための正則化係数である。式 (3.15) で与えられるステップサイズパラメータの範囲からわかるように，NLMS アルゴリズムにおいては，ステップサイズパラメータの上限は参照信号の電力が変化してもその影響を受けず一定となる。したがって，

アクティブノイズコントロールシステムの実装においてはNLMSアルゴリズムが利用されることが多い。ただし，計算資源に制限がある場合（例えば，固定小数点演算のみが利用できるデバイスなど）では，参照信号の二乗ノルムによる割り算の計算が足かせとなる場合があるので注意が必要である。しかしながら，浮動小数点演算のDSPなどを利用する場合は，NLMSアルゴリズムを適用することが望ましい。

また，実際に適応フィルタをアクティブノイズコントロールシステムに適用した際に，外乱などの要因によりシステムが突然発散することがある。また，長時間の利用でフィルタ係数が突然もしくは徐々に大きくなって発散することもある。このようにフィルタ係数が大きくなり発散することを防ぐために，実装時にはleaky LMS（もしくはleaky NLMS）アルゴリズムが用いられることが多い。leaky LMSアルゴリズムは，瞬時二乗誤差の評価関数にフィルタ係数ベクトルに関する制約項を加えることによって導出される。すなわち

$$\varepsilon(n) = e^2(n) + \gamma\|\boldsymbol{w}(n)\|^2 \tag{3.16}$$

と評価関数を定義し，勾配ベクトルの瞬時値を求めることにより，その更新式は

$$\boldsymbol{h}(n+1) = (1 - \mu\gamma)\boldsymbol{h}(n) - \mu e(n)\boldsymbol{x}(n) \tag{3.17}$$

となる。ここで，γは正の定数であり，その範囲は

$$0 \leqq \gamma \leqq \frac{1}{\mu} \tag{3.18}$$

によって与えられる。式（3.17）を見てもわかるようにγを0に設定すると式（3.12）の通常のLMSアルゴリズムの更新式と一致することがわかる。当然，γを大きくすると最適解に近づくことができないが，フィルタ係数が大きくなることを防ぐことができる。したがって，leaky (N)LMSアルゴリズムを導入することでアクティブノイズコントロールシステムのロバスト性を向上させることができることから，実装時にはよく利用される。

3.2 広帯域フィードフォワード制御

現在，広く使われているアクティブノイズコントロールシステムの制御方式としてはフィードフォワード制御とフィードバック制御があり，前者はさらに広帯域フィードフォワード制御と狭帯域フィードフォワード制御とに分類される。広帯域フィードフォワード制御は制御対象となる騒音に相関のある参照信号を得ることができる場合，さまざまな騒音を制御点近傍で低減することが可能である。本節では広帯域フィードフォワード制御に焦点を絞り，その基本的構成ならびに一般的に広く使われている信号処理アルゴリズム，さらには実装上の問題点への対策などについて説明する[2)~4)]。

3.2.1 広帯域フィードフォワード制御の基本構成

最も簡単なフィードフォワード制御システムは，制御対象騒音またはそれを駆動する信号（以下，参照信号）が単一で，それを他の影響を受けず直接観測でき，その情報に基づいてある一点の騒音を制御するシステムである。**図 3.2**(a)に示すダクト内のアクティブノイズコントロールシステムは，その一例である。

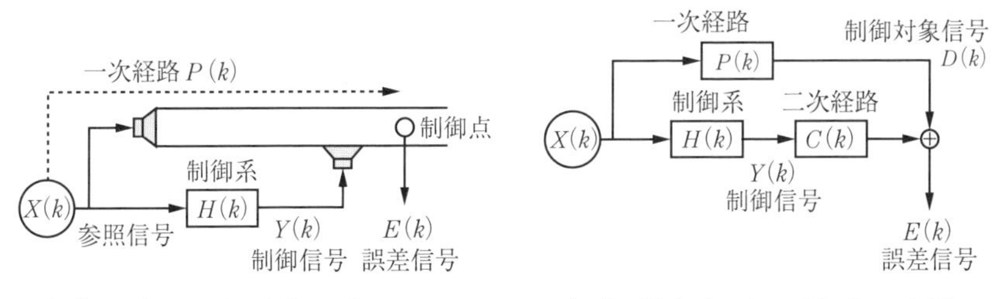

(a) アクティブノイズコントロールシステムの構成　　(b) 図(a)のシステムブロック図

図 3.2 独立した参照入力を有するダクト内のアクティブノイズコントロールシステム

制御用スピーカから放射される制御信号が，参照信号に影響を与えることがない場合，そのブロック図は図(b)のように表現できる。いま，制御フィル

タ $H(k)$ の出力から誤差マイクロホンまでの伝達系（以下，二次経路）[†1]の伝達特性を $C(k)$ とし，参照信号を $X(k)$ とすると，制御点の誤差マイクロホンで観測される誤差信号 $E(k)$[†2]は

$$E(k) = P(k)X(k) + C(k)H(k)X(k) \tag{3.19}$$

と表される。ここで，$P(k)$ は参照信号から制御点までの伝達特性を表し，二次経路に対して主経路または一次経路と呼ばれる。完全な制御が実現できれば，$E(k) = 0$ となることから，二次経路の逆伝達特性 $1/C(k)$ が与えられるなら，制御用フィルタ $H(k)$ に求められる特性 $\widehat{H}(k)$ は

$$\widehat{H}(k) = -\frac{P(k)}{C(k)} \tag{3.20}$$

と与えられる。

アクティブノイズコントロールシステムを実現するには，制御用フィルタが因果性を満たす必要があることは当然であるが，現実には種々の外乱要因があるため理想的な制御状態には至らない。さらに，$P(k)$ が種々の要因で変化することも想定する必要がある。そのため，実用的なアクティブノイズコントロールシステムを実現するには，制御点に設置する誤差マイクロホンの出力信号のパワーを最小化するように制御フィルタを設計する手法が必要となる。さらに，二次経路の伝達特性に計測誤差が含まれる場合や，それ自体が時変系である場合などについても，アクティブノイズコントロールシステムを実装するうえでは考慮する必要がある。

3.2.2 filtered-X LMS（FXLMS）アルゴリズム

図 3.2 に示すような構成のダクト向けアクティブノイズコントロールシステム[1)]に，3.1 節で説明した LMS アルゴリズムなどを適用する方法について考える。ディジタルフィルタのディジタル領域での出力 $y(n)$ に，スムージング

---

†1 実装する際には，誤差マイクロホンからの出力信号を観測するための A-D 変換器などの伝達特性を含める必要がある。また，誤差経路とも呼ばれる。

†2 $E(k)$ および $X(k)$ は，離散時間領域での信号 $e(n)$ および $x(n)$ の離散スペクトルを，$H(k)$ は制御フィルタの伝達関数を示す。以下，$P(k)$，$C(k)$，$\widehat{H}(k)$ も同様。

フィルタを含むD-A変換器，増幅器，スピーカの特性に加え，スピーカとマイクロホン間の伝達特性を経て制御点に到達した信号 $z(n)$ により，制御対象信号 $d(n)$ を制御することになる†。このときディジタルフィルタの出力 $y(n)$ から $z(n)$ までの伝達特性が，$N_c - 1$ 次の FIR フィルタで表現できるとすると

$$z(n) = \sum_{j=0}^{N_C-1} c(j) y(n-j) \tag{3.21}$$

という関係が成り立つ。この $N_c - 1$ 次のフィルタ $c(j)$ は，“二次経路特性”と呼ばれており，制御理論における“むだ時間系”に対応する。定性的には，二次経路の存在によりディジタルフィルタからの制御信号が遅れて制御点に作用することととらえることができる。このとき観測される誤差信号 $e(n)$ は，次式のように表される。

$$\begin{aligned} e(n) &= d(n) + z(n) \\ &= d(n) + \sum_{j=0}^{N_C-1} c(j) y(n-j) \\ &= d(n) + \sum_{j=0}^{N_C-1} c(j) \left(\sum_{k=0}^{N_h-1} h(k, n) x(n-k-j) \right) \end{aligned} \tag{3.22}$$

この誤差信号の瞬時二乗値をフィルタ係数 $h(k, n)$ で偏微分し，勾配を求めると

$$\frac{\partial \hat{\varepsilon}(n)}{\partial h(k, n)} = 2E\left[e(n) \sum_{j=0}^{N_C-1} c(j) x(n-k-j) \right]$$

となり，参照信号 $x(n)$ と二次経路特性 $c(n)$ を畳み込んだ項を含む形となる。このことから，アクティブノイズコントロールシステムを構成する場合，事前に二次経路特性を測定する必要がある。この測定された二次経路特性を $\hat{c}(n)$ と表すと，参照信号をこの特性に畳み込むことによって得られる信号 $r(n)$（以降，濾波（ろは）参照信号（filtered reference signal）と呼ぶ）は

$$r(n) = \sum_{j=0}^{N_C-1} \hat{c}(j) x(n-k-j) \tag{3.23}$$

† 実装する場合は，マイクロホン増幅器やアンチエイリアシングフィルタを含むA-D変換器の特性も考慮する必要がある。

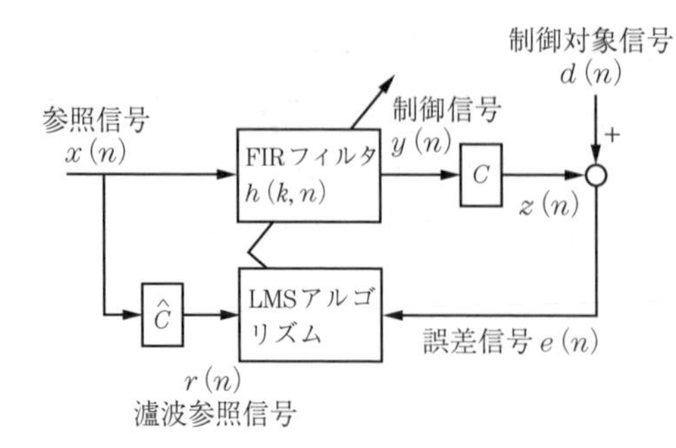

図 3.3　二次経路を考慮した適応ディジタルフィルタ

と与えられる。この関係を，ブロック図として示したものが**図 3.3** で，図 3.2 における適応アルゴリズムの参照信号 $x(n)$ を，二次経路を模擬した“フィルタ”（二次経路フィルタモデルと呼ぶ）に通して得られる濾波参照信号 $r(n)$ に置き換えたものとなる。このことから，観測された参照信号 $x(n)$ をフィルタ（濾波）することで得られた濾波参照信号を用いる LMS アルゴリズムという意味で，このアルゴリズムを“filtered-X LMS”または単に FXLMS アルゴリズムと呼ぶ。

FXLMS アルゴリズムの係数更新式は，この濾波参照信号 $r(n)$ をベクトル化した $\boldsymbol{r}(n) = [r(n), r(n-1), \cdots, r(n-N_h+1)]$ を用いて，式 (3.12) と同様に，次式のように定式化できる。

$$\boldsymbol{h}(n+1) = \boldsymbol{h}(n) - \mu e(n)\boldsymbol{r}(n) \tag{3.24}$$

FXLMS アルゴリズムの具体的な処理過程は，以下のように整理できる。

① フィルタ係数ベクトル $\boldsymbol{h}(k, 0)$ の初期化

② 参照信号ベクトル $\boldsymbol{x}(n)$ の初期化

③ ステップサイズパラメータの設定

④ 二次経路モデルフィルタベクトル $\hat{\boldsymbol{c}}(n)$ の設定

⑤ 以下のステップ 1 〜 5 の繰返し

ステップ 1：誤差信号 $e(n)$ を観測する。

ステップ 2：参照信号 $x(n)$ を観測し，参照信号ベクトルに組み込む。

ステップ3：式（3.23）に基づき，参照信号ベクトルに二次経路モデルフィルタを適用することにより濾波参照信号 $r(n)$ を求める。

ステップ4：式（3.1）に基づき制御信号 $y(n)$ を出力する。

ステップ5：式（3.24）に基づき適応フィルタの係数ベクトル $\boldsymbol{h}(n)$ を更新する。

3.2.3 一般的なフィードフォワード制御システムと制御効果

独立した参照信号が得られない場合，フィードフォワード制御システムは**図3.4**(a)で表現され，そのブロック図はスペクトル領域で図(b)のように表現される。

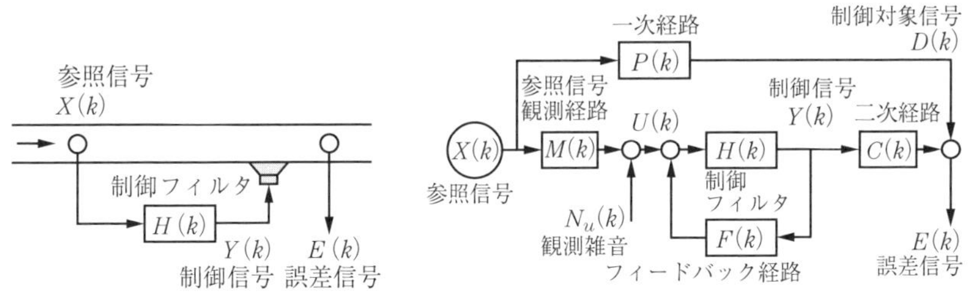

図3.4 音響フィードバックのある場合のフィードフォワード制御システムのブロック図

このブロック図で，$U(k)$ は参照信号 $X(k)$ が観測経路の伝達特性 $M(k)$ を通過した信号に観測雑音 $N_u(k)$ を加えたものとして，$U(k) = M(k)X(k) + N_u(k)$ と表される。さらに，音響的な結合により制御用スピーカからの制御信号が参照信号用マイクロホンを介して参照信号とともに制御フィルタ $H(k)$ に入力することも想定する必要がある。その場合，制御信号 $Y(k)$ は制御スピーカから参照信号用マイクロホンに伝達することになるが，これらが線形時不変であるとすれば，フィードバック系を表す $F(k)$ にすべて含めることで，図(b)のようなブロック図として表現できる。誤差信号 $E(k)$ は

$$E(k) = D(k) + C(k)Y(k)$$
$$= D(k) + C(k)G(k)(M(k)X(k) + N_u(k)) \tag{3.25}$$

と表される。ここで，$G(k)$ は，制御フィルタ $H(k)$ と音響フィードバック $F(k)$ の合成として表され

$$G(k) = \frac{Y(k)}{U(k)} = \frac{H(k)}{1 - H(k)F(k)} \tag{3.26}$$

という関係を満たす。もし，目的とする制御状態における $G(k)$ が $\hat{G}(k)$ と与えられれば，制御フィルタ $H(k)$ は

$$H(k) = \frac{\hat{G}(k)}{1 + F(k)\hat{G}(k)} \tag{3.27}$$

と与えられる。すなわち，制御フィルタ $H(k)$ は $\hat{G}(k)$ の関数として得られる。

つぎに式 (3.25) で与えられる誤差信号の二乗平均を最小化するという規範で，フィードバック経路の最適値 $\hat{G}(k)$ を求める。まず，$C(k)$，$G(k)$，$H(k)$ が線形時不変であるとすると，$C(k)G(k)H(k) = G(k)C(k)H(k)$ とおけることから，式 (3.25) は次式のように簡単化できる。

$$E(k) = D(k) + G(k)R(k) + G(k)N(k) \tag{3.28}$$

ただし，$N(k) = C(k)N_u(k)$ とする。このとき，$R(k)$ は濾波参照信号であり，$R(k) = C(k)M(k)X(k)$ と表される。

以上の関係から，誤差信号のパワースペクトル $S_{ee}(k)$ は次式で表される。

$$S_{ee}(k) = \boldsymbol{E}[E^*(k)E(k)]$$
$$= \boldsymbol{E}[(D(k) + G(k)R(k) + G(k)N(k))^*$$
$$\times (D(k) + G(k)R(k) + G(k)N(k))] \tag{3.29}$$

ただし，$E^*(k)$ は $E(k)$ の複素共役を表す。ここで観測雑音は，参照信号および制御対象信号とたがいに無相関であるとすると，$\boldsymbol{E}[R(k)N(k)] = 0$，$\boldsymbol{E}[D(k)N(k)] = 0$ などの関係が成り立つことから，式 (3.29) はつぎのように変形できる。

$$S_{ee}(k) = \boldsymbol{E}[(D^*(k)D(k)] + \boldsymbol{E}[(G(k)R(k))^*G(k)R(k)]$$

$$
\begin{aligned}
&+ \boldsymbol{E}[(G(k)N(k))^*G(k)N(k)] \\
&+ \boldsymbol{E}[D^*(k)G(k)R(k)] + \boldsymbol{E}[D(k)(G(k)R(k))^*] \\
&+ \boldsymbol{E}[D^*(k)G(k)N(k)] + \boldsymbol{E}[D(k)G^*(k)N^*(k)] \\
&+ \boldsymbol{E}[(G(k)R(k))^*G(k)N(k)] \\
&+ \boldsymbol{E}[G(k)R(k)G^*(k)N^*(k)] \\
= {}& S_{dd}(k) + G^2(k)S_{rr}(k) + G^2(k)S_{nn}(k) \\
&+ G(k)S_{dr}(k) + G^*(k)S_{rd}(k)
\end{aligned}
\tag{3.30}
$$

ただし，$S_{dd}(k)$ は制御対象信号のパワースペクトル，$S_{nn}(k)$ は観測雑音のパワースペクトル，$S_{dr}(k)$ および $S_{rd}(k)$ は制御対象信号と濾波参照信号のクロススペクトルである。また，誤差信号のパワースペクトル $S_{ee}(k)$ はフィードバック経路 $G(k)$ に関する二次式であり，$dS_{ee}(k)/dG(k) = 0$ を満たす $\hat{G}(k)$ が誤差の最小二乗値を与える。具体的には

$$
\frac{dS_{ee}(k)}{dG(k)} = 2(S_{rr}(k) + S_{nn}(k))G(k) + S_{dr}(k) + S_{rd}{}^*(k) = 0 \tag{3.31}
$$

より，$S_{rd}{}^*(k) = S_{dr}(k)$ の関係よりフィードバック経路 $G(k)$ の最適値 $\hat{G}(k)$ は

$$
\hat{G}(k) = -\frac{S_{dr}(k)}{S_{rr}(k) + S_{nn}(k)} \tag{3.32}
$$

と与えられる。この最適値から誤差の最小二乗値 $S_{ee,\min}(k)$ は，次式で与えられる。

$$
S_{ee,\min}(k) = S_{dd}(k) - \frac{S_{dr}{}^2(k)}{S_{rr}(k) + S_{nn}(k)} \tag{3.33}
$$

さらに，$S_{ee,\min}(k)$ と $S_{dd}(k)$ の比として制御性能を表現すると $S_{uu}(k) = S_{rr}(k) + S_{nn}(k)$，$S_{du}(k) = S_{dr}(k)$ より

$$
\frac{S_{ee,\min}(k)}{S_{dd}(k)} = 1 - \frac{S_{du}{}^2(k)}{S_{dd}(k)S_{uu}(k)} \tag{3.34}
$$

と表される。この式の右辺第 2 項は，制御対象信号 $D(k)$ と $U(k)$ のコヒーレンスであり，$D(k)$ が完全に $U(k)$ により表現されれば，誤差が最小となる。すなわち，制御性能はどれだけ制御対象信号と高いコヒーレンスを有する

$U(k)$ が得られるか否かに依存することがわかる。よって，広帯域フィードフォワード制御によるアクティブノイズコントロールを実装する際には，参照信号用マイクロホンによって得られる信号と誤差マイクロホン地点で観測される制御対象騒音とのコヒーレンスが高くなるように，マイクロホン配置に注意する必要がある。

3.2.4 二次経路推定手法

二次経路特性を模したフィルタ $\hat{c}(n)$ の特性には誤差が含まれることを想定する必要がある。また，制御中に温度変化や経時変化などの要因で二次経路特性 $c(n)$ が変化し，$\hat{c}(n)$ との間に誤差が生じることが想定される。この誤差は，モデル化誤差と呼ばれ，アクティブノイズコントロールシステムの制御性能および安定性に大きな影響を与える。特に，各周波数におけるモデル化誤差の位相成分の絶対値が $\pi/2$ を超えると，制御系が不安定になることが報告されている[5),6)]。

この問題を解決する方法としては，大別するとつぎのような二つのアプローチが存在する。

① **オンラインモデリング**　二次経路の伝達特性をANC作動中に推定する。推定に際して，低レベルの雑音を制御信号に重畳し，二次経路に注入する手法（付加ランダムノイズオンラインモデリング）[7)~11)]と，複数の適応フィルタを利用する手法（オーバーオールオンラインモデリング）[12),13)]がある。

② **二次経路モデルを必要としない手法**　二次経路モデルを用いずに，制御フィルタの係数を更新する。代表的な手法としては，制御フィルタに低レベルの摂動を付加することで，同フィルタの係数更新を行う方法（同時摂動法）[14)~17)]，制御フィルタ係数を推定するために連立方程式を利用する方法（連立方程式法）[18)~20)]，FXNLMS アルゴリズムの強正実性を利用する方法（SPR 法）[21)]がある。

ここでは，①と②それぞれにおいて基本的な方法として，付加ランダムノイズオンラインモデリング法と同時摂動法について紹介する。より詳細は文献2）〜4）を参照されたい。

〔1〕 **付加ランダムノイズオンラインモデリング**

付加ランダムノイズオンラインモデリングは，制御フィルタの出力信号に，低レベルの広帯域雑音を付加し，注入した付加雑音と誤差信号との間の伝達特性を適応フィルタを利用して同定することにより，制御動作中に二次経路の伝達特性を同定する。この手法で同定された伝達特性を，適宜二次経路モデル $\hat{c}(n)$ に反映することにより，FXLMSアルゴリズムを動作させ，二次経路の変動に対応する。この手法は，二次経路のモデル化に適応フィルタを用いることにより，メモリ容量および演算量を大幅に増加させることなしに実現できる。しかし，付加雑音のレベルが，制御性能の上限を制限するばかりでなく，場合によっては付加雑音が新たな騒音として利用者に知覚されるなどの問題が生じることがある。そのため，実際のアクティブノイズコントロールの実装において利用されることはこれまで少なかったといえる。しかし，近年では付加雑音のレベルをつねに最適に調整する機構について検討がなされており，実用化に耐えうるアルゴリズムも提案されてきている。

ここでは，最も基本となる文献7）で提案されている付加ランダムノイズノイズオンラインモデリングを有するフィードフォワード制御について紹介する。**図3.5**にそのブロック図を示す。平均0の白色雑音 $v(n)$（ただし，実際の騒音 $x(n)$ と無相関）が内部で生成され，制御信号 $y(n)$ に加えられる。図からわかるように，新たな適応フィルタとして $\hat{C}$ が二次経路 C に並列に導入されており，これによりオンラインで二次経路を同定する。

同定においては，誤差信号 $e(n)$ を利用するが，$e(n)$ には残留誤差 $d(n)+y'(n)$ と付加雑音が二次経路を通って得られる信号 $v'(n)$ が含まれている。ここで，残留誤差と付加雑音は無相関のため，二次経路のオンラインモデリングは残留誤差が存在しても実行可能である。しかしながら，残留誤差は適応フィルタ $\hat{C}$ の収束速度や推定精度に影響を与えることになる。特に，制御フィルタ H が収束するまでは，残留誤差は大きいためその影響も大きくなる。した

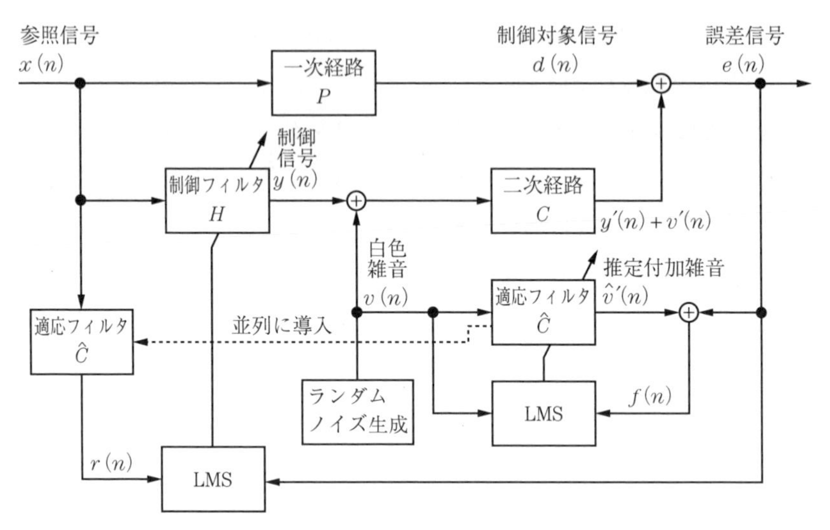

図 3.5　付加ランダムノイズオンラインモデリングを有する
フィードフォワード ANC（Erikson の方法）[7]

がって，付加雑音のレベルはこの段階では大きいほうが望ましいが，今度は逆に付加雑音 $v'(n)$ が ANC の特性そのものに影響を与えるため，図に示される基本構成のままでは実用に耐えられない。よって，付加雑音のレベルも状況に合わせて調整する機能の導入が必須である[9)~11)]。

〔2〕 **同 時 摂 動 法**

FXLMS アルゴリズムでは二次経路モデルによりフィルタリングされた濾波参照信号を用いて制御フィルタの係数更新を行うが，**同時摂動法**（simultaneous perturbation method）[14)]では，制御用フィルタに**摂動**（perturbation）を与えることにより制御フィルタの係数更新を行う。

図 3.6 は最も基本となる時間領域同時摂動法（time domain simultaneous perturbation method, TDSP 法）のブロック図である。この図で Q は摂動フィルタと呼ばれ，摂動 $o(n)$ を生成する。この場合は，摂動フィルタの次数は制御用フィルタの次数と同一とする。TDSP 法では制御フィルタはブロック単位で更新される。ブロックにおけるサンプル数を N とした場合，$N/2$ 個のサンプルは摂動フィルタのスイッチをオフにし，残りの $N/2$ 個のサンプルは

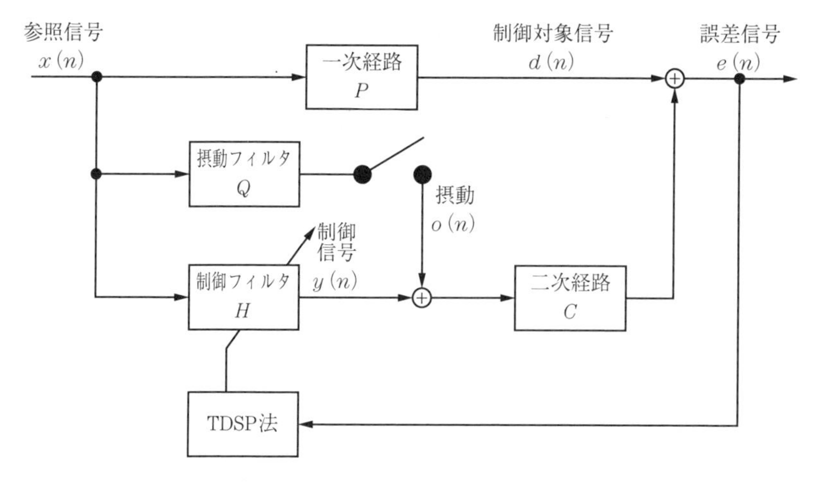

図 3.6 時間領域の同時摂動法によるアクティブノイズコントロールシステムのブロック図

摂動フィルタをオンにする。そして，各々のサンプル区間における参照信号と誤差信号の関係から，制御フィルタの係数 $\boldsymbol{h}(n)$ を更新する。

具体的には，摂動を加えている場合の誤差信号の二乗値和 $J_1(k)$ と，摂動を加えていない場合の誤差信号の二乗値和 $J_2(k)$ を求め，それらを用いて次式のように更新する。

$$\boldsymbol{h}(k+1) = \boldsymbol{h}(k) - \mu \frac{J_1(k) - J_2(k)}{s_{\mathrm{spm}}} \boldsymbol{s}(k) \tag{3.35}$$

$$J_1(k) = \sum_{n=kN+1}^{(2k+1)N/2} [d(n) + y(n) + o(n)]^2 \tag{3.36}$$

$$J_2(k) = \sum_{n=(2k+1)N/2+1}^{(k+1)N} [d(n) + y(n)]^2 \tag{3.37}$$

ここで，μ はステップサイズパラメータを表し，s_{spm} は摂動フィルタ係数の絶対値の最大値を表す。また，摂動フィルタの係数は擬似ランダム（PN）系列が用いられ，ブロックごとに更新される。この手法を実際のアクティブノイズコントロールに適用する場合には，摂動フィルタのオン/オフの間，二次経路のみならず制御対象の系全体が定常でなくてはならず，制御システム全体としての収束速度が大きな問題となる。そのため，この手法を周波数領域で実現することで，収束速度の向上を目指したアルゴリズム[15]や摂動の大きさそのものを適応的に調整するアルゴリズムなど，数多くの発展的なアルゴリズムが提案されている[16),17]。同時摂動法は二次経路モデルを必要としないため，二次経路変動に対してロバストであるという利点を有する。一方，収束速度がFXLMSベースのシステムに比べて遅いことが課題として残っている。

3.3 周期性をもつ雑音に特化した制御アルゴリズム

これまでの議論では，制御対象とする騒音は広帯域騒音を想定していた。しかし，エンジンの振動や排気音，救急車のサイレン音など周期性をもつ信号を制御対象とすることも少なくない。周期性騒音を制御対象とするアクティブノイズコントロールは，その応用が始まった時期からすでに議論されており，チャプリンらは制御対象音と制御信号とを同期することにより，参照信号なしでの制御や，特定の周波数成分のみの選択的制御の可能性について言及している[22),23]。

このような調波信号に注目した制御アルゴリズムは

① **外部同期型アルゴリズム**　制御対象である調波の基本周期に関連する参照信号を利用するアルゴリズム

② **自己同期型アルゴリズム**　制御対象信号の基本周波数について強い仮定をおくものの，参照信号をまったく用いないアルゴリズム

とに分類される。前者には，波形生成という視点からフーリエ係数を制御するという wave synthesis（WS）アルゴリズム[24),25]や，FXLMSアルゴリズムを周期信号に特化した synchronized FXLMS（SFX）アルゴリズム[26]，それを改良して複数の独立した周期性騒音を制御するための multi-timing synchronized FXLMS（MTSFX）[25]が挙げられる。これらは，制御対象信号の基本周期を直接サンプリングするため，基本周期の観測精度が制御性能に大きな影響を与える。一方，後者には調波信号を合成する際に基本周期などを外部から参照信号として入力せず，制御アルゴリズム内で周波数成分を含めて生成する手

法が含まれる。その例として delayed-X harmonics synthesizer（DXHS）アルゴリズム[27]が挙げられる。この場合，基本周波数の推定精度は，制御アルゴリズムの動作周波数の影響を受けることはなくなるが，アルゴリズムで推定するパラメータ間の直交性が失われるため，安定性確保のための調整が必要となる。さらに，外部ならびに自己同期型の両方の性質を併せ持つ方式として，適応ノッチフィルタを利用したアルゴリズム（SAN）もある。この方法では，参照信号として正弦波信号を利用し，FXLMS アルゴリズムを利用して制御フィルタ（一つの周波数に対して二つの係数）を更新する。

ここでは，外部同期型アルゴリズムとして，WS アルゴリズムおよび SFX アルゴリズムを取り上げ，内部同期型アルゴリズムとして DXHS アルゴリズムを取り上げる。また，適応ノッチフィルタを利用した制御についても簡単に触れる。

3.3.1 外部同期型アルゴリズムⅠ：WS

波形同期法（wave synthesis method）は，誤差マイクロホンを制御系内に設置する必要がないため，高温ガス内での利用が可能となるばかりでなく，二次経路の変化の影響を受けづらいという利点もある。

回転パルスなどの信号に基づき，二次音の波形を形成し，一次音との合成音波の波形を誤差と見なしてつぎに放射する二次音に補正を加えていく時間領域による方法と，一周期間の信号をフーリエ展開し，二次音のフーリエ係数を適応させていく周波数領域による方法とがある。ここでは後者について概説する。

図 3.7 に示すように，一次音源の基本角周波数を ω とし，二次音源に入力する信号を $x(t)$，誤差マイクロホンで計測される信号を $y(t)$ とすると，$x(t)$，$y(t)$ はともに ω を基本周波数とする高調波成分を含む信号であり，次式のようにフーリエ級数で表される。

$$x(t) = \sum_{k=1}^{K} a_k e^{jk\omega t} \tag{3.38}$$

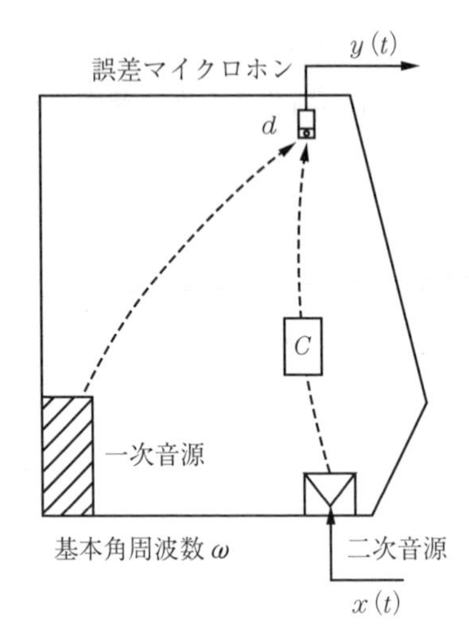

図 3.7　波形同期法の基本構成

$$y(t) = \sum_{k=1}^{K} \beta_k e^{jk\omega t} \tag{3.39}$$

ここで，α_k，β_k はそれぞれ k 次の複素フーリエ係数である。$\alpha = (\alpha_1, \alpha_2, \cdots, \alpha_K)$，$\beta = (\beta_1, \beta_2, \cdots, \beta_K)$，とし，誤差マイクロホンにおける制御対象信号を d，二次音源から誤差マイクロホンへ至る伝達関数を C とすると，時刻 $n-1$ および n での各フーリエ係数はそれぞれつぎの関係で与えられる。

$$\beta(n-1) = d + C\alpha(n-1) \tag{3.40}$$

$$\beta(n) = d + C\alpha(n) \tag{3.41}$$

ここで，システムは準定常で，d，C は急速に変化しないとしている。式(3.40)，(3.41) から

$$C = \frac{\beta(n) - \beta(n-1)}{\alpha(n) - \alpha(n-1)} \tag{3.42}$$

が得られる。制御は $\beta = 0$ とすることを目標としているから，$n+1$ のタイミングで $\beta(n+1) = 0$ となるためには

$$\alpha(n+1) = \alpha(n) - \frac{\beta(n)}{C} = \alpha(n) - \frac{\alpha(n) - \alpha(n-1)}{\beta(n) - \beta(n-1)}\beta(n) \tag{3.43}$$

となればよい。よって適当な α を2回与えることにより，その結果の β を使って最適な α を求めることが可能である。現実には収束が不安定になること

を避けるため，適当な収束係数 μ を導入し，次式で α の更新を行う。

$$\alpha(n+1) = \alpha(n) - \mu \frac{\alpha(n) - \alpha(n-1)}{\beta(n) - \beta(n-1)} \beta(n) \tag{3.44}$$

式 (3.44) に基づき高次高調波のフーリエ係数まで同時に求めることができ，制御対象信号 d および二次経路 C が変化しても，それに追従して制御が可能である。この手法の最大の特徴は二次経路の変化を同時に同定しながら制御している点である。

3.3.2　外部同期型アルゴリズムⅡ：SFX

外部同期型アルゴリズムの基本的なブロック図は，**図 3.8** で表現できる。図中の騒音源から観測される参照信号 $x(n)$ は，周期 T のパルス列として観測されるものとし，この信号に同期する形で制御フィルタ H で制御信号 $y(n)$ を生成し，誤差信号 $e(n)$ をもとに H を適応化するという構成となる。

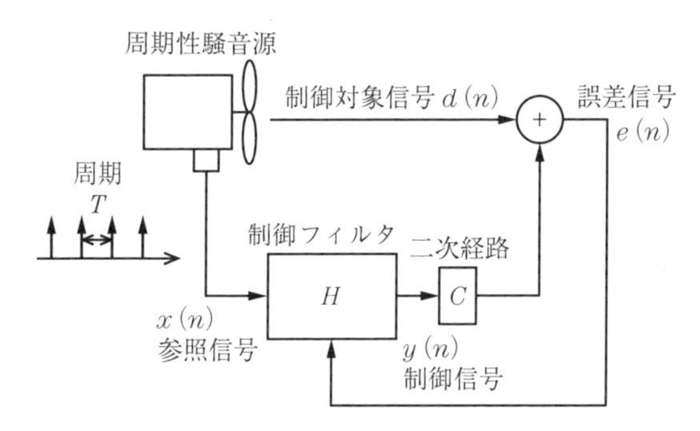

図 3.8　外部同期型アルゴリズムの基本的なブロック図

いま，パルス列の参照信号 $x(n)$ をサンプリング周期 $\Delta t = T/N$ で観測すれば，$x(n)$ は

$$x(n) = \sum_{j=-\infty}^{+\infty} \delta(n - jN) \tag{3.45}$$

と表現される。ただし，$\delta(n)$ はデルタ関数であり，$\delta(0) = 1$，$\delta(n) = 0$，$n \neq 0$ である。時刻 n における制御フィルタ H の係数を $h(n, i)$ $(i = 0, \cdots, I-1)$

とすれば，制御信号 $y(n)$ は

$$y(n)=\sum_{i=0}^{I-1}h(n,\,i)x(n-i)=\sum_{i=0}^{I-1}h(n,\,i)\sum_{j=-\infty}^{+\infty}\delta(n-jN-i) \tag{3.46}$$

と表され，デルタ関数の性質から，$0\leqq N\leqq I$ とすれば

$$y(n)=h(n,p)+h(n,p+N)+h(n,p+2N)+\cdots \tag{3.47}$$

と表される。ただし，$p=n \bmod N$ である。サンプリング定理から明らかなように，$y(n)$ で表現される周波数帯域は，$1/(2\varDelta t)=N/(2T)$ に制限される。言い換えれば，制御可能な周波数成分の数は，最大 $N/2$（N が偶数）個または $(N-1)/2$（N が奇数）個となる。さらに，フィルタはパルスの周期 N ごとの係数を加算した形になることから，独立した係数は N 個となる。これを改めて $h(n,p)$ とおくと，制御信号は $y(n)=h(n,p)$ と表現される。

この制御信号を，一般の FXLMS アルゴリズムに当てはめると，フィルタ係数の更新式は

$$\begin{aligned}h(n+1,p)&=h(n,p)+\alpha\, e(n)\sum_{i=0}^{I-1}\hat{c}(i)x(n-i)\\&=h(n,p)+\alpha\, e(n)\,\hat{c}(p)\end{aligned} \tag{3.48}$$

と表現される。ただし，$\hat{c}(p)$ は，周期 N で重畳させた二次経路 C を表すフィルタ $c(p)$ を模擬するフィルタである。上記のように定式化できる外部同期型の制御アルゴリズムは，synchronized FXLMS（SFX）アルゴリズムと呼ばれている。

この SFX アルゴリズムを，基本周波数が変化する制御対象に適用する場合，つぎの二つの実装方法がある。

① フィルタ長は固定として，サンプリング周波数を変化させる手法（$\varDelta t$ を変化させる方法）

② サンプリング周波数は固定として，フィルタ長を変化させる手法（N を変化させる方法）

前者は，基本周期 T が精度よく計測できれば高い制御性能を得ることができるが，二次経路 C に関する情報を，想定される基本周波数の範囲すべてに

対して保持する必要がある。一方，後者は，サンプリング周期が一定のため，参照信号のパルス周期が短くなると周波数分解能が急速に低下し，制御出力のジッタ成分が増加するため制御性能が低下する。このジッタ成分の抑制と，調波性の騒音源が複数ある場合に対応するため，SFX アルゴリズムを拡張したアルゴリズムとして，multiple-timing synchronized FXLMS（MTSFX）アルゴリズムが開発されている[28)]。

3.3.3　自己同期型アルゴリズム：DXHS

自己同期型のアルゴリズムの例として，ここでは DXHS アルゴリズムを取り上げる。DXHS アルゴリズムには，制御対象信号の基本周波数を既知として二次経路遅延を適応的に推定するアルゴリズムと，二次経路遅延を既知として基本周波数を適応的に推定するアルゴリズムとがある。前者では，基本角周波数 ω_0 および制御対象とする調波の数 K を既知として，誤差信号に含まれる制御信号 $y(n)$，すなわち二次経路の影響を考慮した制御信号を下記のように表現する。

$$
\begin{aligned}
y(n) = \sum_{k=1}^{K} [\, & \hat{\alpha}_k(n) \cos(k\omega_0 nT + \hat{\varphi}_k(n)) \\
& + \hat{\beta}_k(n) \sin(k\omega_0 nT + \hat{\varphi}_k(n))]
\end{aligned}
\tag{3.49}
$$

ここで，$\hat{\alpha}_k$ および $\hat{\beta}_k$ は，k 次調波に対応する正弦波の振幅および位相を直交化した係数であり，$\hat{\varphi}_k$ は二次経路における位相遅延に対応する係数である。FXLMS アルゴリズムでは，二次経路の特性には位相遅延のみならず振幅特性も含まれるが，この DXHS アルゴリズムでは二次経路における振幅成分は各調波成分の振幅成分と統合されるため，位相遅延のみが二次経路特性として影響を与えることになる。誤差信号に含まれる制御信号成分 $y(n)$ と制御対象信号との和として誤差信号 $e(n)$ が定式化できることから，LMS アルゴリズム同様に，その瞬時二乗誤差を各係数で偏微分することで，つぎのような係数更新アルゴリズムが得られる。

$$
\boldsymbol{h}(n+1) = \boldsymbol{h}(n) + \nabla(n) \tag{3.50}
$$

$$
\nabla(n) = \begin{bmatrix} \vdots \\ 2\mu e(n)\cos(k\omega_0 nT + \hat{\varphi}_k(n)) \\ \vdots \\ 2\mu e(n)\sin(k\omega_0 nT + \hat{\varphi}_k(n)) \\ \vdots \\ 2\mu_d e(n) \\ [\hat{\alpha}_k(n)\sin(k\omega_0 nT + \hat{\varphi}_k(n)) \\ \quad - \hat{\beta}_k(n)\cos(k\omega_0 nT + \hat{\varphi}_k(n))] \\ \vdots \end{bmatrix}
$$

ただし，$\boldsymbol{h}(n) = [\cdots\ \hat{\alpha}_k(n) \cdots \hat{\beta}_k(n) \cdots \hat{\varphi}_k(n)]^T$ は係数ベクトル，μ は直交化した振幅および位相係数に対するステップサイズパラメータであり，μ_d は二次経路の位相遅延係数に対するステップサイズパラメータである†。

図 3.9 は，ダクト内におけるアクティブノイズコントロールシステムにおいて，誤差マイクロホンの切替えを行い，DXHS アルゴリズムの二次経路遅延推定機能を評価するための実験システムである。**図 3.10** が，60 Hz の正弦波を一次音源から放射し，まず誤差マイクロホン 1 からの誤差信号に基づいて制御し，その後，誤差マイクロホン 1 から 1.47 m（60 Hz で，$\lambda/4$ に相当）下流に

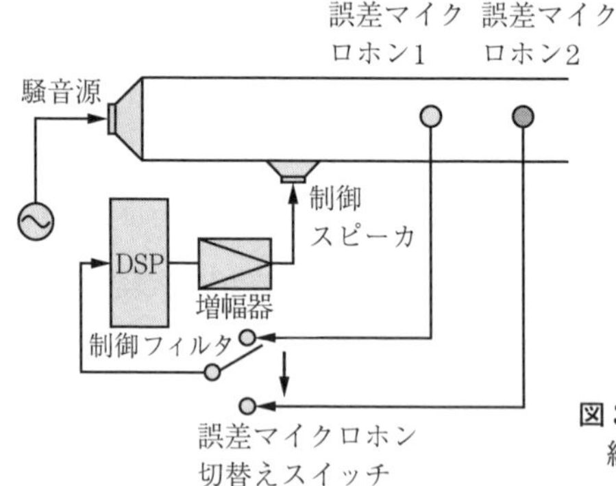

図 3.9　モデルダクトによる二次経路遅延推定の実験システム

† μ と μ_d は，異なった次元の係数のため，通常の LMS アルゴリズムのように同一のステップサイズパラメータとすることはできない。

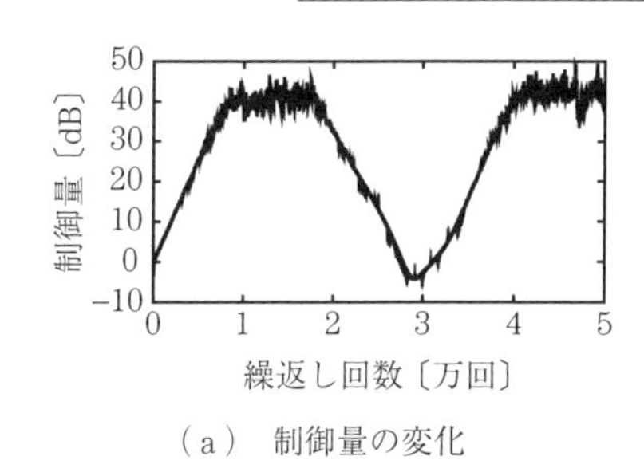

（a）　制御量の変化

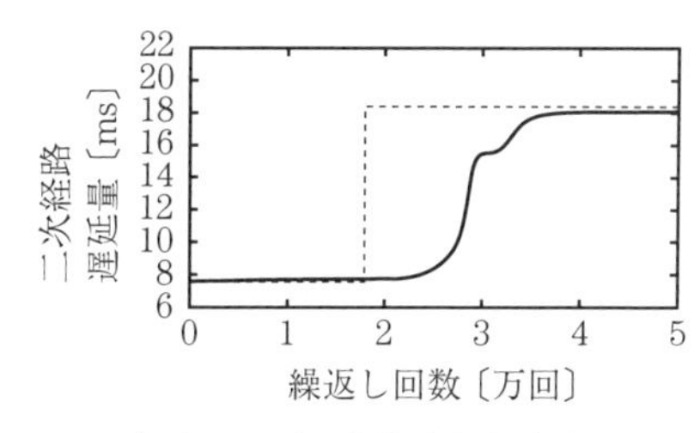

（b）　遅延の変化（破線：与えた遅延，実線：アルゴリズムによる推定値）

図 3.10　繰返し 18 000 回で，誤差マイクロホンを 1 から 2 に切り替えた場合の制御量と遅延推定結果

設置した誤差マイクロホン 2 に切り替えた場合の制御量と遅延推定結果である。

さらに，この DXHS アルゴリズムの拡張として，二次経路遅延を既知として，制御対象周波数を推定する方法[29]も提案されている。この周波数追従型 DXHS アルゴリズムの応用例の一つとして，救急車室内における電子サイレン音の選択的制御[30]があり，詳細は 5 章で述べる。

3.3.4　適応ノッチフィルタを利用した制御：SAN

適応ノッチフィルタ（single-frequency adaptive notch filter，SAN）はノイズキャンセリングなどにおいて利用されることで知られている。適応ノッチフィルタにおける参照信号は正弦波であり，対象周波数一つにつき二つのフィルタ係数を用いる。それぞれの入力は，$x_0(n) = \cos(\omega_0 n)$ ならびに $x_1(n) = \sin(\omega_0 n)$ であり，通常，$x_1(n)$ は $x_0(n)$ を 90°位相シフト器を通して生成される。**図 3.11** に単一周波数を参照信号とする場合の適応ノッチフィルタを利用した制御のブロック図を示す。図に示される参照信号は $x_0(n) = \cos(\omega_0 n)$ ならびに $x_1(n) = \sin(\omega_0 n)$ である。これらの信号はそれぞれ独立にフィルタ係数により重み付けされ，そして加算することで制御信号を生成する。この場合，フィルタ係数は FXLMS アルゴリズムにより更新される。すなわち，事前に二次経路の特性を同定し，二次経路モデルとして内部に有し，それぞれの参照信号を二次経路モデルでフィルタリングすることで，フィルタ係数更新の

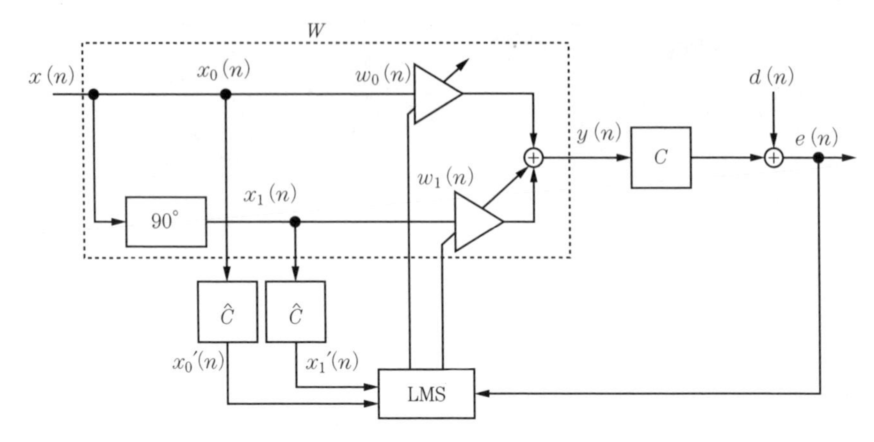

図 3.11　適応ノッチフィルタを利用した制御のブロック図

ための参照信号を得る。図の場合，フィルタ係数の更新式は

$$w_l(n+1) = w_l(n) - \mu x_l{}'(n)e(n) \tag{3.51}$$

となる。ここで，$x_l{}'(n)$ は参照信号 $x_l(n)$ を二次経路モデル $\hat{C}$ によりフィルタリングすることで得られる。

適応ノッチフィルタを利用した制御についてはその安定性や収束特性について数多くの研究がなされており，例えば，制御対象周波数帯域外の大きな利得が安定性に影響を与えることなどが知られている。また，ここで紹介した制御方式は単一周波数のみを扱う場合であったが，これを拡張することで複数の周波数成分をもつ騒音を制御することも可能である。

3.4　多入力多出力システム

これまでは，「騒音源からの影響を，単一の参照入力として観測し，これに基づき単一の制御信号を生成することで，単一の場所で制御する」ための，1入力1出力システムに関する制御アルゴリズムについて議論してきた。しかしながら，制御対象空間が広い場合や，複数の独立な制御対象信号が空間的に分布する場合などは，多入力多出力システムの導入が必要となる。

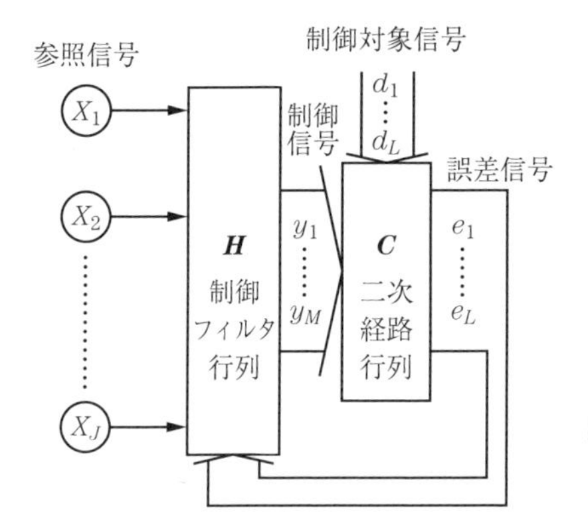

図 3.12　多入力多出力フィードフォワード制御システム

図 3.12 に示す多入力多出力フィードフォワード制御システムは，J 点で観測された参照信号 $x_{1\cdots J}(n)$ から，制御フィルタ行列 $\boldsymbol{H}$ により M チャネルの制御信号 $y_{1\cdots M}(n)$ を生成し，これにより L 個の制御点で観測される制御対象信号 $d_{1\cdots L}(n)$ を制御する。その際，制御信号により駆動されるスピーカなどから制御点までは，二次経路行列 $\boldsymbol{C}$ で表現され，誤差検出用センサで観測される誤差信号 $e_{1\cdots L}(n)$ に基づき，制御フィルタを更新することとなる。以下，このシステム構成を case (J, M, L) と表現する。

いま，参照信号スペクトルを $X_{1\cdots j\cdots J}(k)$，$H_{mj}(k)$ を要素とする制御フィルタ行列を $\boldsymbol{H}(k)$，制御信号スペクトルを $Y_{1\cdots m\cdots M}(k)$，$C_{lm}(k)$ を要素とする二次経路行列を $\boldsymbol{C}$ と各信号を周波数領域で表現すると，誤差信号スペクトル $E_{1\cdots l\cdots L}(k)$ は，次式で表現される。

$$E_l(k) = D_l(k) + \sum_{m=1}^{M} \boldsymbol{C}_{lm}(k)\,Y_m(k) \tag{3.52}$$

$$Y_m(k) = \sum_{j=1}^{J} \boldsymbol{H}_{mj}(k) X_j(k) \tag{3.53}$$

と表される。ここで，$\boldsymbol{C}_{lm}(k)$ は第 m 制御信号 $Y_m(k)$ の制御用スピーカから第 l 制御点までの二次経路を表す伝達関数であり，二次経路行列 $\boldsymbol{C}(k)$ はこれを要素として定義される。誤差信号スペクトルを要素とする $[1, L]$ の縦ベクトルを $\boldsymbol{E}(k)$ とすると

$$\boldsymbol{E}(k) = \boldsymbol{D}(k) + \boldsymbol{C}(k)\boldsymbol{Y}(k)$$

$$= \boldsymbol{D}(k) + \boldsymbol{C}(k)\boldsymbol{H}(k)\boldsymbol{X}(k) \tag{3.54}$$

と表現される。ここで，$\boldsymbol{D}(k)$ は制御対象信号スペクトルのベクトル，$\boldsymbol{C}(k)$ は $C_{lm}(k)$ を要素とする (L, M) 次行列，$\boldsymbol{Y}(k)$ は制御信号スペクトルを要素とするベクトルである。この式を直接 FXLMS と同様な方法で定式化することも可能であるが，非常に複雑になるため，ここではまず case(2,2,2) について具体的に議論した後，定式化が比較的容易でその応用範囲も広い case$(1, M, L)$ について議論する。

まず，case(2,2,2) の場合，式 (3.54) より

$$\begin{aligned}
\begin{bmatrix} E_1(k) \\ E_2(k) \end{bmatrix} &= \begin{bmatrix} D_1(k) \\ D_2(k) \end{bmatrix} + \begin{bmatrix} C_{11}(k) & C_{12}(k) \\ C_{21}(k) & C_{22}(k) \end{bmatrix} \begin{bmatrix} H_{11}(k) & H_{12}(k) \\ H_{21}(k) & H_{22}(k) \end{bmatrix} \begin{bmatrix} X_1(k) \\ X_2(k) \end{bmatrix} \\
&= \begin{bmatrix} D_1(k) \\ D_2(k) \end{bmatrix} + \begin{bmatrix} C_{11}(k)[H_{11}(k)X_1(k) + H_{12}(k)X_2(k)] \\ + C_{12}(k)[H_{21}(k)X_1(k) + H_{22}(k)X_2(k)] \\ C_{21}(k)[H_{11}(k)X_1(k) + H_{12}(k)X_2(k)] \\ + C_{22}(k)[H_{21}(k)X_1(k) + H_{22}(k)X_2(k)] \end{bmatrix}
\end{aligned} \tag{3.55}$$

と分解される。一次元の場合と同様に，二次経路の伝達関数 $\boldsymbol{C}(k)$ を参照信号 $X_{1,2}(k)$ に乗じることで濾波参照信号 $\boldsymbol{R}(k)$ を

$$\begin{aligned}
\begin{bmatrix} R_{111}(k) & R_{112}(k) \\ R_{121}(k) & R_{122}(k) \end{bmatrix} &= \boldsymbol{C}(k)X_1(k) \\
\begin{bmatrix} R_{211}(k) & R_{212}(k) \\ R_{221}(k) & R_{222}(k) \end{bmatrix} &= \boldsymbol{C}(k)X_2(k)
\end{aligned} \tag{3.56}$$

と定義すると，式 (3.55) は

$$\begin{bmatrix} E_1(k) \\ E_2(k) \end{bmatrix} = \begin{bmatrix} D_1(k) \\ D_2(k) \end{bmatrix} + \begin{bmatrix} H_{11}(k)R_{111}(k) + H_{12}(k)R_{211}(k) \\ + H_{21}(k)R_{112}(k) + H_{22}(k)R_{212}(k) \\ H_{11}(k)R_{121}(k) + H_{12}(k)R_{221}(k) \\ + H_{21}(k)R_{122}(k) + H_{22}(k)R_{222}(k) \end{bmatrix} \tag{3.57}$$

と表される。上式より明らかなように，多入力多出力系において1入力1出力系におけるFXLMSアルゴリズムと等価なアルゴリズムを考える際に必要となる濾波参照信号数が，case(J, M, L)の場合にはJMLの積で与えられる。このためアルゴリズムの演算量が，JMLの増加に伴って急速に増大する[†]。

つぎに，応用上重要なcase$(1, M, L)$の場合について検討する。この場合，式 (3.54) において，参照信号ベクトル$\boldsymbol{X}(k)$はスカラとなり，次式のように容易に書き換えることができる。

$$\begin{aligned}\boldsymbol{E}(k) &= \boldsymbol{D}(k) + \boldsymbol{C}(k)\boldsymbol{H}(k)X(k) \\ &= \boldsymbol{D}(k) + \boldsymbol{R}(k)\boldsymbol{H}(k)\end{aligned} \tag{3.58}$$

$$\boldsymbol{R}(k) = \boldsymbol{C}(k)X(k)$$

ただし，$\boldsymbol{E}(k)$および$\boldsymbol{D}(k)$はL次ベクトル，$\boldsymbol{C}(k)$は(L, M)次行列，$\boldsymbol{H}(k)$は(M, M)次行列である。いま，式 (3.58) で定義される誤差信号ベクトル$\boldsymbol{E}(k)$の周波数kにおける二乗平均誤差$J(k)$を

$$J(k) = E[\boldsymbol{E}^H(k)\boldsymbol{E}(k)] \tag{3.59}$$

とすれば，制御目標は各々の周波数kで$J(k)$を最小化することとなる。ただし，$E[\ ]$は期待値操作，^{H}は共役転置を表す。$J(k)$は$\boldsymbol{H}(k)$に関する二次形式であり，$E[\boldsymbol{R}^H(k)\boldsymbol{R}(k)]$が正定値であれば，その最小値は

$$\boldsymbol{H}^*(k) = -\frac{E[\boldsymbol{R}^H(k)\boldsymbol{D}(k)]}{E[\boldsymbol{R}^H(k)\boldsymbol{R}(k)]} \tag{3.60}$$

と一意に求めることができる。

3.4.1 MEFX-LMSアルゴリズム

$J(k)$を一意に最小化するフィルタ係数$\boldsymbol{H}^*(k)$を求めることは，期待値操作の必要性のみならず演算量の制約からも困難である。そのため，1入力1出力系の場合と同様に，瞬時二乗誤差を利用したLMSアルゴリズムが現実的には必

† 実際の応用においては，制御スピーカと誤差マイクロホンを同数利用する$M = L$の場合，ペアごとにスピーカとマイクロホンを近接して配置することにより，他のスピーカからの影響を相対的に小さくすることで，ある程度システムを簡略化できる。

要となる。1入力1出力系を直接的に多入力多出力系に拡張したアルゴリズムが，multiple-error FXLMS（MEFX-LMS）アルゴリズム[31]である。

いま，誤差信号ベクトル $\boldsymbol{E}(k)$ の周波数 k における瞬時二乗誤差を $J(k)$ とすれば

$$J(k) = \boldsymbol{E}^{H}(k)\boldsymbol{E}(k) \tag{3.61}$$

と表現され，制御目標は $J(k)$ を最小化することとなり，$\boldsymbol{H}(k)$ に関する誤差形式であることから，$\boldsymbol{H}(k)$ の更新式は

$$\boldsymbol{H}(k+1) = \boldsymbol{H}(k) + \alpha\left(-2\boldsymbol{R}^{H}(k)\boldsymbol{E}(k)\right) \tag{3.62}$$

と表される。case$(1, M, L)$ の場合，ある周波数 k における制御フィルタ係数 $H_m(k)$ を更新するには，L 個の二次経路係数 $C_{ml}(k)$ の積和演算の結果との差分をとることとなる。時間領域で実現するには，各フィルタの次数を N とすれば，M 個の制御フィルタの更新には，NML の積和演算が必要となる。例えば，case(1,10,10) のアクティブノイズコントロールシステムを 2 kHz で動作させることを想定し，制御フィルタの次数を 128 とした場合，25.6 Mflops (floating point operation per second) という演算量が係数更新だけで必要となる。したがって，アクティブノイズコントロールシステムとして動作させるには，この数倍の演算能力をシステムとして保有する必要がある。この演算量は，単一の DSP で実現可能な量であるが，システムの規模およびサンプリング周波数の増大とともに演算量は急増し，アクティブノイズコントロールシステムの実現には困難を伴うこととなる。

3.4.2 ES-LMS アルゴリズム

MEFX-LMS アルゴリズムは，多点を同時に制御するため，FXLMS の直接的な拡張ととらえることができる。しかし，多チャネルを制御する場合，制御フィルタの係数更新のための演算量増大は，実時間システムを構築する際に大きな制約となる。この問題を解決するために提案されたのが，ES-LMS (error scanning least mean square) アルゴリズム[32]である。この ES-LMS アルゴリズムは，多数の誤差センサのうち，一つまたはいくつかの誤差センサ

のパワーを順次最小化することで，全誤差センサのパワー和を制御するもので，演算量は同時に制御する誤差センサ数により調整可能となる。

簡単な例として，case(1,2,2) の場合を考える。誤差信号ベクトル $\boldsymbol{E}(k)=[E_1(k), E_2(k)]$ の周波数 k における瞬時二乗誤差 $J(k)$ は

$$J(k)=\boldsymbol{E}^H(k)\boldsymbol{E}(k)=|E_1(k)|^2+|E_2(k)|^2 \tag{3.63}$$

と表される。ES-LMS アルゴリズムでは，$\boldsymbol{H}(k)$ の更新に際し，$H_1(k)$ と $H_2(k)$ を交互に更新することで，最終的な制御目標である $J(k)$ の最小化を実現しようとする。基本的には，FXLMS アルゴリズム同様に，$J(k)$ が $H_1(k)$ および $H_2(k)$ の二次方程式の形で表現されることから，$E_1(k)$ および $E_2(k)$ に対する更新式は

$$\boldsymbol{H}(k+1)=\boldsymbol{H}(k)+\alpha\{-2(R_{11}{}^*(k)+R_{12}{}^*(k))E_1(k)\} \tag{3.64}$$

$$\boldsymbol{H}(k+1)=\boldsymbol{H}(k)+\alpha\{-2(R_{21}{}^*(k)+R_{22}{}^*(k))E_2(k)\} \tag{3.65}$$

と表される。ES-LMS アルゴリズムの実行に際しては，この二つの更新式を交互に実行することで，$J(k)$ を最小化する。この式は，ある更新では，$E_1(k)$ または $E_2(k)$ のいずれか一方を最小化することのみしか保証していない。しかし，α を十分に小さくすることより，実用上十分な精度で $J(k)$ の最小値を近似できることがわかっている。

3.4.3 周期性騒音の多チャネル制御アルゴリズム

MEFX-LMS アルゴリズムは，制御チャネル数の増加により，急激に必要とする演算量が増加し，ハードウェアコストに大きな影響を与える。しかしながら，制御対象を周期性騒音に限定した外部同期型の周期性騒音用の制御アルゴリズムでは演算量を大幅に抑えることができ，比較的小さな演算能力で高い制御効果を得ることができる。周期性騒音に特化した形の MEFX-LMS の例としては，西村らの MTSFX アルゴリズム[28)]がある。自動車の車室内騒音の制御を，エンジンおよび空調ファンの二つの周期性騒音を対象として，ドライバの両耳位置に対応する制御点を，二つのスピーカで制御する case(2,2,2) について実装し，500 Hz 以下の周波数帯域で，最大 20 dB の制御量を得ている。

一方，自己同期型アルゴリズムの一つであるDXHSアルゴリズムを多チャネル化した場合，制御対象信号の基本周波数はすべての制御点で一致するとすれば，各制御信号は，すべての周波数成分が等しい正弦波の加算となることから，制御信号と制御点間のクロスタームを考慮する必要がなくなる[33]。

3.4.4 多点逆フィルタ理論

多点逆フィルタ理論（multiple inverse theorem）は，三好と金田によって見いだされ[34]，その頭文字からMINTと呼ばれる。MINTは二次音源の数が参照マイクロホンの数よりも多ければ，その逆システムはFIRフィルタで実現できることを示す理論である。すなわち，スピーカ数N，マイクロホン数$M(M < N)$，スピーカからマイクロホンへの伝達関数長Lの場合，システムの伝達関数長Kが

$$K = \frac{M(L-1)}{N-M}$$

の条件を満たしていれば，伝達関数行列は正則となりうることを示した。例えば，スピーカの数$N = 3$，マイクロホン$M = 2$，スピーカからマイクロホンへの伝達関数長$L = 3$の場合，$K = 4$となる。$i(1, \cdots, 3)$番目のスピーカから$j(1, 2)$番目のマイクロホンへの伝達関数を$g_{ij}[n](n = 0, \cdots, 2)$，$i$番目のスピーカへのフィルタ係数を$h_i[n](n = 0, \cdots, 3)$，$j$番目のマイクロホンへの伝達関数$y_j[n]$はつぎのような畳込み和の式で表される。

$$y_j[n] = \sum_{i=1}^{3}\sum_{k=0}^{3} h_i[k] g_{ij}[n-k] \qquad (n = 0, \cdots, 5)$$

これをマトリクス方程式で表すと

$$\boldsymbol{Y} = \boldsymbol{G} \cdot \boldsymbol{H}$$

となる。ただし

$$\boldsymbol{Y} = (y_1[0] y_1[1] y_1[2] y_1[3] y_1[4] y_1[5] y_2[0] y_2[1] y_2[2] y_2[3] y_2[4] y_2[5])^T$$

$$
\boldsymbol{G} = \begin{pmatrix}
g_{11}[0] & 0 & 0 & 0 & g_{21}[0] & 0 & 0 & 0 & g_{31}[0] & 0 & 0 & 0 \\
g_{11}[1] & g_{11}[0] & 0 & 0 & g_{21}[1] & g_{21}[0] & 0 & 0 & g_{31}[1] & g_{31}[0] & 0 & 0 \\
g_{11}[2] & g_{11}[1] & g_{11}[0] & 0 & g_{21}[2] & g_{21}[1] & g_{21}[0] & 0 & g_{31}[2] & g_{31}[1] & g_{31}[0] & 0 \\
0 & g_{11}[2] & g_{11}[1] & g_{11}[0] & 0 & g_{21}[2] & g_{21}[1] & g_{21}[0] & 0 & g_{31}[2] & g_{31}[1] & g_{31}[0] \\
0 & 0 & g_{11}[2] & g_{11}[1] & 0 & 0 & g_{21}[2] & g_{21}[1] & 0 & 0 & g_{31}[2] & g_{31}[1] \\
0 & 0 & 0 & g_{11}[2] & 0 & 0 & 0 & g_{21}[2] & 0 & 0 & 0 & g_{31}[2] \\
g_{12}[0] & 0 & 0 & 0 & g_{22}[0] & 0 & 0 & 0 & g_{32}[0] & 0 & 0 & 0 \\
g_{12}[1] & g_{12}[0] & 0 & 0 & g_{22}[1] & g_{22}[0] & 0 & 0 & g_{32}[1] & g_{32}[0] & 0 & 0 \\
g_{12}[2] & g_{12}[1] & g_{12}[0] & 0 & g_{22}[2] & g_{22}[1] & g_{22}[0] & 0 & g_{32}[2] & g_{32}[1] & g_{32}[0] & 0 \\
0 & g_{12}[2] & g_{12}[1] & g_{12}[0] & 0 & g_{22}[2] & g_{22}[1] & g_{22}[0] & 0 & g_{32}[2] & g_{32}[1] & g_{32}[0] \\
0 & 0 & g_{12}[2] & g_{12}[1] & 0 & 0 & g_{22}[2] & g_{22}[1] & 0 & 0 & g_{32}[2] & g_{32}[1] \\
0 & 0 & 0 & g_{12}[2] & 0 & 0 & 0 & g_{22}[2] & 0 & 0 & 0 & g_{32}[2]
\end{pmatrix}
$$

$$
\boldsymbol{H} = (h_1[0]h_1[1]h_1[2]h_1[3]h_2[0]h_2[1]h_2[2]h_2[3]h_3[0]h_3[1]h_3[2]h_3[3])^T
$$

となる。マトリクス $\boldsymbol{G}$ は大きさ $NM(L-1)/(N-M)$ の正方実数行列となる。$\boldsymbol{G}(\in \boldsymbol{R}^{12\times 12})$ が正則であれば

$$
\boldsymbol{H} = \boldsymbol{G}^{-1} \cdot \boldsymbol{Y}
$$

を計算して，フィルタ係数 $h_i[n]$ を求めることが可能となる。

一般に，フィードフォワードによるANCの制御効果は，参照マイクロホン位置の騒音信号の予測精度と，二次音源から参照マイクロホン位置への逆システムの精度により決まるため，MINTにより高精度な逆システムを設計できれば，ANCの制御効果は参照マイクロホン位置の騒音信号の予測精度のみから決まる。

3.4.5 quiet zone

複数の参照マイクロホンを用いて多点ANCを実現し，参照マイクロホン位置において騒音を完全に打ち消すことができたと仮定したときの，参照マイクロホン以外の位置における騒音の制御効果を理論的に導く。制御していないときの M 個の参照マイクロホン位置での騒音信号を $n_i(t)(i=1,\cdots,M)$，参照

マイクロホンとは異なる位置に設置した制御効果観測用のマイクロホン位置での騒音信号（以下，観測信号と呼ぶ）を $n_{M+1}(t)$ とする。騒音レベルはどこで観測しても同一，すなわち $\overline{|n_1(t)|^2} = \overline{|n_2(t)|^2} = \cdots = \overline{|n_{M+1}(t)|^2}$ とする。$n_i(t)(i = 1, \cdots, M+1)$ はたがいに無相関な信号 $S_i(t)(i = 1, \cdots, M+1,$ $\overline{|S_i(t)|^2} = 1)$ の合成信号として以下のように表される。

$$\boldsymbol{N} = \boldsymbol{A} \cdot \boldsymbol{S}$$

$$\boldsymbol{N} = (n_1(t) n_2(t) \cdots n_{M+1}(t))^T$$

$$\boldsymbol{A} = \begin{pmatrix} a_{11} & 0 & \cdots & 0 \\ a_{12} & a_{22} & \ddots & \vdots \\ \vdots & \vdots & \ddots & 0 \\ a_{1,M+1} & a_{2,M+1} & \cdots & a_{M+1,M+1} \end{pmatrix}$$

$$\boldsymbol{S} = (S_1(t) S_2(t) \cdots S_{M+1}(t))^T$$

ここで，$a_{i+1,i+1} \cdot S_{i+1}(t)(i = 1 \cdots M)$ は信号 $n_{i+1}(t)$ に含まれる信号 $n_i(t)$ と無相関な成分である。また観測信号は

$$n_{M+1}(t) = a_{11} \cdot S_1(t) + a_{22} \cdot S_2(t) + \cdots + a_{MM} \cdot S_M(t) + a_{M+1,M+1} \cdot S_{M+1}(t)$$

と表される。ANC により M 個の参照マイクロホン位置で騒音が完全にキャンセルされた場合，観測信号のパワー $\overline{|n_{M+1}''(t)|^2}$ は次式のように表される。

$$\overline{|n_{M+1}''(t)|^2} \leqq 4 a_{M+1,M+1}{}^2 \overline{|n_{M+1}(t)|^2}$$

したがって，ANC の制御効果は $10 \log_{10} 4 a_{M+1,M+1}{}^2 = 20 \log_{10} 2 a_{M+1,M+1}$ となる。ここで，$n_i(t)$ と $n_j(t)$ の相互相関係数 $\rho_{ij} = \overline{n_i(t) n_j(t)}$ を要素とする相互相関行列

$$\boldsymbol{G} = \begin{pmatrix} 1 & \rho_{12} & \cdots & \rho_{1,M+1} \\ \rho_{21} & 1 & \ddots & \vdots \\ \vdots & \ddots & \ddots & \rho_{M,M+1} \\ \rho_{M+1,1} & \cdots & \rho_{M+1,M} & 1 \end{pmatrix}$$

を考える。すなわち

$$\boldsymbol{G} = \boldsymbol{N} \cdot \boldsymbol{N}^T = \boldsymbol{A} \cdot \boldsymbol{S} \cdot (\boldsymbol{A} \cdot \boldsymbol{S})^T = \boldsymbol{A} \cdot \boldsymbol{S} \cdot \boldsymbol{S}^T \cdot \boldsymbol{A}^T = \boldsymbol{A} \cdot \boldsymbol{A}^T$$

となる。一方，$\boldsymbol{G}$ は正定値対称行列なのでコレスキー分解が可能であり，またコレスキー分解された解は下三角行列になるため，相互相関行列 $\boldsymbol{G}$ のコレスキー分解による解が $\boldsymbol{A}$ となることがわかる。したがって，例えば相互相関係数が既知となる拡散音場を仮定して相互相関行列 $\boldsymbol{G}$ を求め，コレスキー分解により $\boldsymbol{G} = \boldsymbol{A} \cdot \boldsymbol{A}^T$ となる $\boldsymbol{A}$ を求め，その $M+1$ 番目の対角要素 $a_{M+1,M+1}$ から $20\log_{10} 2a_{M+1,M+1}$ を計算することにより観測信号位置の ANC 制御効果を求めることができ，また，観測信号位置を変えることにより拡散音場における多点 ANC による quiet zone を推定することが可能となる[35]。

3.5　フィードバック制御

3.5.1　フィードフォワード制御との対比

これまで議論してきた制御アルゴリズムは，参照信号を制御フィルタにより加工し，二次経路を通して制御点に与えることで，騒音振動を制御するという構成をとってきた。その際，制御点における制御目標からの“ずれ”，すなわち制御点における残留分を最小化するという規範のもとに，制御フィルタを適応的に制御している。

このようなフィードフォワード制御には，つぎのような制約がある。

① 参照信号に重畳したノイズ成分は，直接的に制御性能を劣化させ，しかも一度重畳すると対策は容易ではない。

② 誤差信号にノイズが重畳した場合も，制御性能が劣化するが，制御アルゴリズムとして対策を施すことはできない。

③ 参照信号と制御対象信号の間の因果性を，制御フィルタの遅延に加え，二次経路の遅延を含めて，満たす必要がある。

これを言い換えれば，フィードフォワード制御を用いて制御システムを構築するには，制御対象信号に対して因果性を満たし，高いコヒーレンスをもつ参照信号を得ることが重要となる。

これに対して，フィードバック制御では，制御対象に対するノイズ成分の統計的性質などの先見情報があれば，この影響を加味したうえで制御システムの構築が可能である。さらに，二次経路の影響についてもあらかじめ加味した制御系の構築が可能となる。

このように，制御アルゴリズムとしては，フィードフォワード制御に比較し，フィードバック制御は多くの点で優れており，機械系などの制御ではフィードバック制御が主流である。しかし，アクティブノイズコントロールにおいては，フィードバック制御は必ずしも広く用いられているとはいえない。これには，つぎのような理由が考えられる。

① 制御対象周波数の帯域が広く，演算負荷の制約から実時間でのフィードバック制御が困難な場合が多い。

② スピーカを含め誤差系に大きな遅延要素が含まれ，フィードバック系の設計が複雑になる。

しかし，前者は，現在の半導体技術の急速な進歩を考えると，将来的には大きな制約とはならない可能性が高い。また，アナログ処理，またはディジタルとのハイブリット処理により現時点でも高い有用性をもっている。また，フィードバック制御として分類される方法としてIMC（internal model control）構成を利用したフィードバック制御がある。この方法は完全にディジタル制御によって行われ，見掛けはフィードバック制御のように見えるが，理論的にはフィードフォワード制御として解釈することが可能である。そのため，この方法を利用したANCシステムでは系の遅延要素はそれほど大きな特性上の影響とはならず，制御対象騒音が周期音や狭帯域騒音の場合には高い騒音低減性能を有することが知られている。

3.5.2 フィードバック制御システムの基礎

いま，ラプラス領域で表現すると，制御対象信号 $D(s)$ をある制御点において制御するためのフィードバック制御システムは，**図 3.13** のように表現される。

制御フィルタの制御出力 $U(s)$ に制御対象信号 $D(s)$ が加わった信号が，二次経路を通過して観測される誤差信号 $E(s)$ は

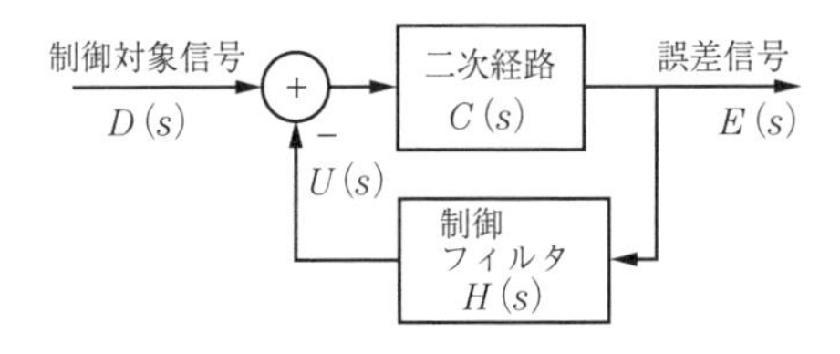

図 3.13　基本的なフィードバック制御システムのブロック図

$$E(s) = C(s)\{D(s) - U(s)\} \tag{3.66}$$

と表現できる。$U(s) = H(s)E(s)$ であるから，制御対象信号 $D(s)$ を入力，誤差信号 $E(s)$ を出力と見なした伝達関数 $H_o(s)$ は

$$H_o(s) = \frac{E(s)}{D(s)} = \frac{C(s)}{1 + C(s)H(s)} \tag{3.67}$$

と表され，閉ループ伝達関数とも呼ばれる。古典的な制御理論における制御フィルタの設計には，この閉ループ伝達関数が用いられ，伝達関数の極零に基づく解析や，周波数特性表現に基づく解析が利用されている。

さらに，図の誤差信号 $E(s)$ を観測する際にノイズ $N(s)$ が重畳した場合，このノイズから誤差信号への伝達関数 $H_n(s)$ は，系が線形であれば制御対象信号を $D(s) = 0$ とおいて考えればよいので

$$H_n(s) = \frac{E(s)}{N(s)} = \frac{1}{1 + C(s)H(s)} \tag{3.68}$$

と表現できる。

これらの式から，単純に考えると制御フィルタ $H(s)$ のゲインを大きくすれば，式 (3.67) より出力 $E(s)$ は減少し，さらに式 (3.68) のように観測雑音の影響も低減することができる。しかしながら，現実には安定性などの条件を満たすために，制御フィルタのとりうる値には制約が生じる。具体的には，フィードバック制御システムが安定であるためには，$H_o(s)$ のすべての極の実部が負である必要がある。また，A-D 変換器および D-A 変換器に付随するアナログフィルタや，スピーカなどによる音響系を含めた二次経路の遅延は，フィードフォワード制御システムと同様にフィードバック制御システムにおいても，性能に大きな影響を与える。しかしながら，フィードバック制御システムにおいては，あらかじめ計測した二次経路の伝達特性にモデル誤差があって

も，ある範囲であれば，安定性を保つことが設計上可能である。これは，制御工学では，むだ時間に関する議論として研究がなされている。

フィードバック型アクティブノイズコントロールの具体的な応用例として，**図 3.14** を考える。音響コンプライアンス C_A からなるエンクロージャに，側壁を通じて外来騒音が内側に伝搬しており，体積速度 $u_n(t)$ を生じている。このエンクロージャは，音響抵抗 r_A および音響イナータンス m_A を介して大気と接している。このエンクロージャ内に，ピストンで体積速度 $u(t)$ を発生させ，その内部の音圧 $p(t)$ を最小化することを考える。

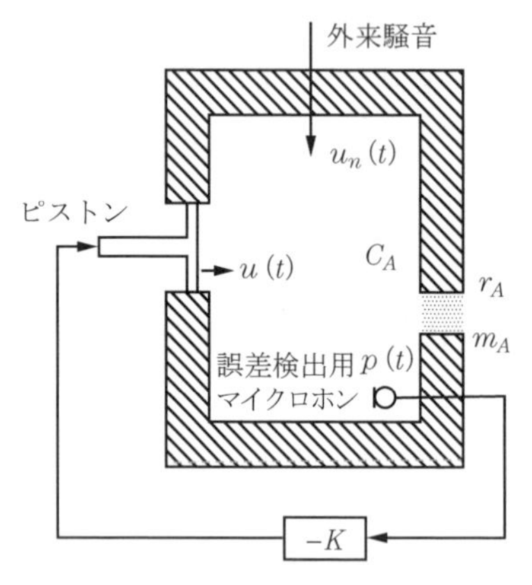

図 3.14　フィードバック型アクティブノイズコントロールの具体的な応用例

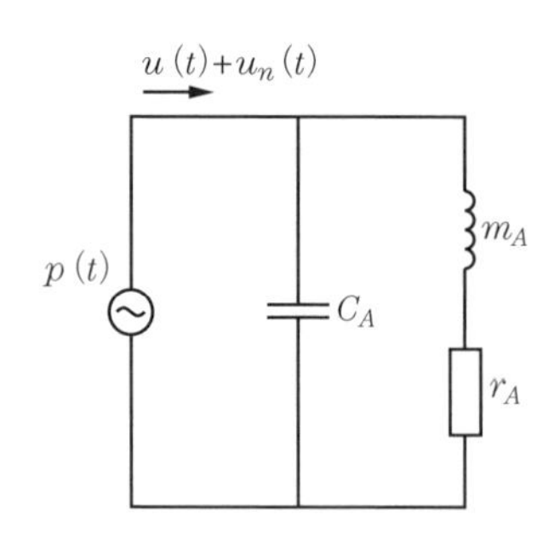

図 3.15　図 3.14 で示されるエンクロージャの等価回路

まず，$u_n(t)$ がない場合，ピストンにより生じる体積速度 $u(t)$ と内部音圧 $p(t)$ の関係は，その等価回路表現（**図 3.15**）から

$$P(s) = \frac{sm_A + r_A}{s^2 C_A m_A + sC_A r_A + 1} U(s) \tag{3.69}$$

と表される。いま，フィードバック制御システムを

$$U(s) = -KP(s) \tag{3.70}$$

のように，内部音圧に比例する形でピストンの制御を行うとし，外来騒音による体積速度がピストンによる体積速度に重畳した場合

$$P(s) = \frac{sm_A + r_A}{s^2 C_A m_A + sC_A r_A + 1}(U(s) + U_n(s))$$

$$H(s) = \frac{P(s)}{U_n(s)} = \frac{sm_A + r_A}{s^2 C_A m_A + sC_A r_A + 1 + (sm_A + r_A)K} \tag{3.71}$$

と，外来騒音による体積速度 $U_n(s)$ から内部音圧 $P(s)$ への伝達関数 $H(s)$ が表現できる。フィードバック制御は，フィードバックゲイン K を調整することで，$H(s)$ を最小化することに帰着する。古典制御理論により，極配置からシステムの安定性が評価できるとともに，ゲイン K による制御システムとしての特定が議論できる。

3.5.3 状態変数表現による制御系設計

古典制御理論では，ラプラス領域での伝達関数の解析に基づき，制御フィルタを設計した。これに対し現代制御理論では，次式で表現される状態方程式で，システムを表現する。

$$\left.\begin{aligned} \dot{\boldsymbol{x}}(t) &= A\boldsymbol{x}(t) + B\boldsymbol{u}(t) \\ \boldsymbol{y}(t) &= C\boldsymbol{x}(t) \end{aligned}\right\} \tag{3.72}$$

対象が線形システムであれば，任意のシステムをこの形式に変換することは可能であることが知られている。ただし，状態変数と呼ばれる $\boldsymbol{x}$ の取り方には任意性があり，多くの場合，伝達関数形式の表現からの変換方法は複数ある。

ここでは，図 3.14 で議論したエンクロージャ内の音圧制御をする場合を検討する。制御系を含めた伝達関数 $H(s)$ が式（3.71）より

$$[s^2 C_A m_A + s(C_A r_A + m_A) + (1 + r_A K)]P(s) = (sm_A + r_A)U_n(s) \tag{3.73}$$

と表現できることから，時間領域では

$$C_A m_A \ddot{p}(t) + C_A r_A \dot{p}(t) + (1 + r_A)p(t) = m_A \dot{u}_n(t) + r_A u_n(t) \tag{3.74}$$

と表される。ここで，$\dot{p}(t)$ は $p(t)$ の一次微分，$\ddot{p}(t)$ は二次微分を表す。ここで，$C_A m_A \neq 0$ とすれば

$$\ddot{p}(t) = -\frac{r_A}{m_A}\dot{p}(t) - \frac{1+r_A}{C_A m_A}p(t) + C_A \dot{u}_n(t) + \frac{r_A}{C_A m_A}u_n(t) \tag{3.75}$$

と表されることから，$x_1(t) = p(t)$，$x_2(t) = \dot{p}(t)$ とすれば

$$\left.\begin{aligned} \dot{x}_1(t) &= x_2(t) \\ \dot{x}_2(t) &= -\frac{r_A}{m_A}\dot{p}(t) - \frac{1+r_A}{C_A m_A}p(t) + C_A \dot{u}_n(t) + \frac{r_A}{C_A m_A}u_n(t) \end{aligned}\right\} \tag{3.76}$$

すなわち

$$\begin{bmatrix} \dot{x}_1(t) \\ \dot{x}_2(t) \end{bmatrix} = \begin{bmatrix} 0 & 1 \\ -\frac{1+r_A}{C_A m_A} & -\frac{r_A}{m_A} \end{bmatrix} \begin{bmatrix} x_1(t) \\ x_2(t) \end{bmatrix} + \begin{bmatrix} 0 & 0 \\ \frac{r_A}{C_A m_A} & C_A \end{bmatrix} \begin{bmatrix} u_n(t) \\ \dot{u}_n(t) \end{bmatrix} \tag{3.77}$$

ここで，$\boldsymbol{x}(t) = [x_1(t) \quad x_2(t)]^T$，$\boldsymbol{u}(t) = [u_n(t) \quad \dot{u}_n(t)]^T$ とおき

$$y(n) = [1 \quad 0]\boldsymbol{x}(t) \tag{3.78}$$

とおくと，状態変数表現に変換できる。

状態変数表現に変換後は，制御系の可制御性および可観測性の検討や，従来の最小二乗規範に基づく制御手法に加え，H_∞ 制御に代表されるいわゆるロバスト制御理論に基づく制御手法が利用可能となる[36)]。

3.5.4 IMC構成によるフィードバック制御

前項までに紹介したフィードバック制御システムは，アナログ制御（古典制御理論）に基づくもので，システム全体の遅延量によって制御できる周波数帯域が制限されるという欠点を有する。そのため単純なディジタル化はさらなる遅延量の増加を招くため実用化は困難である。一方，IMC（internal model control）構成を利用したフィードバック制御では，形態はフィードバック型であるものの，実質はフィードフォワード型構成と等価な構成として解釈できる。よって，制御対象音は周期性騒音に限定されるものの，ディジタル実現が比較的容易であるという特長を有する。

IMC 構成は信号の予測に基づき騒音低減を実現するため，参照マイクロホンが不要であり，小規模なシステムで広範な騒音源から伝搬される騒音を低減可能である。ただし，線形予測に基づいた手法であるため予測可能な狭帯域騒音しか消音できない。**図 3.16** に一つの誤差マイクロホン，そして一つの二次音源によって実現されるシングルチャネルフィードバック制御のブロック図を示す。

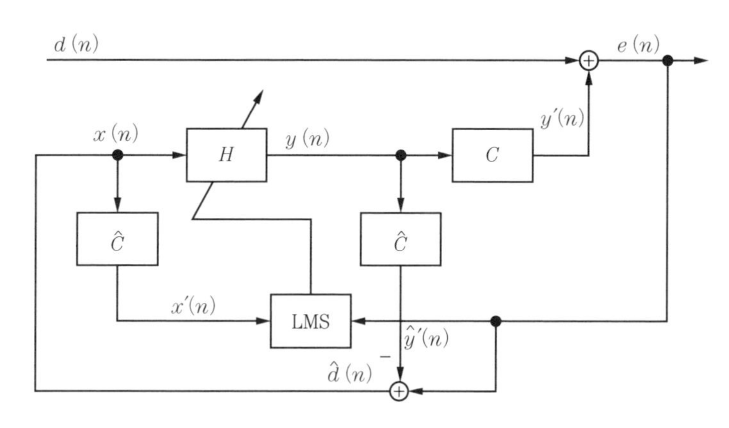

図 3.16 IMC 構成によるフィードバック制御のブロック図

この図において，騒音源からの騒音 $d(n)$ と二次音源からの擬似騒音 $y'(n)$ との干渉音（残留誤差）$e(n)$ が誤差マイクロホンで検出される。そして，その誤差信号 $e(n)$ から制御信号 $y(n)$ を二次経路モデルに通すことによって得られる推定擬似騒音 $y'(n)$ を差し引くことで，参照信号 $x(n) = \hat{d}(n)$ を生成する。その参照信号 $x(n)$ を適応ディジタルフィルタによって実現される制御フィルタ H に入力することで，制御信号 $y(n)$ を生成する。この図からもわかるように IMC 構成によるフィードバック制御においては，二次経路を推定した二次経路モデルが FXLMS アルゴリズムを実現するために用いられるのと同時に，内部で参照信号を生成するためにも用いられる。

図 3.16 のブロック図において，推定擬似騒音 $\hat{y}'(n)$ は二次経路と二次経路モデルが完全に一致する場合，誤差マイクロホン地点で観測される擬似騒音

$y'(n)$ と同一であるため，誤差信号との合成で生成される信号 $\hat{d}(n)$ は騒音 $d(n)$ と一致する。よって，この場合，図 3.16 は**図 3.17** のように等価的に置き換えることができ，このシステムはフィードフォワード制御として機能していることがわかる。したがって，制御フィルタは線形予測フィルタとして機能する。そのため，適切なタップ長は二次経路の特性と騒音の周期性に依存することになり，一般的に制御フィルタの特性は，周期音を抑圧できるような逆くし型フィルタの特性になることが知られている。

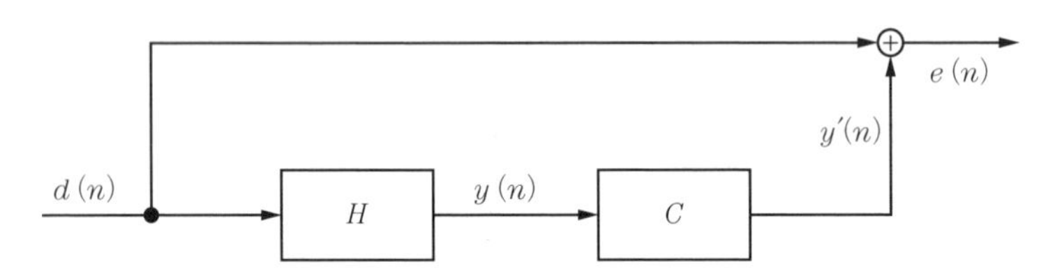

図 3.17　二次経路と二次経路モデルの特性が完全に一致する場合の IMC 構成の等価ブロック図

この制御方式では FXLMS アルゴリズムが用いられるため，フィードフォワード制御と同様に二次経路モデルのモデル化誤差がシステムの安定性に大きく影響を与える。また，二次経路モデルは参照信号の生成（騒音信号のレプリカ生成）にも利用されているため，フィードフォワード制御以上にモデル化誤差の影響は大きい。よって，この問題を解決するには，フィードフォワード制御と同じく ANC 稼動中にオンラインで二次経路を同定する方法を導入する必要がある。さらに，制御対象騒音に広帯域騒音が混在している場合には，その広帯域騒音が参照信号に混入し，制御フィルタはバイアスのかかった値に収束するため，システムが不安定になるおそれがある。よって，広帯域騒音が混在する場合にはその対策も必須となる。

3.6　バーチャルセンシング

三次元音場においてシングルチャネルフィードフォワード ANC を適用した

場合，誤差マイクロホン地点を中心に消音領域（quiet zone または zone of quiet，ZoQ）を生成することができるが，ZoQ の大きさは制御対象となる騒音の周波数（波長）によって決まる。具体的には，波長の 1/10 の直径の球状（もしくは三日月状）の範囲で 10 dB の騒音低減が実現される[37)~40)]。実際には，二次音源のサイズ，二次音源と誤差マイクロホンとの距離，騒音源の方向によって ZoQ の形状や範囲は異なることが知られている。例えば，100 Hz の騒音を制御する場合は ZoQ の直径は 34 cm であるが，1 000 Hz の騒音を制御する場合は ZoQ の直径は 3.4 cm と非常に小さくなる。

したがって，広帯域で騒音を制御する場合には，いかに消音領域（ZoQ）を所望の地点（通常はユーザの外耳道入口付近）に生成するかが重要である。しかしながら，ユーザの耳元などに誤差マイクロホンを設置できない場合には，そのままでは ZoQ をユーザの耳元付近に生成することは不可能である。このような場合にはバーチャルセンシング技術[41)~50)]を利用することで，実際に設置した誤差マイクロホン地点から離れた所望の領域に ZoQ を形成することができる。

バーチャルセンシング技術は事前学習を必要とする方法と必要としない方法に大別される。事前学習を必要としないバーチャルセンシング技術では一般的に多数のマイクロホン（マイクロホンアレイ）を利用して，物理的にマイクロホンが設置できない場所（バーチャルマイクロホンと呼ぶことにする）の音圧を推定して，バーチャルマイクロホン地点に ZoQ を生成する。一方，事前学習を必要とするバーチャルセンシング技術では，誤差マイクロホン地点とバーチャルマイクロホン地点との間の伝達関数やそれぞれのマイクロホン地点への二次経路の特性を事前に同定する。よって，事前学習の段階ではバーチャルマイクロホン地点に実際にマイクロホンを設置する必要がある。

ここでは，事前学習を必要とする文献 45)，50）のバーチャルセンシング技術について簡単に紹介する。**図 3.18** にバーチャルセンシング技術を用いた IMC 構成によるフィードバック制御のブロック図を示す。図においては事前学習ステップと制御ステップそれぞれの構成が示されている。

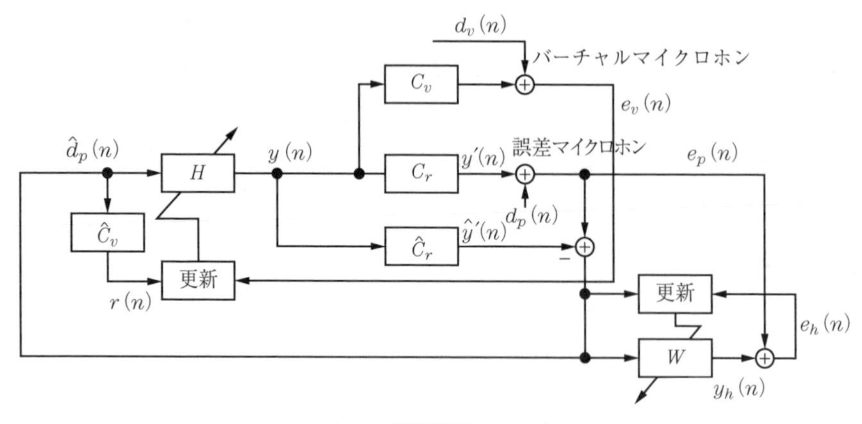

（a） 事前学習ステップ

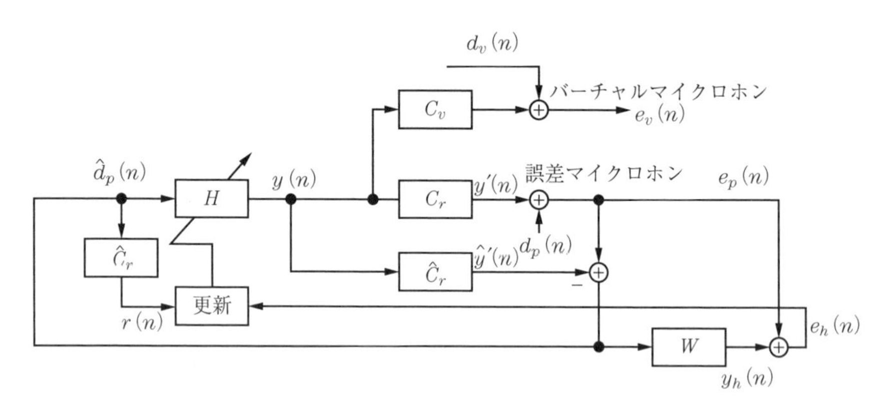

（b） 制御ステップ

図 3.18 バーチャルセンシングを利用した IMC 構成によるフィードバック制御

まず，事前学習ステップにおいて，制御フィルタ H はバーチャルマイクロホン位置で観測された誤差信号 $e_v(n)$ を用いて更新される。また，制御フィルタとは別の適応フィルタ W が図のように設置され，誤差マイクロホン位置で観測された誤差信号 $e_p(n)$ を所望信号として任意の適応アルゴリズムにより更新される。この追加の適応フィルタ W は収束すると最適な制御フィルタの情報を保持するようになる。一方，制御ステップにおいて，バーチャルマイクロホン位置から実際のマイクロホンは取り除かれ，誤差マイクロホンで観測され

た誤差信号 $e_p(n)$ と，事前学習ステップで求められた追加のフィルタ W の出力 $y_h(n)$ との差分 $e_h(n)$ により制御フィルタを更新する。これにより，バーチャルマイクロホン位置において最大の騒音低減効果が得られるようになる。

3.7 アルゴリズムの選択

アクティブノイズコントロールで利用される制御アルゴリズムは，本章で述べたようにフィードフォワード型とフィードバック型のアルゴリズムに区分されるが，実際の応用には両者の組合せによる実現や，パッシブ制御との組合せなど，多様な構成が考えられる。そのため，制御対象の周波数帯域や，初期費用や運用・保守費用を考慮した費用対効果で制御手法を決定すべきで，その枠組みの中で，アクティブノイズコントロール用アルゴリズムを選択することとなる。

その際，フィードフォワード型で非周期騒音を制御するには必ず因果律を満たす必要があり，そのためには，A-D/D-A 変換やセンサ，アクチュエータを含めた制御系全体の遅延よりも，騒音や振動の伝搬経路による遅延が大きくなくてはならない。この因果律の制約は，制御システム自体の大きさや設置環境による制約から，騒音や振動の伝搬経路が十分に確保できない場合は大きな障害となり，実質的にフィードフォワード制御が利用できない場合もある。この制約を緩和する一つの方法が，制御対象信号を周期性騒音に限定した制御アルゴリズムであり，多くの実装例がある。一方，フィードバック制御は，あらかじめ制御対象に対するモデルを内包することで参照信号が不要であり，フィードフォワード制御で問題となった騒音振動伝搬系での因果律の制約を大きく受けることなく，制御システムを実現できる。しかし，フィードフォワード制御に比べ，高いサンプリング周波数の制御系を実現することは演算量などの制約から困難で，比較的低い周波数域領域でのアクティブノイズコントロールに利用されている。

アクティブノイズコントロールの実用例については5章で具体的に記載され

ており，制御システムの実装例は，制御アルゴリズム選択の参考になる。

引用・参考文献

1) Nelson, P. A. and Eliott, S. J.：Active Control of Sound, Academic Press (1992)

2) Kuo, S. M. and Morgan, D. R.：Active Noise Control Systems-Algorithms and DSP Implementations, Wiley (1996)

3) Elliott, S. J.：Signal Processing for Active Control, Academic Press (2001)

4) Kajikawa, Y., Gan, W-S. and Kuo, S. M.：Recent advances on active noise control：open issues and innovative applications, APSIPA Trans. on Signal and Information Processing, **1**, e3 (2012)

5) Synder, S. D. and Hansen, C. H：the effect of transfer function estimation errors on the filtered-X LMS algorithm, IEEE Trans. on Signal Processing., **SP-42**, 4, pp. 950～953 (1994)

6) Chen, G., Abe, M. and Sone, T.：Evaluation of the convergence characteristics of the Filtered-X LMS algorithm in the frequnecy domain, J. Acoust. Soc. Jpn. (E), **7**, 4, pp. 195～202 (1996)

7) Eriksson, L. J. and Allie, M. C.：Use of random noise for on-line transducer modeling in an adaptive attenuation system, J. Acoust. Soc. Am., **85**, 2, pp. 797～802 (1989)

8) Bao, C. Sas, P. and Brussel, H. V.：Adaptive active control of noise in 3-D reverberant enclosures, J. of Sound and Vibration, **161**, 3, pp. 501～514 (1993)

9) Zhang, M., Lan, H. and Ser, W.：A robust online secondary path modeling method with auxiliary noise power scheduling strategy and norm constraint manipulation, IEEE Trans. on Speech and Audio Processing, **11**, 1, pp. 45～53 (2003)

10) Akhtar, M. T., Abe, M. and Kawamata, M.：Noise power scheduling in active noise control systems with online secondary path modeling, IEICE Electronics Express, **4**, 2, pp. 66～71 (2007)

11) Carini, A. and Malatini, S.：Optimal variable step-size NLMS algorithms with auxiliary noise power scheduling for feedforward active noise control, IEEE Trans. on Audio, Speech, and Language Processing, **16**, 8, pp. 1383～1395 (2008)

12) Kuo, S. M. and Wang, M.：Parallel adaptive on-line error-path modeling algorithm for active noise control systems, Electron. Letters, **28**, 4, pp. 375～377 (1992)

13) Kuo, S. M., Wang, M. and Chen, K.：Active noise control system with parallel on-line error path modeling algorithm, J. of Noise Control Engineering, **39**, 3 pp. 119～127 (1992)
14) 梶川嘉延，野村康雄：2次経路モデルを必要としないアクティブノイズコントロールシステム，信学論，**J82-A**，2，pp. 209～217 (1999)
15) Kajikawa, Y. and Nomura, Y.：Frequency domain active noise control system without a secondary path model via perturbation method, IEICE Trans. on Fundamentals, **E84-A**, 12, pp. 3090～3098 (2001)
16) Mori, T., Kajikawa, Y. and Nomura, Y.：Frequency domain active noise control systems using the time difference simultaneous perturbation method, IEICE Trans. on Fundamentals, **E86-A**, 4, pp. 946～949 (2003)
17) Tokoro, Y., Kajikawa, Y. and Nomura, Y.：Improvement of the stability and cancellation performance for the active noise control system using the simultaneous perturbation method, IEICE Trans. on Fundamentals, **E90-A**, 8, pp. 1555～1563 (2007)
18) Fujii, K., Muneyasu, M. and Ohga, J.：Simultaneous equations method not requiring the secondary path filter, in Proc. of ACTIVE 99, pp. 941～948 (1999)
19) Fujii, K., Hashimoto, S. and Muneyasu, M.：Application of a frequency domain processing technique to the simultaneous equations method, IEICE Trans. on Fundamentals, **E86-A**, 8, pp. 2020～2027 (2003)
20) Muneyasu, M., Hisayasu, O., Fujii, K. and Hinamoto, T.：An active noise control system based on simultaneous equations method without auxiliary filters, IEICE Trans. on Fundamentals, **E89-A**, 4, pp. 960～968 (2006)
21) Zhou, D. and DeBrunner, V.：A new active noise control algorithm that requires no secondary path identification based on the SPR property, IEEE Trans. on Signal Processing, **55**, 5, pp. 1719～1729 (2007)
22) Chaplin, G. B. B.：The Cancellation of repetitive noise and vibration, Proc. Inter-Noise '80, pp. 699～702 (1980)
23) Chaplin, G. B. B. and Smith, R. A.：Waveform synthesis-the ESSEX solution to repetitive noise and vibration, Proc. Inter-Noise '83, pp.399～402 (1983)
24) Ohnuma, T., Sugimura, J., Komura, Y., Nishimura M. and Arai, T.：Active control of exhaust noise of diesel engine by wave synthesis method, Proc. of International Symposium on Active Control of Sound and Vibration, pp. 267～272 (1991)
25) Nishimura, M.：Some problems of active noise control for practical use, Proc. International Sympo. on Active Control of Sound and Vibration., pp. 157～164 (1991)
26) Elliott, S. J. and Darlington, P.：Adaptive cancellation of periodic,

synchronously sampled interference, IEEE Trans. on Acoust., Speech and Signal Proc., **ASSP-33**, 3, pp. 715 ～ 717 (1985)

27) Shimada, Y., Nishimura, Y., Usagawa, T. and Ebata, M.：An adaptive algorithm for periodic noise with secondary path delay estimation, J. Acoust. Soc. Jpn. (E), **19**, 5, pp. 363 ～ 372 (1998)

28) Nishimura, M., Matsunaga, Y. and Hata, S.：Multi-timing synchronized multiple error Filtered-X-LMS algorithm and its application for reducing cab noise, Proc. ACTIVE'95, pp. 985 ～ 992 (1995)

29) Shimada, Y., Nishimura, Y., Usagawa, T. and Ebata, M.：Active control for periodic noise with variable fundamental-An extended DXHS algorithm with frequency tracking ability-, J. Acoust. Soc. Jpn. (E), **20**, 4, pp. 301 ～ 312 (1999)

30) Usagawa, T., Shimada, Y., Nishimura, Y. and Ebata, M.：An active noise control headset for crew members of ambulance, IEICE Trans. Fundamentals, **E84-A**, 2, pp. 475 ～ 478 (2001)

31) Elliott, S. J., Scothers, I. M., Nelson, P. A.：A multiple error LMS algorithm and its application to the active control of sound and vibration, IEEE Trans. Acoust. Speech Signal Processing, **ASSP-35**, pp. 1423 ～ 1434 (1987)

32) 浜田晴夫，兵藤英樹，半場道男，岡部馨，三浦種敏：アクティブ・ノイズコントロール・チェアの実現-エラースキャニング適応制御アルゴリズムの応用，信学技報，**EA90-2**，pp. 7 ～ 14（1990）

33) 宇佐川毅，西村義隆，苣木禎史：DXHS アルゴリズムによる救急車電子サイレン音の制御，日本騒音制御工学会講演論文集（2004）

34) 三好正人，金田豊：音場の逆フィルタ処理に基づく能動騒音制御，音響会誌，**46**，1，pp. 3～10（1989）

35) Nakashima, T. and Ise, S.：A theoretical study of the discretization of the boundary surface in the boundary surface control principle, Acoustical Science and Technology, **27**, 4, PP. 199～205 (2006)

36) Samejima, T.：A state feedback electro-acoustic transducer for active control of acoustic impedance, J. Acoust. Soc. Am., **133**, 3, pp. 1483 ～ 1491 (2003)

37) Joseph, P., Elliott, S. J. and Nelson, P. A.：Statistical aspects of active control in harmonic enclosed sound fields, J. of Sound and Vibration, **172**, 5, pp. 629～655 (1994)

38) David, A. and Elliott, S. J.：Numerical studies of actively generated quiet zones, Applied Acoustics, **41**, 1, pp. 63～79 (1994)

39) Joseph, P., Elliott, S. J. and Nelson, P. A.：Near field zones of quiet, J. of Sound and Vibration, **172**, 5, pp. 605～627 (1994)

40) Elliott, S. and Garcia-Bonito, J.：Active cancellation of pressure and pressure gradient in a diffuse sound field, J. of Sound and Vibration, **186**, 4, pp. 696～704

(1995)

41) Garcia-Bonito, J., Elliott, S. J. and Boucher, C. C.：Generation of zones of quiet using a virtual microphone arrangement, J. Acoust. Soc. Am., **101**, 6, pp. 3498～3516 (1997)

42) Rafaely, B., Elliott, S. J. and Garcia-Bonito, J.：Broadband performance of an active headrest, J. Acoust. Soc. Am., **106**, 2, pp. 787～793 (1999)

43) Kestell, C. D., Cazzolato, B. S., Ben, S. and Hansen, C. H.：Active noise control in a free field with virtual sensors, J. Acoust. Soc. Am., **109**, 1, pp. 232～243 (2001)

44) Pawelczyk, M.：Multiple input-multiple output adaptive feedback control strategies for the active headrest system：design and real-time implementation, Int. J. Adapt. Control Signal Process., **17**, 10, pp. 785～800 (2003)

45) Pawelczyk, M.：Adaptive noise control algorithms for active headrest system, Control Engineering Practice, **12**, 9, pp. 1101～1112 (2004)

46) Yuan, J.：Virtual sensing for broadband noise control in a lightly damped enclosure, J. Acoust. Soc. Am., **116**, 2, pp. 934～941 (2004)

47) Petersen, C. D., Zander, A. C., Cazzolato, B. S. and Hansen, C. H.：A moving zone of quiet for narrowband noise in a one-dimensional duct using virtual sensing, J. Acoust. Soc. Am, **121**, 3, pp. 1459～1470 (2007)

48) Moreau, D. J., Ghan, J., Cazzolato, B. S. and Zander, A. C.：Active noise control in a pure tone diffuse sound field using virtual sensing, J. Acoust. Soc. Am, **125**, 6, pp. 3742～3755 (2009)

49) Elliott, S. J. and Cheer, J.：Modeling local active sound control with remote sensors in spatially random pressure fields, J. Acoust. Soc. Am., **137**, 4, pp. 1936～1946 (2015)

50) Miyazaki, N. and Kajikawa, Y.：Head-mounted active noise control system with virtual sensing technique, J. of Sound and Vibration, **339**, pp. 65～83 (2015)

ハードウェアとシステム構成

ものづくりの過程において，原理的な仕組みを理解することは重要であるが，その設計方法を理解することも同様に重要である。電気回路を用いるシステムに関しては設計のための方法論がほぼ確立されており，例えば，音響系と電気系の相互作用を含むシステムの安定性解析はフィードバック型のアクティブノイズコントロールシステムを実現するために必要なツールである。またディジタル信号処理を用いるシステムに関しては，設計方法に関する技術は日々進歩しており，より大規模で複雑なシステムを開発するためのツールが利用できる。設計ツールが便利になるとともに，DSP の内部構成を知らなくても，システムの開発は可能となってきたが，逆に内部で行われている信号処理の詳細を理解することが困難になりつつある。本章ではそのような状況を踏まえて，アナログシステムの設計方法として安定性解析を紹介し，またディジタルシステムを設計するための基礎知識として DSP の一般的なアーキテクチャについて説明する。さらに，実際にアクティブノイズコントロールシステムを設置する場合の手順や注意するべき点についても述べる。

4.1 アナログシステム

アクティブノイズコントロールはきわめて多くの理論を利用しているが，スピーカなどのアクチュエータを用いるという点では音響学の学問分野では電気音響分野に端を発すると考えてよい。電気音響学はもともとはスピーカやマイクロホンなどの電気・音響変換に関する物理学であり，信号理論，システム理論，制御理論，回路理論などを基礎に発展し，最近ではディジタル信号処理の応用が主流となってきた。ここでは，フィードバック型のアクティブノイズコントロールシステム（ANC システム）を実現するための電気音響理論に関する伝統的な枠組みを紹介する。

4.1.1 ラプラス平面

現在，一般的に用いられているスピーカは電磁型であり，永久磁石によって磁界の中に置かれたコイルに電流を流すことで機械的な振動を生成し，音を発生する。マイクロホンもほぼ同じ原理であり，マイクロホンやスピーカは電気と音響を変換するメカニズムをもつ。それらを接続し，さらにアナログの電気回路を用いて望みの音場を生成するシステムを設計する場合には，電磁気学，信号理論および古典的な制御理論などを含む電気音響理論を理解する必要がある。ここでは，アナログシステムの設計における一つのキーとなるラプラス平面についてまず説明する。

ラプラス平面とはラプラス変換により得られた空間であり，ラプラス変換はフーリエ変換を理解していれば，理解することができる。

例えば**図 4.1** のように，一つの入力 $x(t)$ と一つの出力 $y(t)$ をもつ，ある線形時不変システム $h(t)$ を考える。システム $h(t)$ の周波数特性を調べるためには次式のようなフーリエ変換を使えばよい。

$$H(\omega) = \int_{-\infty}^{\infty} h(t) e^{-j\omega t} dt$$

ところでシステム $h(t)$ は安定であるとは限らないため，フーリエ変換したときに有限の値をもたない場合がある。例えば次式で表される伝達関数をもつシステムについて考えてみる。

$$h(t) = e^{-\alpha t} u(t) \tag{4.1}$$

ただし，$u(t)$ は時間が負のときには 0，正のときには 1 の値をもつ関数，すなわち単位ステップ応答であり，$h(t)$ を因果性システムとして表現するために用いるものである。

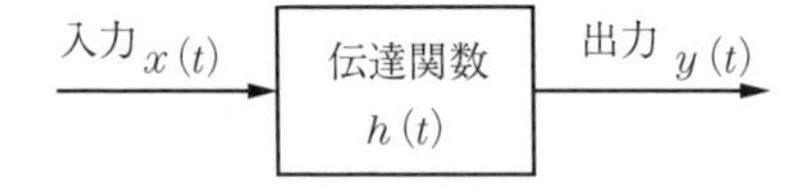

図 4.1　一入力一出力システム

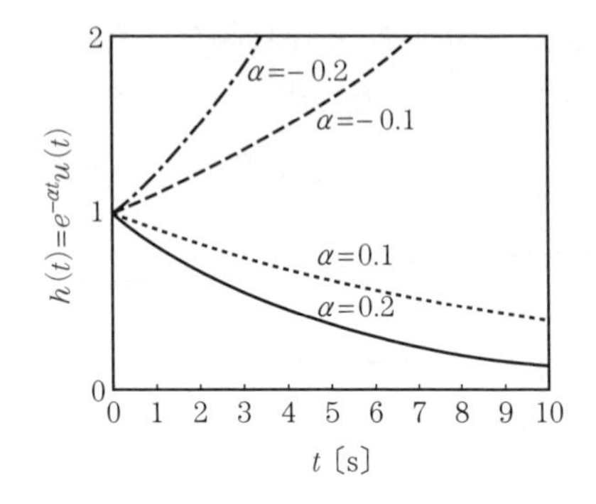

図 4.2　システムの伝達関数の例

例えば，図 4.2 のように $h(t)\,(=e^{-\alpha t}u(t))$ は $\alpha>0$ のときは時間とともにだんだん小さくなり 0 に収束する。それに対して $\alpha<0$ のときには $h(t)$ は時間とともにだんだん大きくなる。フーリエ変換したときに前者はある有限の値をもつが，後者は無限大の値となる。ここで $h(t)$ に時間的に減衰する関数を乗じることによって，フーリエ変換の値を収束させることができる。例えば $e^{-\sigma t}$ を乗じてからフーリエ変換するわけである。式で表すとつぎのようになる。

$$H(\sigma,\omega)=\int_{-\infty}^{\infty}h(t)e^{-\sigma t}e^{-j\omega t}dt \tag{4.2}$$

$\alpha<0$ のときでも $\sigma>-\alpha$ であれば，この変換は値をもつことになる。このような変換をラプラス変換と呼ぶ。フーリエ変換は ω の軸上の関数となるが，ラプラス変換は ω と σ の二つの軸をもつため平面上に分布する関数となる。通常は σ が実軸で $j\omega$ を虚軸とする複素平面上の関数して描かれる。$s=\sigma+j\omega$ として式（4.2）を書き直すとつぎのようになる。

$$H(s)=\int_{-\infty}^{\infty}h(t)e^{-st}dt \tag{4.3}$$

また，ラプラス平面は $s=\sigma+j\omega$ の実軸と虚軸による複素平面を意味するため，s 平面とも呼ばれる。

4.1.2　回　路　理　論

機械系において振動現象を定式化する場合に質量，ばね定数，摩擦抵抗などが物理定数として用いられるが，これらは電気系ではコイル，コンデンサ，抵抗素子にそれぞれ相当し，同じ形で定式化することができる。例えば静電容量 C〔F〕のコンデンサ，インダクタンス L〔H〕のコイル，電気抵抗 R〔Ω〕の抵抗素子を直列に接続する場合，そのインピーダンスは $R + j\omega L + 1/j\omega C$ と表される。この回路の両端に電圧信号を入力し，例えばその中から抵抗 R の電圧を出力として取り出す場合，システムは

$$H(\omega) = \frac{R}{R + j\omega L + 1/j\omega C}$$

と表される。ラプラス変換で表すと

$$H(s) = \frac{R}{R + sL + 1/sC}$$

となる。整理すると

$$H(s) = \frac{Rs}{Ls^2 + Rs + 1/C}$$

となる。この場合，$H(s)$ は分母が s の二次，分子が s の一次の式で表されているため，$H(s) = \infty$ となる s の解が二つあり，また $H(s) = 0$ となる s の解が一つあることがわかる。つまり，二つの極と一つの零点をもつシステムである。ラプラス平面上の $s = 0$ に零点があり，また $Ls^2 + Rs + 1/C = 0$ となる s の位置に極が存在する。このように電気系や機械系のシステムはラプラス平面上に零点および極をもつ関数として表される。

4.1.3　システムの安定性

4.1.1 項で例として挙げた式（4.1）のような伝達関数をもつ回路について考えよう。このような回路は電気系では抵抗素子とコンデンサのみで，機械系ではばねとダンパのみで実現することができる。$e^{-\alpha t}u(t)$ はラプラス変換すると $1/(s + \alpha)$ となる。ただし，前述したようにラプラス変換の値は $\sigma > -\alpha$ のとき，すなわち $\mathrm{Re}\{s\} > -\alpha$ のときに有限の値をもつ。ここで $H(s) = 1/(s + \alpha)$ の値が無限大となる s，すなわち極は $s = -\alpha$ の位置にある。つまり，$H(s)$ の値はラプラス平面上で極よりも実部が大きい範囲（ラプラス平面

上で極よりも右側）で有限の値をもち，実部が極よりも小さい範囲（ラプラス平面上で極よりも左側）では無限大となる。ここで $s = \sigma + j\omega$ に関して実部が 0 （$\sigma = 0$）のときの s の値，すなわち虚軸上にフーリエ変換の値が存在することを思い出そう。つまり，フーリエ変換の値を意味する虚軸上で有限の値をもつためには，極が虚軸よりも左側にある必要がある。言い換えると，極がラプラス平面の左側にあればシステムは安定しているということができる。

4.1.4　ラプラス平面の幾何学的理解

システムを解析するとラプラス平面上に極や零点が配置されると述べたが，実際にわれわれが知りたいのは極や零点の配置ではなく，それがどのような伝達特性のシステムを実現するのかということである。特にそのシステムが安定かどうか，不安定だとしたらどの周波数帯域で不安定か，ということを知りたいのである。ここではその基礎的な準備として零点と極が周波数特性に与える影響をラプラス平面上で幾何学的に理解しよう。

まず R 個の零点と P 個の極をもつシステムはつぎのように表される。

$$H(s) = \frac{\prod_{i=1}^{R}(s - b_i)}{\prod_{j=1}^{P}(s - a_j)} \tag{4.4}$$

このように分子と分母が多項式になるため一見複雑に見えるが，理論的には一次のシステムの線形結合で表されると考えてよい。一次のシステムとは零点か極のどちらか一つをもつシステムである。

まず一つの零点をもつシステム，例えば $H(s) = s - b$ というシステムを考えよう。$H(s)$ は $s = b$ に零点をもつシステムである。フーリエ変換すると $H(\omega) = j\omega - b$ となる。

ここで，$\omega = \omega_1$ のときの $H(\omega)$ を複素平面上で考えよう。$j\omega_1 - b$ は複素平面上の点 b から点 $j\omega_1$ へのベクトルを表す。**図 4.3** のようにこのベクトルを $\overrightarrow{b\omega_1}$ とすると，$H(\omega) = \overrightarrow{b\omega_1}$ と考えてよい。したがって，$H(\omega_1)$ の振幅 $|H(\omega_1)|$ はベクトル $\overrightarrow{b\omega_1}$ の長さを意味し，また位相 $\angle H(\omega)$ はベクトル $\overrightarrow{b\omega_1}$ の実軸となす角度 $\angle \overrightarrow{b\omega_1}$ を意味する。

つぎに一つの極をもつシステム，例えば $H(s) = 1/(s - a)$ というシステムを考えよう。前述と同じベクトルの表現を用いて考えると，振幅 $|H(\omega_1)|$ はベクトル $\overrightarrow{a\omega_1}$ の長さの逆数であり，また位相 $\angle H(\omega_1)$ はベクトル $\overrightarrow{a\omega_1}$ が実軸となす角度の負の値となる。

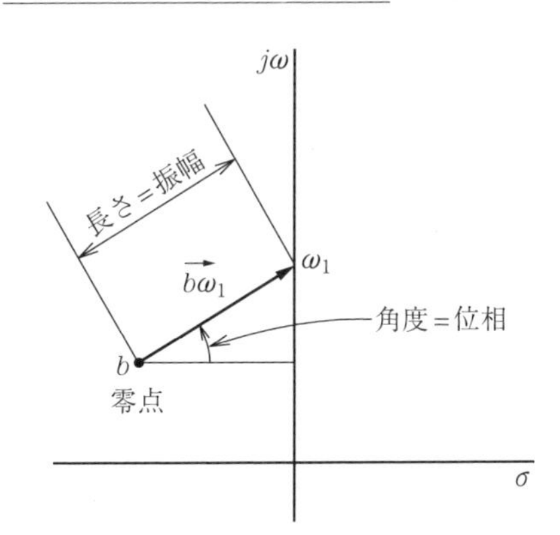

図 4.3　零点の幾何学的理解

したがって，式 (4.4) で表されるシステムの周波数振幅特性はベクトル $\overrightarrow{b_i\omega}$ の $i = 1, \cdots, R$ についての長さの積をベクトル $\overrightarrow{a_j\omega}$ の $j = 1, \cdots, P$ についての長さの積で割ったものに等しい。また，周波数位相特性はベクトル $\overrightarrow{b_i\omega}$ の実軸となす角度の $i = 1, \cdots, R$ についての和をベクトル $\overrightarrow{a_j\omega}$ の実軸となす角度の $j = 1, \cdots, P$ についての和で引いたものに等しい。したがって，つぎのように表現できる。

$$|H(\omega)| = \frac{\prod_{i=1}^{R} \overrightarrow{b_i\omega}}{\prod_{j=1}^{P} \overrightarrow{a_j\omega}} \tag{4.5}$$

$$\angle H(\omega) = \sum_{i=1}^{R} \angle \overrightarrow{b_i\omega} - \sum_{j=1}^{P} \angle \overrightarrow{a_j\omega} \tag{4.6}$$

4.1.5　ナイキスト安定判別法

全極システム

$$H(s) = \frac{1}{\prod_{j=1}^{P}(s - a_j)} \tag{4.7}$$

の解の安定性について考える。$H(s)$ が安定したシステムであるためには，極 $a_j\,(j = 1, \cdots, P)$ がすべてラプラス平面の左側にある必要があることは 4.1.3 項で述べた。ここで，$H(s)$ の分母を $G(s) = \prod_{j=1}^{P}(s - a_j)$ とすると，$G(s)$ のすべての零点がラプラス平面の左側に存在するべきである。$G(s)$ の零点がラプラス平面の右側に存在するかどうかを確かめる方法としてナイキスト安定判別法を紹介する。

まず，ラプラス平面上において，ある零点 a を取り囲む s の軌跡を想定し，その軌跡を時計回りに変化させたときの $G(s)$ の値の変化について考える。例えばラプラス平面上で a を中心とした半径 r の円上で時計回りに s を移動させたときの，$G(s)$ の軌跡を $\mathrm{Re}[G(s)]$ と $\mathrm{Im}[G(s)]$ の平面上に描いてみよう。このとき a と s との距離は変化しないため，振幅は一定である。また位相は a から s へのベクトルと実軸とのなす角度に等しいため，ラプラス平面上で時計回りに一周すれば $G(s)$ 平面上でも同じように時計回りに一周する。したがって，**図 4.4** のようになる。

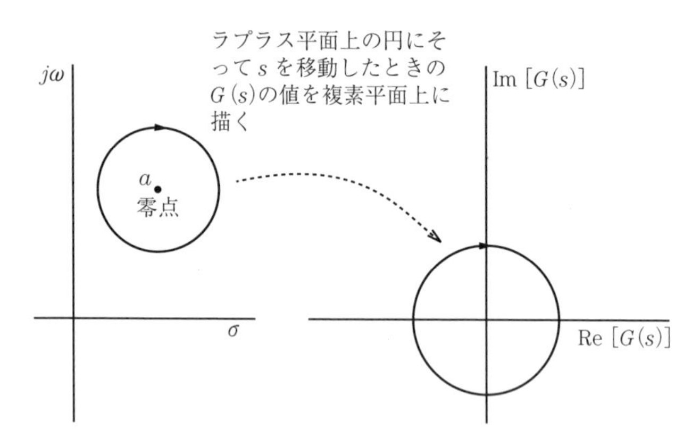

図 4.4　周回性の基本

一般に s の描いた軌跡が閉じており，その軌跡を時計回りに一周描いたとき，その軌跡の内部に零点 a が一つ存在すれば，$G(s)$ 平面上で原点を時計回りに一周囲む軌跡が描かれる。零点が n 個存在すれば $G(s)$ 平面上で原点を n 周囲む軌跡が描かれる。

このような性質を利用すれば，例えばラプラス平面の右半面を取り囲む大きな軌跡を描くことによって，その内部に零点があるかどうかを調べることが可能となる。

例えば，**図 4.5** のように，零点がラプラス平面上の右半面に二つあるとする。$\omega = -\infty \to \infty$ に対するベクトル軌跡を $G(s)$ に関する複素面に描く。右

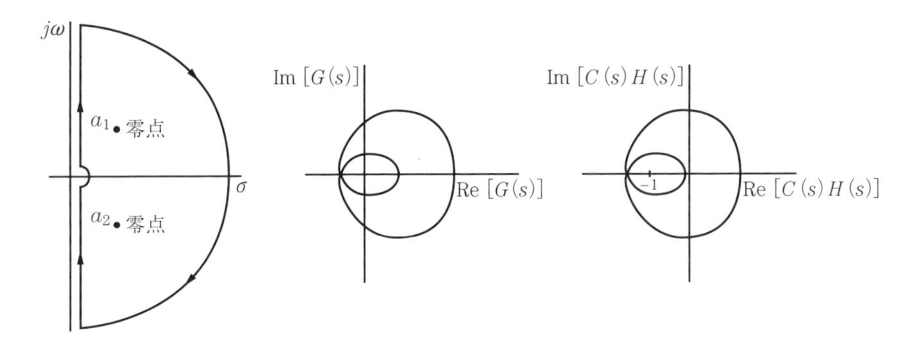

図 4.5　ナイキストの安定判別法

半面を完全に囲むためにはラプラス平面において半径無限大の円弧を描く必要があるが，ラプラス平面において原点から半径無限大の距離にある $G(s)$ は同一の値となるため，円弧上を移動する必要はない。したがって，この例では図のように，原点を二周する軌跡が複素平面上に描かれるはずである。このように複素平面上において原点を時計回りに何周するかを調べるのである。

原点を囲んで時計回りに n 周すれば，その内部に零点が n 個存在することがわかる。そのときシステム $1/G(s)$ はラプラス平面の右半面に極があることになり，システムは不安定だと判断される。逆に原点を含まないか，あるいは含んでも反時計回りに軌跡を描く場合にはシステムは安定だと判断される。

4.1.6　フィードバック制御システムの安定性

3 章で示したようなフィードバック制御システム（図 3.13）の伝達関数は以下のように示される。

$$H(s) = \frac{1}{1 + C(s)H(s)} \tag{4.8}$$

ただし $C(s)$ はスピーカからマイクロホンへの伝達特性，$H(s)$ コントローラの伝達特性である。ここで 4.1.5 項と同じ手続きでシステムの安定性について考える。すなわち $H(s) = 1/(1 + C(s)H(s))$ が右半面に極をもつかどうかを調べるためには，$G(s) = 1 + C(s)H(s)$ が右半面に零点をもつかどうかを調べればよい。したがって，$G(s)=1+C(s)H(s)$ に関して $\omega=-\infty\to\infty$ に対するベクトル軌跡を描けばよい。そのベクトル軌跡が原点を囲んで時計回りに描かれることがなければシステムは安定していると判断できる。また図4.5の右の図のように $C(s)H(s)$ に関してのベクトル軌跡を描き，$-1+j0$ を囲みながら時計回りに軌跡が描かれるかどうかを調べてもよい。

実際にフィードバック制御システムのコントローラを電子回路として設計する際には，まずスピーカとマイクロホン間の伝達特性 $C(s)$ を測定し，設計した回路から導かれた伝達関数 $H(s)$ を乗じたものに関して周波数を変化させたときの $C(s)H(s)$ の軌跡を複素平面上に描き，安定性を調べるわけである。

4.2　ディジタルシステム

4.2.1　DSPの一般的なアーキテクチャ

これまで市販されてきたディジタル信号処理専用のLSI，すなわちDSPにはさまざまなものがあるが，いわゆる汎用DSPは自分でアルゴリズムをプログラムすることができるLSIである。FIRフィルタ，LMSアルゴリズムで動作する適応フィルタ，FFTなど特定のアルゴリズムのみが動作するDSPもいままで開発されてきているが，現在ではあまり使われていない。ここでは汎用DSPの一般的なアーキテクチャについて理解するため，FIRフィルタおよびLMSアルゴリズムを例としてその内部動作について説明する。

〔1〕　FIRフィルタ

ディジタルFIRフィルタにおける入出力信号の関係式はつぎのようになる。

$$y[n]=\sum_{i=0}^{N-1}a[i]x[n-i] \tag{4.9}$$

ただし，$a[i]$ は i 番目のフィルタ係数値，$x[n]$ は n 回目の入力信号，$y[n]$ は n 回目の出力信号，N はフィルタタップ長である。このようにフィルタ動作は数式では1行で表すことができるが，DSPを用いて実現するためにはいくつかの手順を踏む必要がある。FIRフィルタを実現するための最低限のハードウェア構成を**図4.6**に，そのプログラムのフローチャートを**図4.7**に示す。

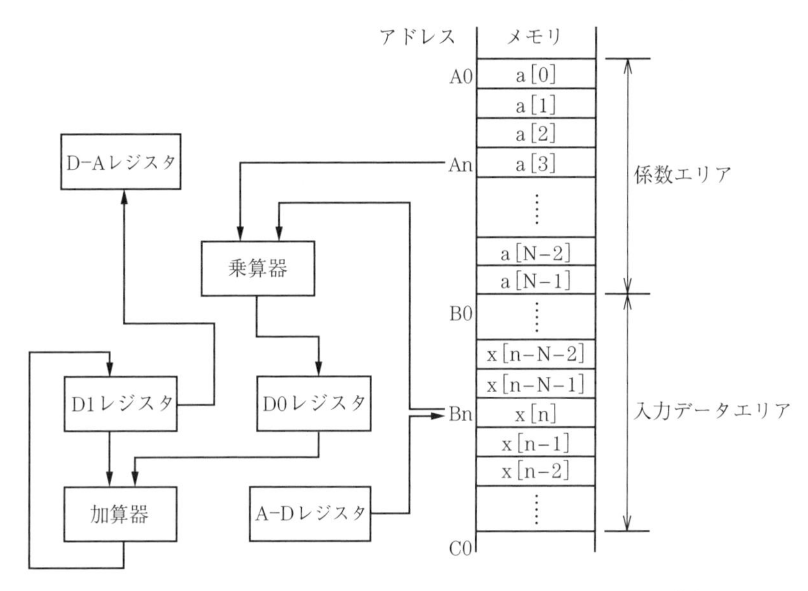

図 4.6　FIR フィルタを実現するための最低限のハードウェア構成

図 4.6，図 4.7 に示すようなアルゴリズムを高速で実現するための DSP のアーキテクチャとして三つの典型的な特徴を示す。

（1）**ループ制御**　プログラムにおけるループ文は条件文を含み，条件式を計算し，その結果によりプログラム中でジャンプする必要があるため，通常の CPU では数クロックかかる。ループ制御は，ループの開始アドレス，終了アドレス，ループ回数などのレジスタを用意してハードウェアにより制御することによって高速なループを可能としている。ループ文に関する条件式の計算やジャンプ命令を並列処理化することによって，実質的には 0 クロックでループ制御を行うことも可能である。

（2）**巡回アドレッシング**　FIR フィルタリングでは過去の入力信号を記憶しておく必要があり，新しい入力信号が入るたびに入力データの配列は変化する。例えば式 (4.9) において入力信号 $x[n]$ の配列は毎サンプル変化する。$x[n]$ をメモリ中に新しい順に並べておけば，$x[n]$ に対して連続的にメモリにアクセスできるため，ループ文を単純なプログラムで記述でき高速な計算にな

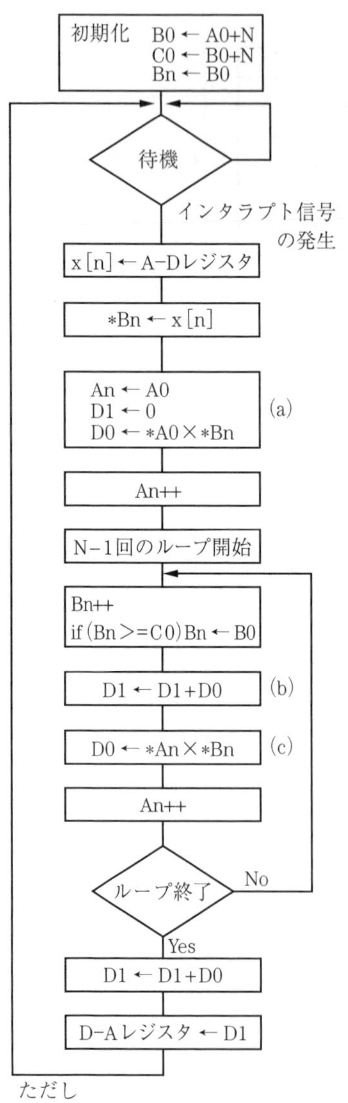

図 4.7　FIR フィルタを実現するためのフローチャート

るが，サンプルごとにメモリの中身をシフトする必要が生じる。巡回アドレッシングではデータ配列の最小アドレス，最大アドレス，開始アドレスなどのレジスタを用意することにより，データ配列をメモリ内で不連続に配置するものである。開始アドレスが変化したときには，開始アドレスは最大アドレスの範囲内を超えていれば，開始アドレスが最小アドレスに設定される。例えば図 4.6 のようにアドレス Bn を一つ増やした後，Bn の値が C 0 以上であれば Bn は B 0 に設定される。これは図 4.7 のループ開始直後の if 文に相当するが，巡回アドレッシングではアドレスを増やしたときにアドレスを最小，最大の範囲内に設定する処理をハードウェアによって行う。

（3） 並列処理　　式 (4.9) の FIR フィルタでは N 回の累積加算を行っているが，乗算器および加算器をそれぞれ独立に同時に動作することができる場合には，乗加算を 1 クロックで動作させることができる。通常は乗算した結果を加算するため，乗算と加算を同時にはできない。しかし，最初の配列についての乗算を前もって計算しておくことによって，加算とつぎの乗算を同時に行うことが可能となる。例えば図 4.7 のフローチャートで示すように，最初の配列の乗算 D0 ← a[0] × x[n]（図中の(a)）をあらかじめ計算しておけば，その結果に関する加算 D0 ← D1 + D0（図中の(b)）とつぎの配列に関する乗算 D0 ← a[1] × x[n − 1]（図中の(c)）を同時に行うことができる。このような並列処理を実現するアーキテクチャを備える DSP では乗算器と加算器が独立に動作し，レジスタ間の同時転送を可能とするために内部データバス（データの通り道）を複数化し，アドレス計算専用のハードウェアユニットが備えられている。

上記のループ制御，巡回アドレッシングと並列処理を併用することによって FIR フィルタにおける 1 回のループを 1 クロックで行うことが可能となる。

〔2〕 LMS アルゴリズム

適応 FIR フィルタでは，FIR フィルタと同時にフィルタ係数の更新計算を行う。LMS アルゴリズムによる適応 FIR フィルタではつぎのような計算が 1 サンプルごとに行われる。

$$\left.\begin{aligned} y[n] &= \sum_{i=0}^{N-1} a_n[i]x[n-i] \\ e[n] &= d[n] - y[n] \\ a_{n+1}[i] &= a_n[i] + \mu e[n]x[n-i] \qquad (i = 0, \cdots, N-1) \end{aligned}\right\} \tag{4.10}$$

ただし，$a_n[i]$ は n 回目の更新における i 番目の係数値，$d[n]$ は n 回目の出力信号の目標値，μ は更新ステップサイズである。**図 4.8** に LMS アルゴリズムのフローチャートを示す。

このフローと図 4.7 を組み合わせることにより，式（4.10）の LMS 適応 FIR フィルタを実現することができる。

式（4.10）の FIR 係数の更新計算では，係数メモリから計算のためのレジスタへの転送，新しい係数値の計算，その結果の格納されたレジスタから係数メモリへの転送という手順が必要であり，係数メモリとレジスタ間の転送が 2 回ある。つまり乗算を 1 クロックで並列に処理できたとしても，データバスを使用する 2 回の転送は同時にできないため，少なくとも 1 回のループに 2 クロックサイクルかかる。したがって，図 4.7 の FIR フィルタと組み合わせると

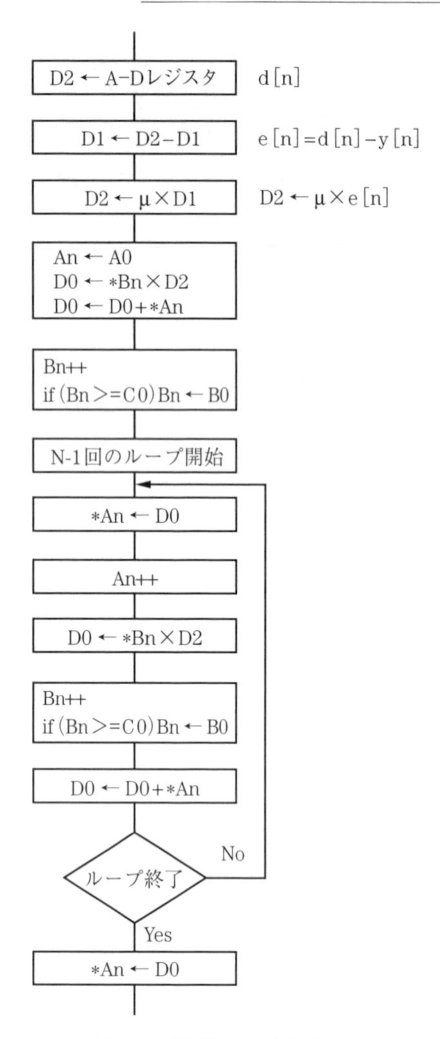

図 4.8　LMS アルゴリズムのフローチャート

1 回のループで 3 クロックサイクルかかることになる。

係数の更新について 1 サンプル過去の更新計算を行うことによりレジスタ間の転送を 1 回にすることができる。このときフィルタ更新式はつぎのようになる。

$$
\left.
\begin{aligned}
y[n] &= \sum_{i=0}^{N-1} a_n[i]x[n-i] \\
e[n] &= d[n] - y[n] \\
a_{n+1}[i] &= a_n[i] \\
&\quad + \mu e[n-1]x[n-i-1] \\
&\quad (i = 0, \cdots, N-1)
\end{aligned}
\right\}
\tag{4.11}
$$

このような処理を行うことによって図 4.7 と図 4.8 で 2 回現れていたループを一つにまとめることが可能となるため，独立かつ同時に動作する乗加算器をもつ DSP は原理的に 1 回のループを 2 クロックサイクルで適応 FIR フィルタの計算を行うことができる。

4.2.2　設　計　手　順

汎用 DSP を用いてシステムを開発する場合には，まず DSP の性能について熟知する必要がある。そのために各メーカーは評価ボードを含めるソフトウェア開発環境を用意している。DSP で所定のアルゴリズムを実現するためのソフトウェアは，あらかじめ用意されたサンプルプログラムなどを参照しながら作成することができ，C言語などの高級言語で書かれたプログラムをアセンブラ言語，さらにはROMイメージにコンパイル，リンクするソフトウェアをメーカーは用意している。パーソナルコンピュータ（以降，パソコン）上で開発したソフトウェアをコンパイルし，シリアルケーブルを介して評価ボードに転送することにより，DSPが正しくアルゴリズムを実行するかどうかを確認することができる。評価ボードにはA-D，D-A変換器があらかじめ搭載されたものが多く，入出力信号を観察することによって望みのアルゴリズムが実現しているかどうかを実験的に確かめることができる。また，作成したアルゴリズムの動作を確認するためにエミュレータが用意されている。エミュレータは開発したアルゴリズムの動作を確認するためにDSP内のレジスタやメモリの値を表示する機能をもつ。ソフトウェア上で動作するエミュレータとハードウェア上で動作するエミュレータがある。前者はパソコン内でソフトウェアで擬似的に動作させるDSPの挙動を確認するものである。後者についてはかつてはDSPと同じ形をしたプローブを基板に装着して，回路基板上におけるDSPや周辺ICのふるまいを調べるものが多かった。しかし，最近は汎用DSPの多様化に伴い，DSP内にエミュレータの機能をもつものが多い。この機能はJTAGエミュレータと呼ばれ，DSPの制御やDSP内の状態の表示をパソコンによって行うために，パソコンを接続するためのJTAG端子がDSPに設けられている。

音声認識などの大規模な信号処理を行う場合にはC言語などの高級言語でのプログラム開発が便利である。しかし，C言語では並列処理が記述できないため，DSPの最大能力を引き出すための最適化コンパイラが必要となる。実際には十分な最適化は難しいため，実時間処理が必要な部分についてはアセンブラで記述するほうがよい。例えば全体のプログラムをいったんC言語で記述し，高速化が必要なFIRフィルタやLMSアルゴリズムなどについては，中間出力されたアセンブラをサンプルプログラムを参照しながら前述の巡回アドレッシングや並列処理などを利用して記述する方法をとるとよい。

4.3 アクティブノイズコントロールシステムの設置手順

ディジタル信号処理技術を用いてアクティブノイズコントロールシステムを実現するためにDSPシステムの開発は必須であるが，それがすべてではない。適切なアルゴリズムは理論上は騒音を最小化するが，騒音の低減効果は騒音源の種類，二次音源やエラーセンサの位置関係に強く依存する。また，エラーセンサの出力を最小化できたとしても，目的とする空間範囲での騒音低減効果を得られるかどうかは，騒音の種類，騒音が存在する空間の特性，音場における音響エネルギーのふるまいなどに依存してくる。さらに，ある周波数帯域で十分なアクティブノイズコントロールによる低減効果が得られたとしても，騒音が小さくならない周波数帯域が残っていれば，心理的な効果が得られない可能性もある。そのようなすべての要求を満たすためには最終的にはつくってみなければわからないという状況になる。騒音問題は最終的には心理的な問題であり，個人を超えて社会的な関係までも含むため，その効果の定量化が難しいという現実がアクティブノイズコントロールの実用化を遅らせているということもできる。したがって，アクティブノイズコントロールの実用化は一つのチャレンジであるが，完全な失敗で終わらせないためには，いずれかの段階で失敗するリスクを考慮したうえでアクティブノイズコントロールシステムを設置することが必要となる。

4.3.1 アクチュエータとセンサの設置方法

アクティブノイズコントロールシステムは，制御したい位置での騒音からの信号を予測し（予測システム），予測した信号と同じ信号を制御したい位置で得られるように二次音源への入力信号を計算し（逆システム），その反転信号を二次音源へ入力するという三つの機能を有する。すなわちつぎのようになる。

① ある位置における騒音による音波を予測する（予測システム）。

② ある位置において望みの音波を生成する二次音源への入力信号を計算する（逆システム）。

③ 信号を反転する。

これらの三つの機能をもつシステムを直列に接続したものがアクティブノイズコントロールシステムである。

4.3.2 コヒーレンス

ノイズセンサは，エラーセンサの位置での音波を予測するための予測システムへの入力信号を得るためのものである。したがって，予測の精度を高めるためにはエラーセンサの位置における音波と相関（コヒーレンス）の高い信号を得る必要がある。実際には完全な予測はできないため，予測誤差が生じる。アクティブノイズコントロールシステムは予測できる範囲の音波は打ち消すことができるが，当然予測できない範囲の音波を打ち消すことはできない。したがって，アクティブノイズコントロールシステムの最大の制御効果は予測誤差のSN比から計算することができる。すなわち次式のようになる。

アクティブノイズコントロール最大制御効果のレベル

＝騒音信号のレベル－予測誤差信号のレベル (4.12)

予測信号のレベルは線形予測システムを用いて計測することができる。例えばすでにDSPを使用してアクティブノイズコントロールシステムの実験段階にある場合には，開発したアクティブノイズコントロールシステムのLMSアルゴリズム適応フィルタを用いて線形予測を行えばよい。ノイズセンサを入力信号として，エラーセンサと線形予測システムの出力信号の差を予測誤差信号として適応フィルタを駆動し，予測誤差信号のレベルを計測すればよい。

4.3.3 因　果　律

あるシステム $h(t)$ に信号 $x(t)$ を入力したときに出力信号 $y(t)$ が得られたとする。逆システム $h(t)^{-1}$ は入力信号を $y(t)$ としたときに出力信号 $x(t)$ が得られるようなシステムである。もとのシステムが最小位相系であれば逆システムは因果律を満たすが，音響システムは最小位相系ではないためその逆システムは因果律を満たさない。しかし，アクティブノイズコントロールシステムが全体で因果律を満たせばよいため，上記の予測システムと逆システムを合成した伝達関数が因果性を満たすようにすればよい。因果性を考慮すると二次音源とエラーセンサはなるべく近いほうがよい。またノイズセンサは因果性という面ではエラーセンサから遠ざけたほうがよいが，予測精度を保つためにはエラーセンサに近づけたほうがよい。

4.3.4　フィルタタップ長

閉じた空間内でアクティブノイズコントロールを行う場合には壁面からの反射がシステムの性能に影響する。残響は予測システムおよび逆システムの両者に影響する。逆システムに関しては，二次音源とエラーセンサを近づけて直接音の大きさを残響音よりも相対的に大きくすることによって，ある程度残響の影響を小さくすることができる。また，予測システム，逆システムともに残響が長くなるに従って，その伝達関数も複雑になるためより多くのフィルタタップ長が必要となる。

また，二次音源からノイズセンサへのフィードバックが生じる場合にはアクティブノイズコントロールシステムの性能が低下する可能性がある。フィードバックの影響はシステムに多くの極をもたせる可能性があり，不安定になり，システムのインパルス応答長が長くなる。したがって，フィードバックの影響を吸収するためにはフィルタタップ長を十分長くする必要がある。あるいはフィードバックをキャンセルするシステムを挿入することにより，フィードバックによって生じる極をなくすことが可能となる。

4.4　アクティブノイズコントロールシステムのモジュール化

複数の二次音源，エラーセンサを用いてアクティブノイズコントロールシステムを実現する場合には多チャネルの適応アルゴリズムが採用される。チャネル数が多くなるとそのシステムは大規模なものとなり，システムの開発がきわめて困難となる。ところで，フィルタの誤差信号とフィルタ係数あるいは誤差特性曲面の勾配ベクトルに関する線形性に着目すると，マルチチャネルの適応フィルタを多数の同一モジュールに分割できる[1]。その特徴を生かしてアクティブノイズコントロールシステムをモジュール化することの利点を述べる。

4.4.1 複数の誤差信号をもつフィルタの性質

〔1〕 フィルタ係数の線形性

図 4.9 は誤差信号を 2 系統もつフィルタである。まず誤差信号が e_1 のみの場合について考える。ウィーナーフィルタ理論によれば誤差信号 e_1 の二乗平均値 $E[e_1^2]$ を最小とする最適フィルタの解 $\boldsymbol{h}_1$ は正規方程式 $\boldsymbol{R}\cdot\boldsymbol{h}_1 = \boldsymbol{p}_1$ を解くことにより与えられる。ただし，$\boldsymbol{R}$ は入力信号 u の自己相関行列，$\boldsymbol{p}_1$ は u と目標信号 d_1 の相互相関ベクトルである。誤差信号が e_1 と e_2 の 2 系統となり，それらの二乗和の重み付け平均値 $E[A_1e_1^2 + A_2e_2^2](A_1 + A_2 = 1)$ を最小とする最適フィルタの解 $\boldsymbol{h}_{12}$ は同様にして $\boldsymbol{R}\cdot\boldsymbol{h}_{12} = A_1\boldsymbol{p}_1 + A_2\boldsymbol{p}_2$ を解けばよい。このフィルタの解は

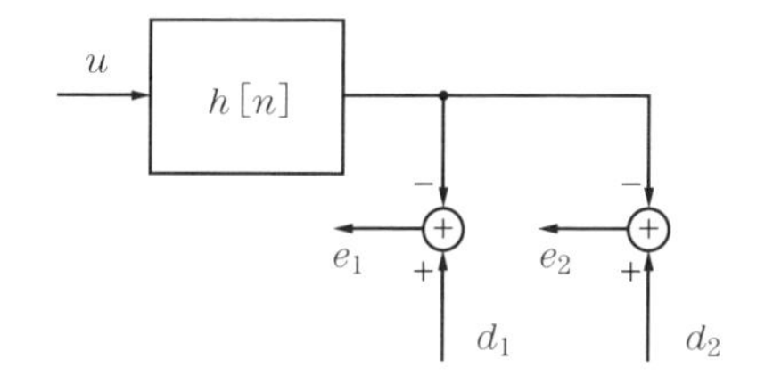

図 4.9 誤差信号を 2 系統もつフィルタ

$$\boldsymbol{h}_{12} = \boldsymbol{R}^{-1}\cdot(A_1\boldsymbol{p}_1 + A_2\boldsymbol{p}_2) = A_1\boldsymbol{h}_1 + A_2\boldsymbol{h}_2 \tag{4.13}$$

となる。このようにフィルタ係数と誤差信号の二乗平均値に関して線形性があることがわかる。

〔2〕 誤差特性曲面の勾配ベクトルの線形性

最急降下法によれば誤差信号 e_1 の二乗平均値 $E[e_1^2]$ を最小とするフィルタ係数の更新式はつぎのように表される。

$$\begin{aligned}\boldsymbol{h}_1^{i+1} &= \boldsymbol{h}_1^{i} + \mu E[e_1\boldsymbol{u}] \\ &= \boldsymbol{h}_1^{i} + \mu\nabla_1\end{aligned} \tag{4.14}$$

ただし，μ は更新ステップサイズ，∇_1 は勾配ベクトルである。また，二つの

誤差信号 e_1 と e_2 の二乗和の重み付け平均値 $E[A_1e_1^2 + A_2e_2^2]$ を最小とするフィルタ係数の更新式はつぎのように表される。

$$\begin{aligned} \boldsymbol{h}_{12}{}^{i+1} &= \boldsymbol{h}_{12}{}^{i} + \mu A_1 E[e_1\boldsymbol{u}] + \mu A_2 E[e_2\boldsymbol{u}] \\ &= \boldsymbol{h}_{12}{}^{i} + \mu(A_1\nabla_1 + A_2\nabla_2) \end{aligned} \tag{4.15}$$

ここでも誤差特性曲面の勾配ベクトルと誤差信号の二乗平均値に関して線形性があることがわかる。これらの線形性はフィルタが多重化されても同様にして導くことができる。また，RLS，LMS，FXLMS アルゴリズムについても同様のことがいえる。

〔3〕 適応アクティブノイズコントロールシステムのモジュール化

上記の線形性の意味するものはフィルタ係数を決定あるいは適応更新するときに誤差信号を別々に評価して，その結果得られたフィルタ係数，あるいは適応更新ベクトルを重ね合わせればよいということである。例えば**図 4.10** のような二つのエラーセンサをもつアクティブノイズコントロールシステムを想定する。L 個のノイズセンサ，M 個の二次音源，N 個のエラーセンサをもつアクティブノイズコントロールシステムを LMN システムと呼ぶこととすると，このシステムは 112 システムである。このようなシステムのフィルタ係数を適応更新するとき multiple-error LMS アルゴリズム（MEFX-LMS）[2]などを用いる必要が生じる。その場合には，アクティブノイズコントロールシステムのフィルタ係数の適応更新式は

$$\boldsymbol{h}^{i+1} = \boldsymbol{h}^{i} + \mu[e_1\boldsymbol{u} + e_2\boldsymbol{u}] \tag{4.16}$$

となる。ここで，前記のフィルタ係数に関する重ね合せの原理を考慮してフィルタ係数を分割する。

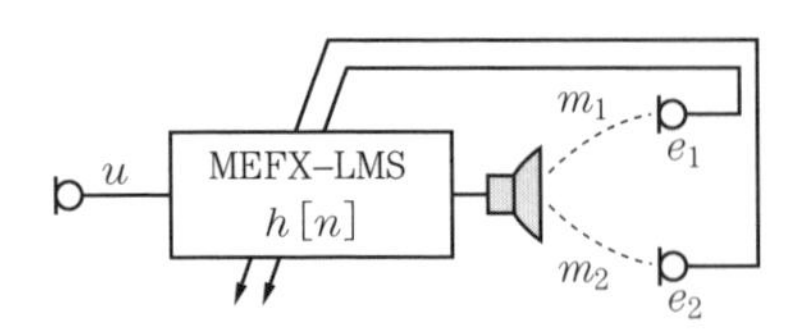

図 4.10　二つのエラーセンサをもつアクティブノイズコントロールシステム

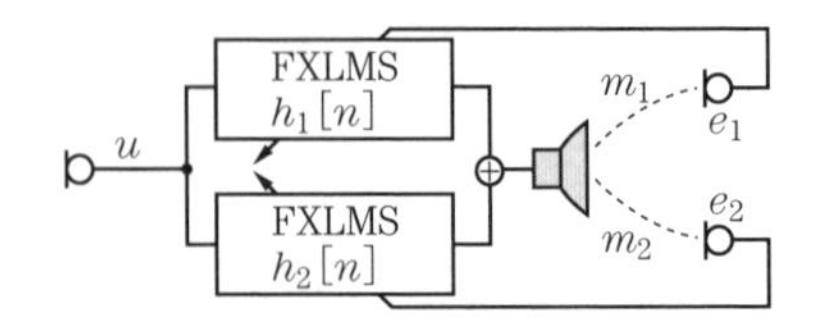

図 4.11　2 系統の基本アクティブノイズコントロールシステム

この場合にはそれぞれのフィルタはFXLMSアルゴリズムを用いることとなり，それぞれのフィルタ係数の適応更新式は

$$\left.\begin{aligned} \boldsymbol{h}_1{}^{i+1} &= \boldsymbol{h}_1{}^{i} + \mu e_1 \boldsymbol{u} \\ \boldsymbol{h}_2{}^{i+1} &= \boldsymbol{h}_2{}^{i} + \mu e_2 \boldsymbol{u} \end{aligned}\right\} \tag{4.17}$$

となる。**図 4.11** のシステムは 2 系統の基本アクティブノイズコントロールシステム（111 システム）で構成されていることがわかる。これは，ノイズセンサや二次音源が多重化されても同様である。一般に LMN システムは，$L \times M \times N$ 個の基本アクティブノイズコントロールシステムと M 個の N 入力加算器により構成することができる。このように，アクティブノイズコントロールシステムモジュール化することによってマルチチャネルアクティブノイズコントロールシステムの分散・並列処理化が可能となる。

4.4.2 モジュール化の利点

上記のようにフィルタ係数および適応更新式の線形性を利用することによって，多チャネルアクティブノイズコントロールシステムを多数のアクティブノイズコントロールモジュールの重ね合せで実現することが可能である。このようなモジュール化の利点を以下に挙げる。

① **システム設計の容易さ**　基本的なアクティブノイズコントロールモジュールだけを設計すればよい。規模の変更は加算器の入力数だけを考えればよい。加算器はアナログ回路で構成する場合にはオペアンプなどの簡単な回路で構成することができる。

② **低コスト化**　多数の同一モジュールでシステムを構成できる。

③ **ハードウェア資源の有効利用**　性能の異なるアクティブノイズコントロールモジュールを組み合わせることができるため，古くなったシステムの有効利用が可能となる。

④ **システム構築の柔軟性**　多チャネルアクティブノイズコントロールシステムを用いて騒音対策が必要な現場で，状況に応じてシステムの規模の変更に柔軟に対応することが可能である。

4.5 FPGAを用いた高速信号処理

4.5.1 高速信号処理の必要性

一般によく使われるフィードフォワード制御によるアクティブノイズコントロールでは，**図4.12**に示すように，ノイズセンサなどで計測した参照信号をDSPコントローラに入力し，演算後出力信号を制御信号としてスピーカなどの二次音源へ出力する。また，制御点の誤差信号をコントローラに入力し，FXLMSなどのアルゴリズムを使って，適応フィルタを調整する。ここで，コントローラへの入出力にはアンチエリアシングフィルタを介してA-D，D-A変換器を設置する。ここで，4.3.3項で示した因果律を満足するには，ノイズセンサを通過した音波（一次音）が，誤差マイクロホンに到達すると同時に，コントローラで演算を終えて二次音源から出力した逆位相の音波（二次音）が到達する必要があるので，コントローラでの遅れやスピーカでの遅れは十分少

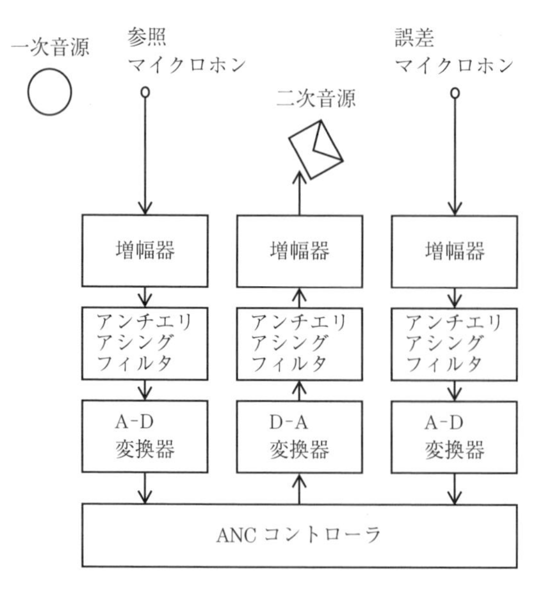

図4.12　フィードフォワード制御による
ANCコントロールのハードウェア

なくする必要がある。アクティブノイズコントロールの装置をコンパクトにするためには，ノイズセンサと二次音源の距離を短縮する必要があり，特にこの要望が強い。

コントローラでの遅れの主なものは，アンチエリアシングフィルタでの遅れおよびサンプリング遅れであるが，いずれもサンプリング周波数を高くすることによって遅れは短縮できる。通常，サンプリング周波数 f_s は制御対象周波数の 2.5 倍程度以上で設定することが多いが，ここでは，制御対象周波数に関係なく遅れを短縮化するために，50 kHz や 100 kHz といった極端に高いサンプリング周波数を考える。こうすることによってアンチエリアシングフィルタのカットオフ周波数も高く設定することができ，遅れを非常に小さくできる。ただしこのようにすると，制御フィルタのフィルタタップ長は非常に長いものが必要になり，またそれを適応させるための演算を 1 サンプルの非常に短時間で実施する必要が発生する。これを実現するには，非常に高度なパーフォーマンスをもつ DSP コントローラが必要であるが，ここでは演算を並列にアナログ的に行うことができる FPGA（field programmable gate array）を使用する。

4.5.2　FPGAコントローラの試作試験例

ここでは，FPGA を用いたコントローラの試作試験例について述べる[3]。実

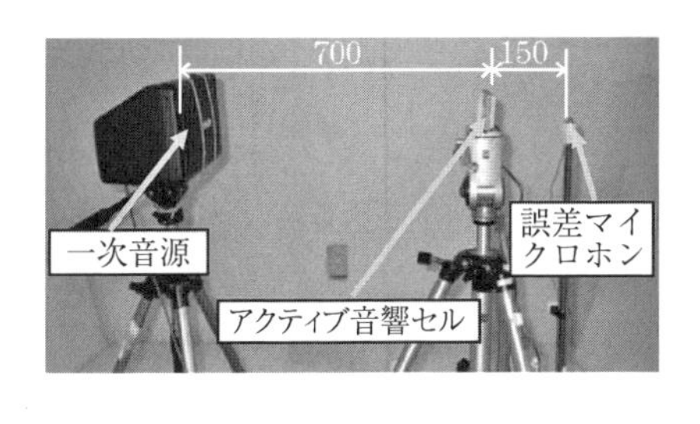

（a）実　験　配　置

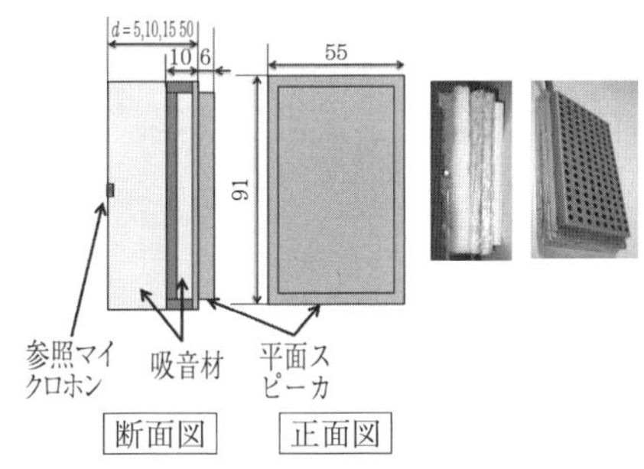

（b）試作アクティブ音響セル

図 4.13　実験配置と試作音響セル

験の配置を**図 4.13**(a)に示す。無響室内に設置したアクティブ音響セル（フラットスピーカの背面に参照マイクロホンを設置して一体化したユニット）を二次音源として，150 mm 離れた場所に設置した制御点を消音しようとするものである。一次音源は 700 mm 離れた場所に設置し，ホワイトノイズを発生している。ここで，アクティブ音響セルの詳細を図(b)に示すが，参照マイクロホンからフラットスピーカのダイアフラムまでの距離 d をどこまで近づけることができるかがポイントである。

図 4.14 は FPGA を用いたコントローラを示す。ここで，A-D，D-A 変換は 1 MHz で行われており，その信号をディジタルのアンチエリアシングフィルタを介してダウンサンプリングし，50 kHz，100 kHz のディジタル信号としている。制御アルゴリズムは，1 チャネルの FXLMS である。

図 4.15 に誤差マイクロホンでの減音効果を示す。図(a)は d=50 mm の場

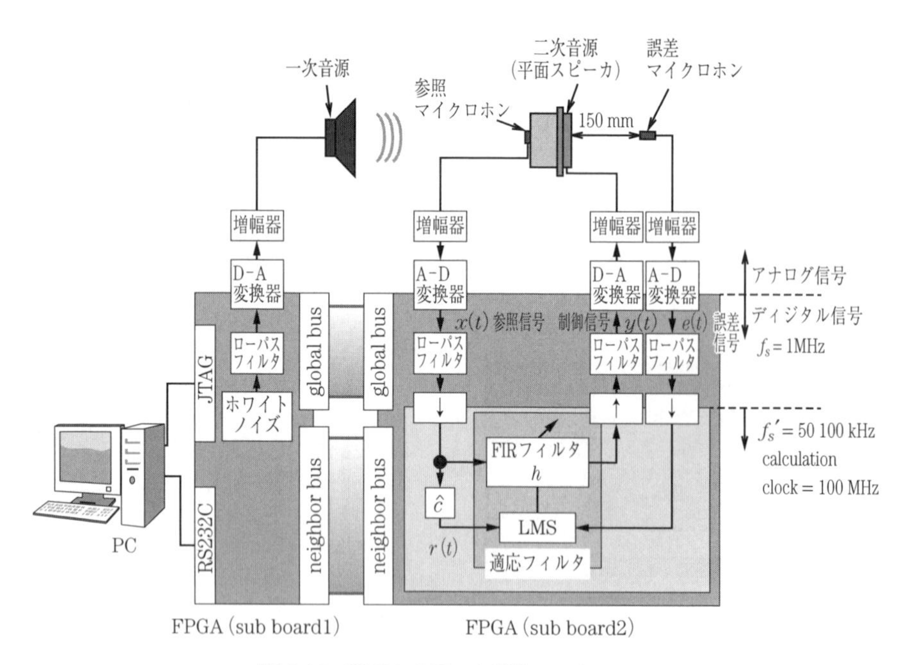

図 4.14　FPGA を用いた試作コントローラ

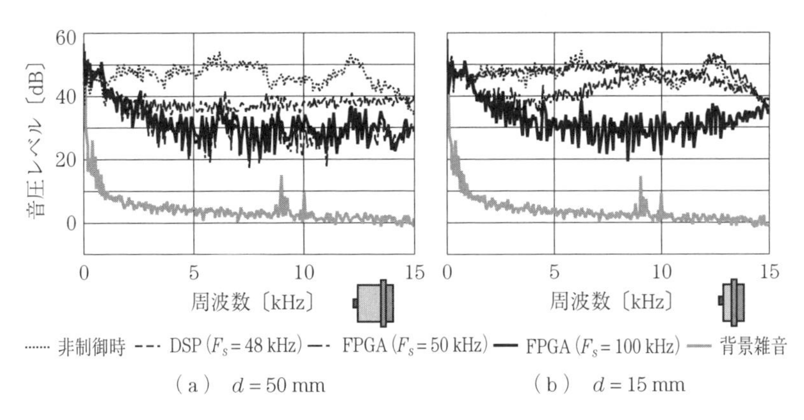

図4.15　誤差マイクロホンでの減音効果（コントローラの比較）

合で，市販のDSPコントローラ（f_s=48 kHz）を用いた場合と性能比較をしている。いずれの場合も減音効果は得られているが，DSPコントローラの場合は減音性能が底打ちで，因果律がほぼ限界に達しているのに対し，FPGAコントローラの場合はf_s=50 kHzもf_s=100 kHzもほぼ同等の性能で，因果律を満足し十分減音していることがわかる。

図(b)にはd=15 mmの場合を示す。この場合は，DSPコントローラではまったく減音効果が得られておらず，FPGAコントローラでもf_s=50 kHzでは限界で，f_s=100 kHzにしてようやく十分な減音効果が得られていることがわかる。**図4.16**はFPGAコントローラ（f_s=100 kHz）を用いてdをさらに

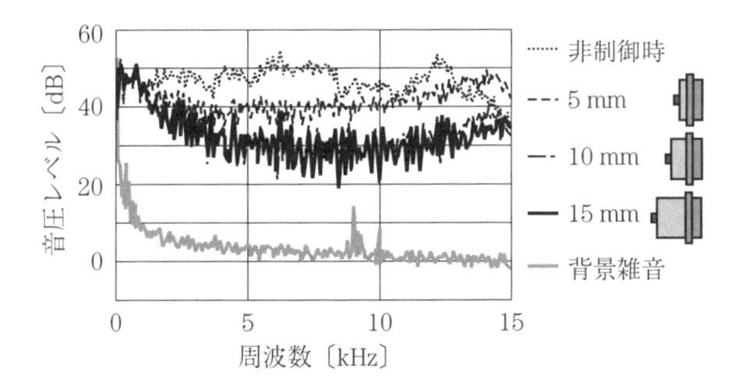

図4.16　誤差マイクロホンでの減音効果
(FPGAコントローラf_s=100 kHz，dの影響)

短くした場合の結果である。さすがに $d=5$ mm では減音効果があまり得られていないが，$d=10$ mm で十分な減音効果が得られていることがわかる。**図 4.17** には適応フィルタのタップ長と減音効果の関係を示す。タップ長を増すことにより，低周波成分の減音効果が改善していることがわかる。

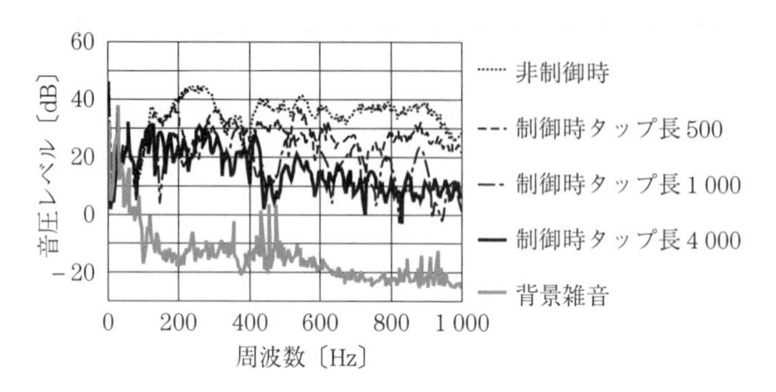

図 4.17　タップ長増加による低周波域の改善
（FPGA コントローラ，$f_s=100$ kHz）

このように FPGA コントローラを用いて高速サンプリングすることにより，参照マイクロホンと二次音源の距離が非常に短くても因果律が得られ，十分な減音効果が得られることが確認できた。なお，この結果は非常に応答が速いフラットスピーカを用いた結果であり，このような速いサンプリング周波数では，むしろ二次音源の応答速度が問題を支配すると考えてよい。

4.6 ま　と　め

アクティブノイズコントロールの実用化において不可欠なアクティブノイズコントロールシステムの実現方法について論じた。アナログシステム（4.1 節）に関しては電気回路の設計理論に関する古典的なものを紹介した[4),5)]。ディジタルシステム（4.2 節）ではディジタル信号処理の知識をもつことを前提に汎用のディジタルシグナルプロセッサの一般的な構成について述べ，またその設計手順について述べた[6)]。アクティブノイズコントロールシステムの設置手順（4.3節）では，アクチュエータとセンサの設置方法を含めてコヒーレンスや因果性とアクティブノイズコントロールシステムの性能の関係について述べた。また4.4節に複数のアクチュエータ，センサを用いる場合の大規模なアクティブノイズコントロールシステムを実現するために便利なアクティブノイズコントロールモジュールの重ね合せについて説明した[1)]。最後に，より高速な信号処理を実現するため，並列演算が可能なFPGAを用いたコントローラについて紹介した。

引用・参考文献

1）伊勢史郎：音場制御におけるマルチチャンネル適応アルゴリズムの分散・並列処理とその利点，日本音響学会研究発表会講演論文集，pp. 591～592（1994-10）

2）Stothers, I. M., Elliott, S. J., and Nelson, P. A.：A multiple error lms algorithm and its application to the active control of sound and vibration. IEEE Trans., on Acoustics, Speech, and Signal Processing, 35, pp. 1423～1434 (1987)

3）西村正治，西影研一，村尾達也，和田信敬：検出マイクロホン・制御スピーカ一体型ANCユニットの開発，日本機械学会　第20回環境工学総合シンポジウム2010，CD-ROM論文集（2010）

4）Oppenheim, A. V., Willsky, A. S.，伊達玄 訳：信号とシステム(4)-アナログとディジタル，コロナ社（1982）

5）久村富持：制御システム論の基礎，共立出版（1988）

6）伊勢史郎：適応フィルタ実装のためのハードウェア・ソフトウェア技術：音響会誌，**48**，7，pp. 501～505（1992）

アクティブノイズコントロールの適用例

アクティブノイズコントロールは一時，夢の技術のようにもてはやされたが，種々の限界と課題をもっていることはすでに述べてきたとおりである。しかし，適切に使えば非常に効果的な技術であることには変わりはない。今後は騒音対策の一つの道具として，PNCと共存しながら適切に使われていくことを期待したい。そこで，本章ではこれまで開発されてきたアクティブノイズコントロールの例をできる限り多く紹介し，その技術的ポイントの理解の一助にしたい。なお，ここで紹介する適用例は，すでに実用化，商品化がなされたもの，開発中のものなどが混在していることをお許し願いたい。

5.1 ダクト消音への適用例

アクティブノイズコントロールによるダクト消音は，1章でも述べたように古くから開発され，実用化，商品化が最も進んでいる分野である。ここでは，空調ダクト，エンジンの排気ダクトなどへの適用例について紹介する。

5.1.1 空調ダクト用アクティブノイズコントロール

図5.1はパッケージ型空調機の天井ダクトにアクティブノイズコントロールを適用した例である[1),2)]。通常の1チャネルFXLMSアルゴリズムで制御する最も一般的なシステムである。システムのブロック図を**図5.2**に示す。信号処理回路は通常のDSPを用いている。

この場合の減音効果を**図5.3**に示す。誤差マイクロホンでは200〜600 Hz

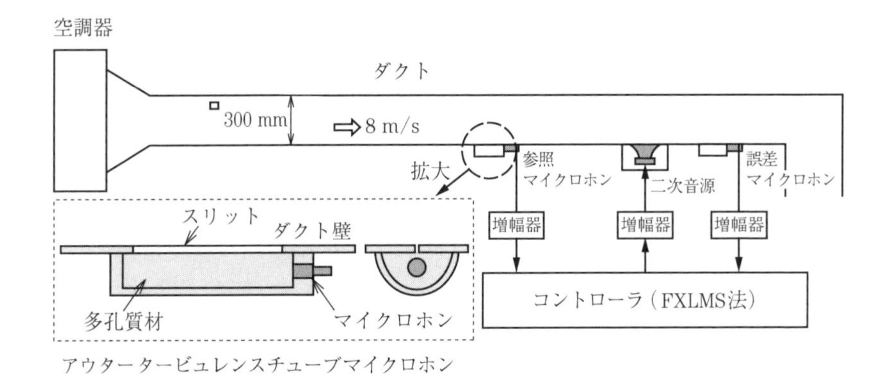

図 5.1 空調ダクト用アクティブノイズコントロールの例[2)]

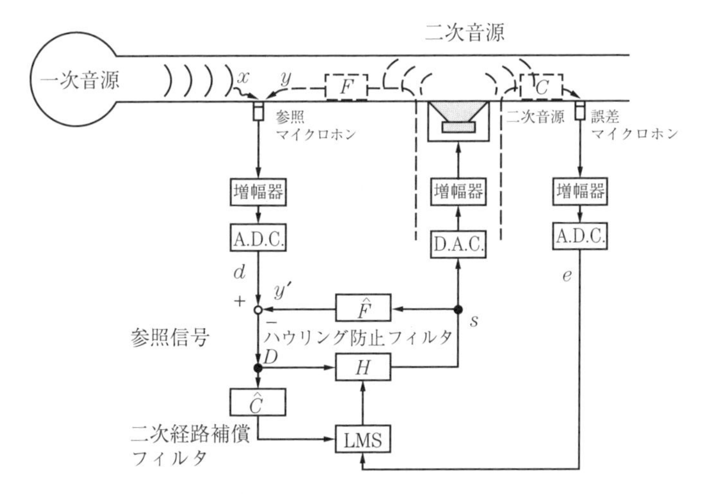

図 5.2 空調ダクト用アクティブノイズコントロール
システムのブロック図

のランダム音が最大 20 dB 程度減音しているが，ダクト出口部では同様の周波数範囲で 10 dB 程度の減音量になっている。この場合，アクティブノイズコントロールとしては 20 dB の減音能力をもつシステムが構築されているが，ダクト出口での減音効果が低かったということになる。理由は，ダクト出口付近で新たに発生した空力騒音か，ダクト出口以外からの音の寄与があるためと推察される。アクティブノイズコントロールを設置する場合，通常の騒音対策と同

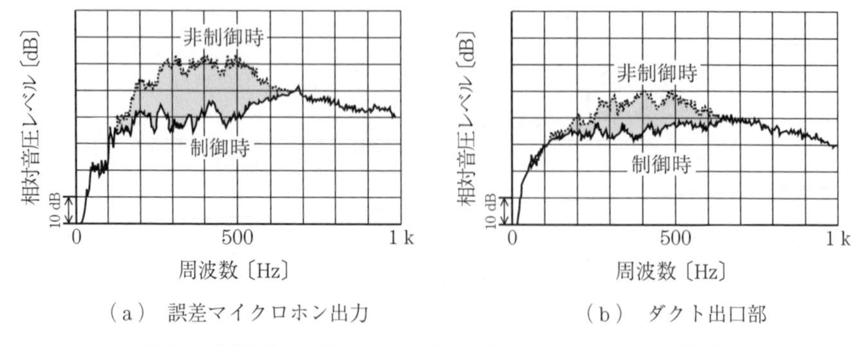

（a）誤差マイクロホン出力　　（b）ダクト出口部

図 5.3　空調ダクト用アクティブノイズコントロールの減音効果[1)]

様，目的とする騒音低減位置とそこへの各音源からの寄与度などを十分把握しておく必要がある。

このダクトは 300 mm 角の矩形断面ダクトであり，平面波のみが伝播する周波数は，空気の音速を 340 m/s とすると約 570 Hz 以下となる。そこで本システムでは，誤差マイクロホン出力に 600 Hz のローパスフィルタをかけ，制御目標周波数をそれ以下としている。また，LMS アルゴリズムでは，レベルの高い周波数帯から波形を適応させていくという特徴がある。200 Hz 以下であまり減音効果が得られていないのは，もとの音のレベルが小さく，減音対象周波数範囲外である 600 Hz 以上の周波数帯域のレベルと同等であることが原因と推察される。

つぎに誤差マイクロホンでなぜ 20 dB 程度の減音効果しか得られなかったかを考えてみる。一つの可能性はマイクロホンやスピーカのゲイン調整がうまくできておらず，コントローラの A-D，D-A 変換のビットを十分に有効に使っていないことが考えられる。もう一つの可能性は，気流の局所的圧力変動により検出マイクロホンと誤差マイクロホンの出力に十分なコヒーレンスが得られていないことが考えられる。本システムの場合 8 ビットの A-D，D-A 変換器を使用しており，半分を有効に使ったとしても約 40 dB のダイナミックレンジは得られるはずである。結果としては後者が原因であった。アクティブノイズコントロールを作動させない場合と作動させ十分減音が得られた場合での検出マイクロホンと誤差マイクロホンの出力のコヒーレンスを**図 5.4** に示す。作動

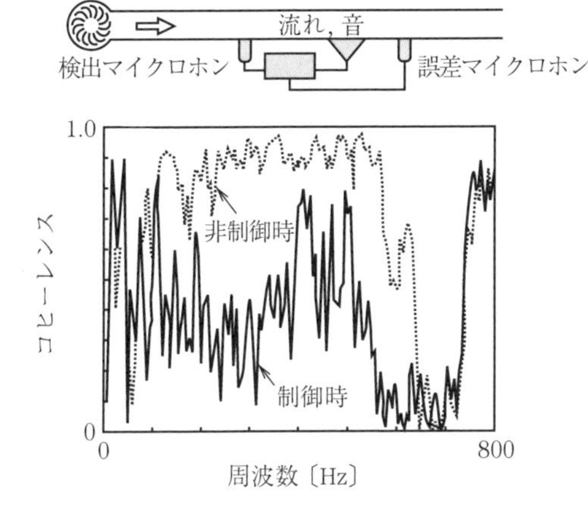

図 5.4　検出マイクロホンと誤差マイクロホンの出力のコヒーレンス[2)]

前十分あったコヒーレンスが作動後には大幅に低下しており，もはやこれ以上減音できないことが推察される。

ダクトには通常気流が伴う。そこで流れによる局所的な圧力変動をできるだけ検出せず，音波成分のみ検出するマイクロホンが望まれる。そのようなマイクロホンとしてはタービュレンスチューブマイクロホンがよく用いられる。これはマイクロホンに細長チューブを被せたもので，チューブの軸方向を流れ方向に合わせて設置する。チューブの側壁に軸方向にスリットが空き，チューブの内部にはグラスウールのような多孔質材が充塡（てん）されている。これは，「スリットから進入した局所的な圧力変動は軸方向にたがいに無相関であるため，たがいにキャンセルして減衰していくが，音波成分は軸方向に相関があるためマイクロホンに到達する」との原理を利用している。図 5.1 の空調ダクト用アクティブノイズコントロールシステムでは，同様の原理のものをダクト側壁に付け，アウタータービュレンスチューブマイクロホンと呼んでいる。**図 5.5** は別の基礎試験での結果であるが，単にダクト側壁にフラッシュマウントした場合とアウタータービュレンスチューブマイクロホンを使用した場合の減音効果の比較を示す。アウタータービュレンスチューブマイクロホンを使用することにより，減音効果が向上していることがわかる。

ダクト断面が大きい場合は平面波のみが伝播する周波数がかなり低い周波数

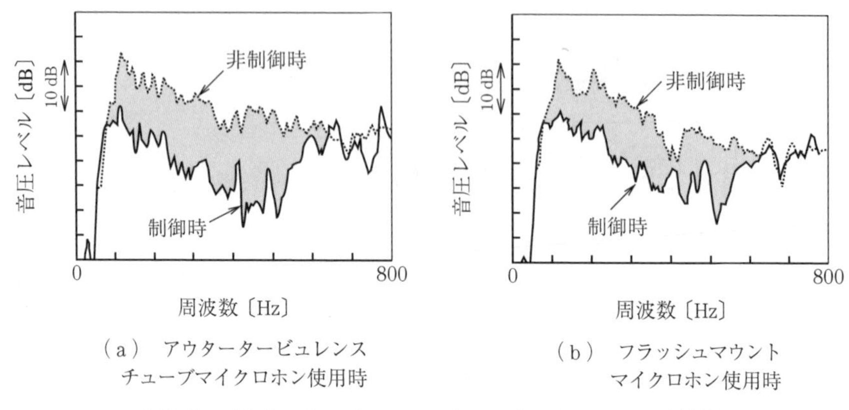

図 5.5 アウタータービュレンスチューブマイクロホンの効果[2)]

に限られる。そこで，アクティブノイズコントロールをある程度高い周波数領域まで効かすために，ダクトを小さい断面寸法のダクトに仕切ることになる。**図 5.6** はダクトを四つに仕切り，各々のダクトに平面波のみを伝播させ，それぞれ独立したアクティブノイズコントロールシステムで消音を行っている例である。このようにすると，システム間の相互干渉がなく，単純な1チャネルシステムで，高周波音までの減音が可能になる。

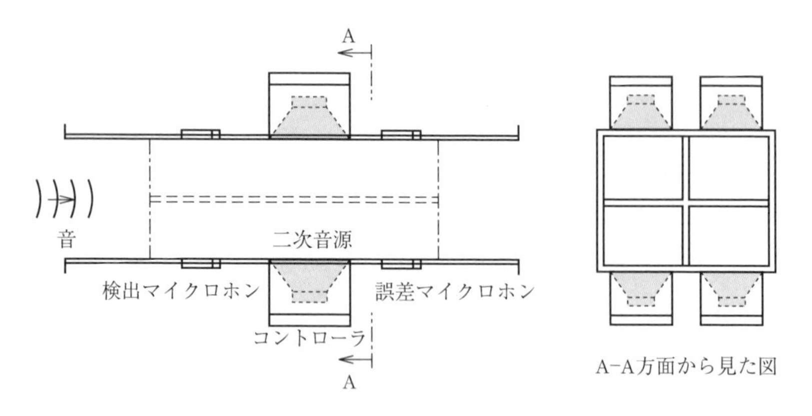

図 5.6 ダクトを四つに仕切ったシステム

5.1.2 ガスタービン排気音用アクティブノイズコントロール

図 5.7 はガスタービンエンジンを原動機とした 6 000 kW の発電設備にアク

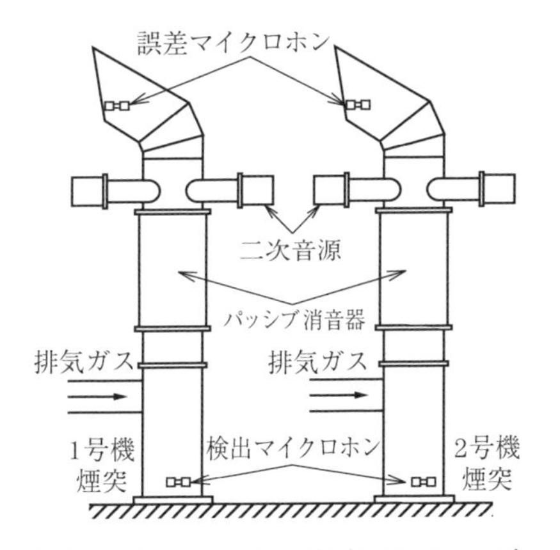

図 5.7 ガスタービン排気音用アクティブノイズコントロールシステムの例[3)]

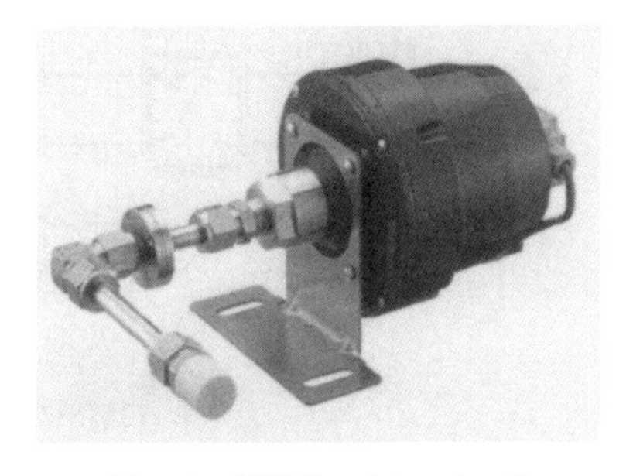

図 5.8 高温用マイクロホン[3)]

ティブノイズコントロールを適用した例である[3)]。この場合，排気ダクト内の条件は，最大音圧 150 dB，最高温度 600°C，最高流速 30 m/s というように非常に過酷な条件である。

そこで，特にマイクロホンと二次音源として用いるスピーカに工夫が施されている。設置されているマイクロホンの写真を**図 5.8** に示す。マイクロホンにはチタン振動板が採用され，振動板と電極とのギャップ調整により，最大音圧 170 dB まで歪みなく検出できる構造になっている。

熱対策としては，導波管としてステンレスパイプを用い，放熱板が設置されている。また輻（ふく）射熱を低減するため L 字構造になっている。さらに導波管の共鳴を避けるため吸音材が充填されている。これらの工夫により，取付け先端温度で 600°Cまで対応できるようになっている。スピーカはコスト低減の意味もあり，通常のコーン型スピーカのエッジやコーン紙の特殊コーティングや接着剤の変更をする程度とし，その配置に工夫を凝らしている。つまり**図 5.9** に示すようにブランチダクトの端にスピーカを設置し，エジェクタ効果で自然冷却する方式をとっている。これにより，スピーカ前温度を 70°C以下に抑えることができている。

制御方式は通常の 1 チャネルの FXLMS アルゴリズムである。しかし運転

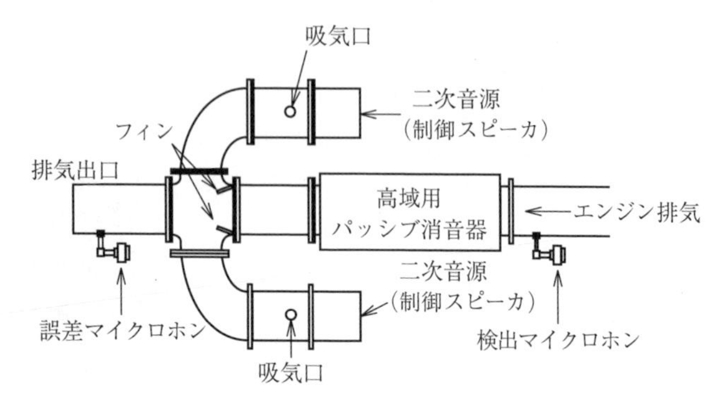

図 5.9　自然冷却方式のスピーカシステム[3)]

条件が変化するので，一定時間間隔または消音量の悪化の検出で，随時二次経路のオンライン同定をM系列相関法により行っている。実機に適用する場合，想定外の異常が起こることが考えられる。そこで実際のエンジンの運転状況を把握したフェイルセーフ機能を組み込み，安全性の確保に配慮されている。また，本アクティブノイズコントロールシステムはガスタービンエンジンの起動とともに制御が始まり，エンジンの停止とともに自動的に制御も停止するなど，使いやすさについても十分配慮されている。システムの実用化にはこのような自動運転やフェイルセーフなどの項目も重要なポイントとなる。

最後に，本システムの減音性能を**図 5.10** に示す。問題となる低周波のランダム音を十分減音していることがわかる。

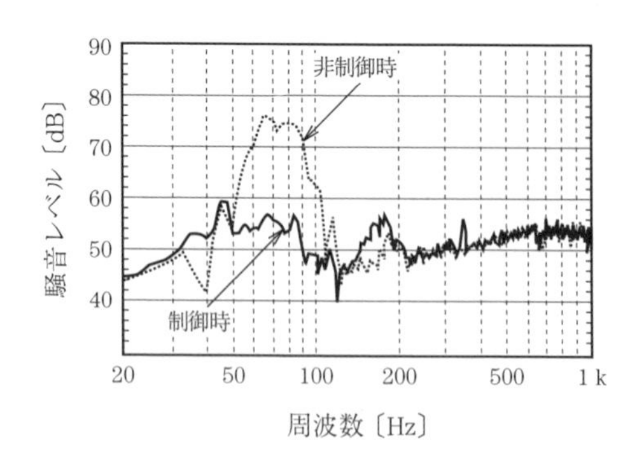

図 5.10　ガスタービン排気音用アクティブノイズコントロールの減音性能[3)]

5.1.3 ディーゼルエンジン排気音用アクティブノイズコントロール

ディーゼルエンジン排気音に対しても 5.1.2 項と同様なシステムを適用することは可能であるが，ディーゼルエンジンの場合，問題となる発生音が周期音となる特徴がある。**図 5.11** は 4 サイクル 6 気筒，1 370 PS/1 000 rpm のディーゼルエンジンの排気低周波音の低減に適用されたアクティブノイズコントロールの例である[4]。この場合も排気温度が 410℃，排気流速が 40 m/s と過酷な条件である。

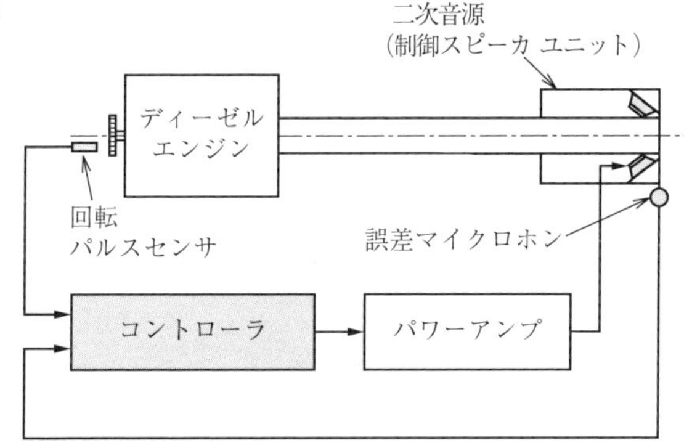

図 5.11 ディーゼルエンジン排気音用アクティブノイズコントロールの例[4]

排気音のスペクトルは**図 5.12** に示すように，回転の 1/2 を基本周期とする周期音であり，特に爆発周期のスペクトルが卓越している。ここでは，エンジンの回転パルスを検出し，それを 1/2 に分周することにより基本周期を作成し，それに基づいた**波形同期法**（wave synthesis method）による制御を行っている。これにより，検出マイクロホンをダクト内に設置する必要はなく，また二次経路の変化など気にする必要はなくなるというメリットがある。ここで，波形同期法はエンジンの排気音のように，爆発や回転などの周期ごとに同じ波形が繰り返される周期音に対して有効である。詳細は 3 章を参照されたい。

本ディーゼルエンジン排気音用アクティブノイズコントロールシステムの場合，二次音源（制御スピーカ）はダクト出口に設置されている。制御スピーカと誤差マイクロホンの配置を**図 5.13** に示す。これはダイポール放射の考え方

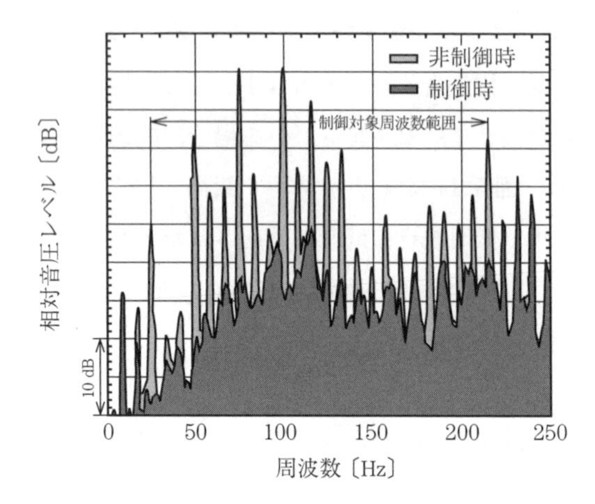

図 5.12　ディーゼルエンジン排気音用アクティブノイズコントロールの排気音スペクトル（誤差マイクロホン）

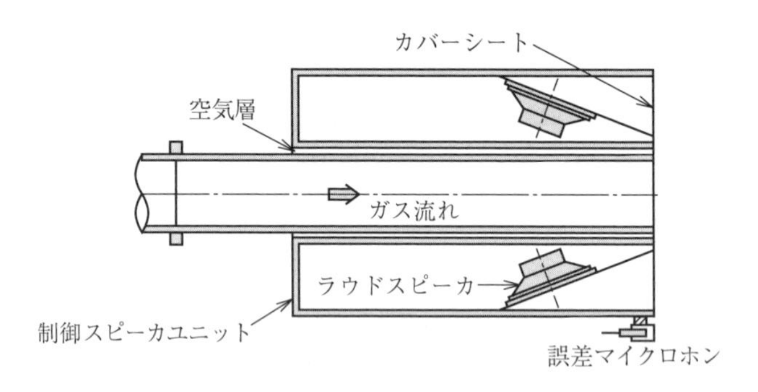

図 5.13　ディーゼルエンジン排気音用アクティブノイズコントロールの制御スピーカと誤差マイクロホンの配置

をさらに進め，一次音源を囲むように二次音源を配置し両者の音響中心を合わせることにより，より効果的な放射音響パワーの低減を狙ったものである。スピーカボックスは排気管から空気層を介して設置され，正面は耐候性のカバーシートで保護されている。これにより，制御スピーカは熱や排気ガス，風雨から守られることになる。誤差マイクロホンは本来ならば遠方に設置すべきであるが，製品としての収まりを考え，遠方音の低減に最も対応の高い近接点を選定した。

得られた減音効果を図5.12に示す。本システムでは26次の高周波までの制御を行っているが，狙いのスペクトルピークをほぼ完全に消音していることがわかる。この場合対象が発電用ディーゼルエンジンであるため，回転がほぼ一定で安定しており，このような大きな減音効果が得られた。同システムをトラック用エンジン排気の爆発周期音の低減に適用した場合，通常運転ではエンジン回転数の変化が激しく，消音が可能なのは三次の高周波までであった。それでもトラック用エンジンとしては十分な性能であった。

5.1.4　送風機用アクティブノイズコントロール

一般の送風機用アクティブノイズコントロールは基本的には空調ダクト用ア

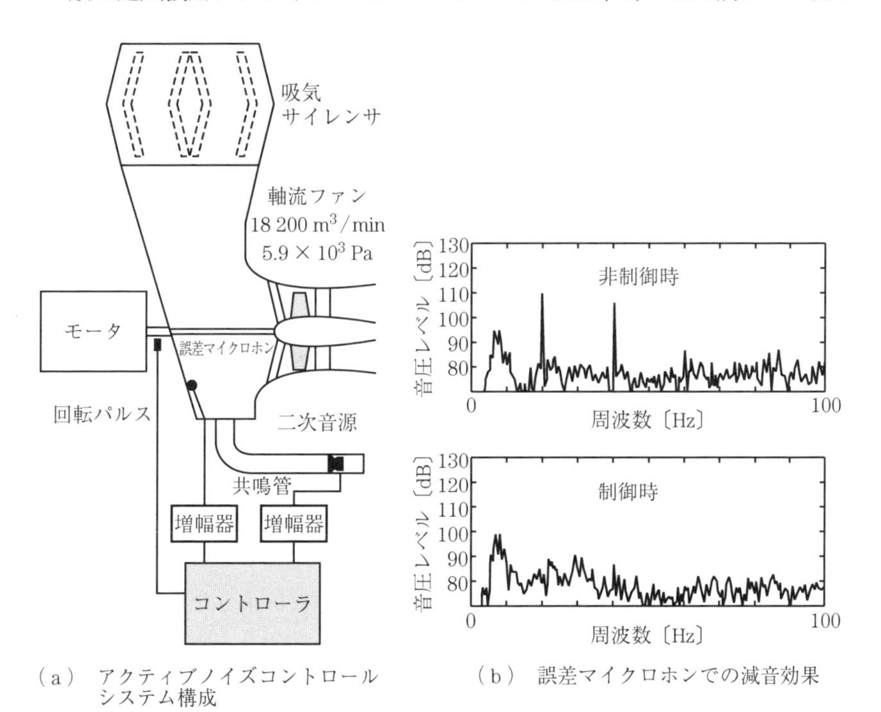

（a）アクティブノイズコントロールシステム構成　（b）誤差マイクロホンでの減音効果

図5.14　大型軸流送風機の超低周波音用アクティブノイズコントロールの例[2)]

クティブノイズコントロールと同じであり，対象に応じて，制御用スピーカの出力や耐環境保護，誤差マイクロホンの耐環境保護などを適切に行うこととなる。**図 5.14** は大型軸流送風機の吸込み口から放射される 20 Hz の超低周波音の対策を実施した例である[2]。通常のスピーカで 20 Hz の音を出すのは難しいが，ここでは共鳴管を用い，その制御に成功している。

5.2 耳元のアクティブノイズコントロール

空間のアクティブノイズコントロールでは，一般に一つの誤差マイクロホンで減音できる領域は，原理的に波長に比べて十分小さな領域である。そこで，より効果的な減音を得るには，誤差マイクロホンを耳元にできるだけ近づけたほうが効果的である。そこで，耳元に閉じられた小さな空間をつくり，そこの音を制御することによって，高周波音まで有効な減音を可能にしたのがイヤーマフラである。椅子のヘッドレストのあたりに誤差マイクロホンを組み込み，椅子に座ったときに耳のまわりで静穏が得られるようにしたのがクワイエットチェアである。イヤーマフラは通常通信信号や音楽信号と組み合わせ，アクティブノイズコントロール付きヘッドセットとして使用される場合が多い。

5.2.1 アクティブノイズコントロール付きヘッドセット

アクティブノイズコントロール付きヘッドセットは，ダクトとともにアクティブノイズコントロールとして最も商品化が進んでいる分野である。システムとしてはアナログシステム，ディジタルシステムともに存在するが，アナログのフィードバックシステムを用いたものがよく普及している[5]。

一例を**図 5.15** に示す。ここでヘッドセットの中には小さなスピーカとマイクロホンがセットされている。マイクロホンからの信号は増幅器を介してコントローラに入りコントローラの中で位相反転され，別途入力された通信信号，音楽信号などとミキシングされて特性補償回路に入力される。また，コントローラからの出力は増幅されてスピーカから放射される。

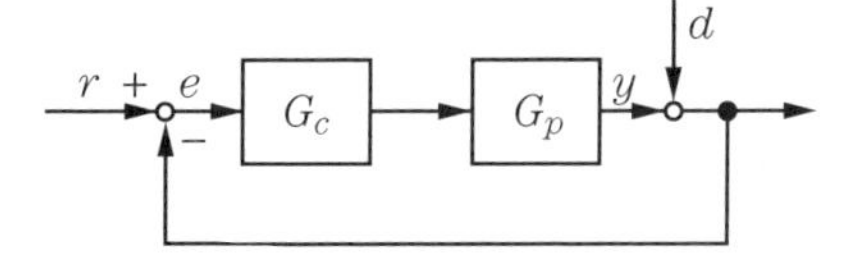

図 5.16　アクティブノイズコントロール付きヘッドセット制御ブロック図

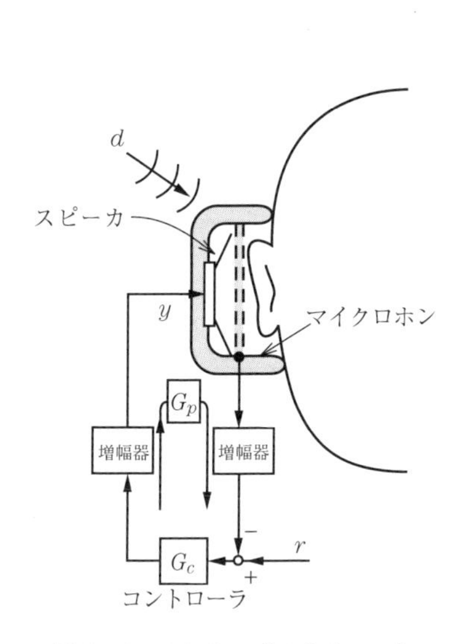

図 5.15　アクティブノイズコントロール付きヘッドセット

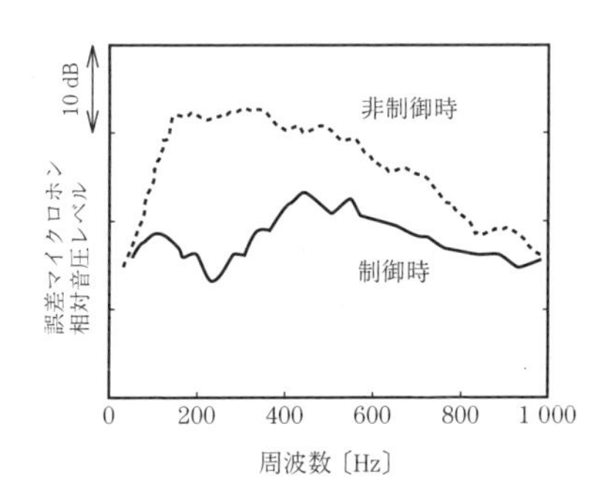

図 5.17　アクティブノイズコントロール付きヘッドセットの消音効果の例

ここで，コントローラ出口から入口に至る伝達関数を G_p，特性補償回路の伝達関数を G_c とし，増幅器を介したマイクロホンの出力信号を y，通信信号などの目標信号を r，外部からの騒音を d とすると，**図 5.16** のようなフィードバックループが形成されている。ここで，r を 0 とおくと，単なるイヤーマフラとなる。r と y の差が誤差信号 e として補償回路に入力される。耳に聞こえる音は y であり，この回路の全体の伝達関数を周波数領域で表現するとつぎのようになる。なお，各信号のフーリエ変換を大文字で表している。

$$Y(\omega) = \frac{G_p(\omega)G_c(\omega)}{1 + G_p(\omega)G_c(\omega)}R(\omega) + \frac{1}{1 + G_p(\omega)G_c(\omega)}D(\omega) \tag{5.1}$$

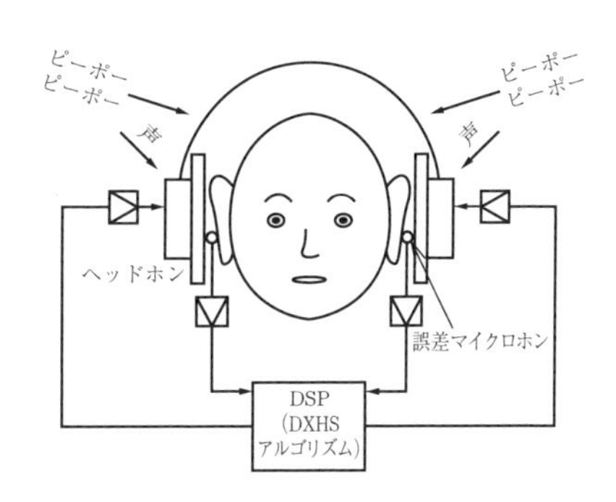

図 5.18　DXHS アルゴリズムを用いたサイレン音消音用アクティブノイズコントロール付きヘッドセット[6)]

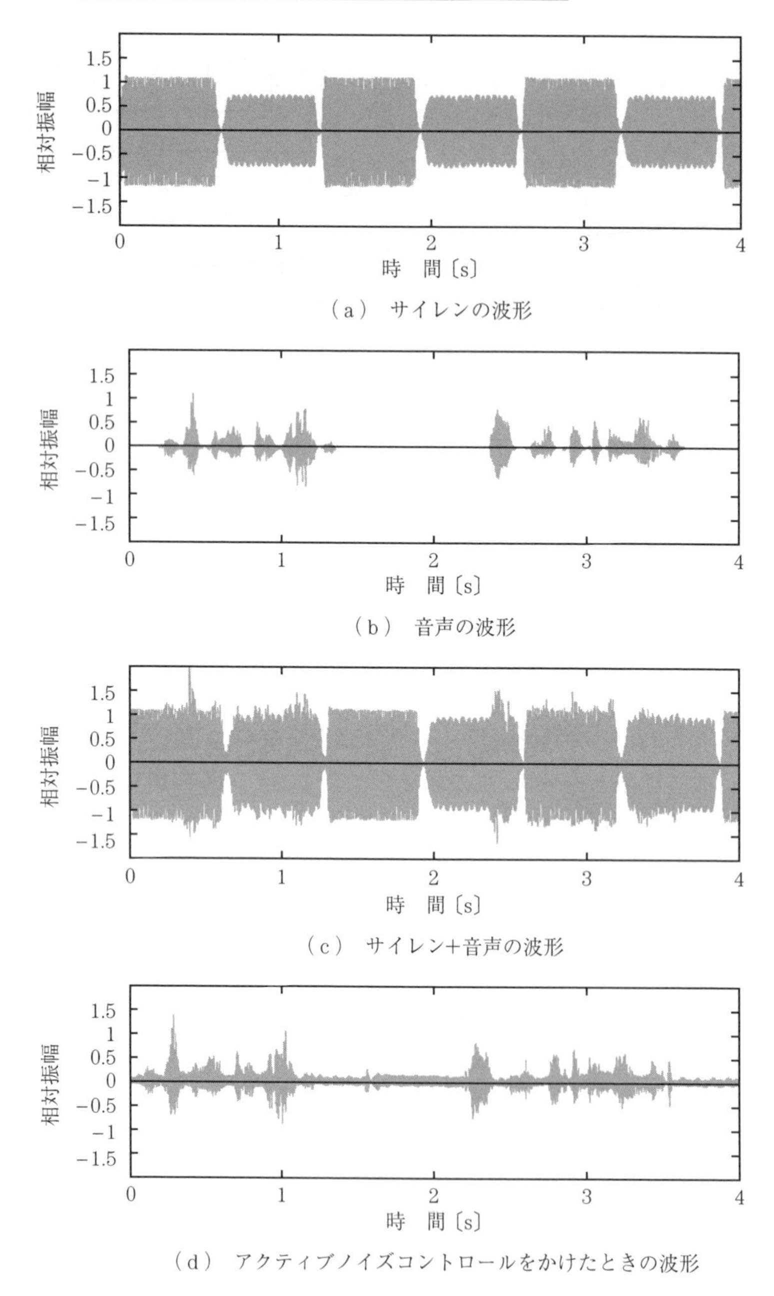

図 5.19　電子サイレン音の周波数追従型 DXHS アルゴリズムによる制御結果

つまり，フィードバックループのゲイン $|G_p(\omega)G_c(\omega)|$ を大きくとれば，外乱の影響は小さくなり，目標信号どおりの音が聞こえるようになる。ここではあくまでも原理的な内容を示すにとどまっており，実際のコントローラは，実用化のための種々の工夫が施されている。アクティブノイズコントロール付きヘッドセットの消音効果の例を**図 5.17** に示す。

図 5.18 は救急車で移送中の患者の負担軽減を目的に，ピーポーピーポーというサイレン音のみ耳元で消音するヘッドセットである[6]。この場合，特定周波数の高周波成分のみに有効な DXHS アルゴリズムを用いてサイレン音のみを消音し，医師の声などは患者に通常どおり届くようになっている（3.3.3 項参照）。

図 5.19 は，制御有無において耳に入る音響信号の比較である。制御を利かすことにより，埋もれていた音声信号が明瞭（りょう）になっていることがわかる。

5.2.2　クワイエットチェア

クワイエットチェアの場合，ヘッドセットのように空間を囲うことはできず，開空間の一部を消音することになる。ヘッドセットと同じように，ヘッドレストの中に制御スピーカと誤差マイクロホンを組み込み，左右それぞれ独立に制御するもの，およびスピーカは少し離した位置に置き，耳元に設置した誤差マイクロホンとの間で 2 入力 2 出力システムを組んだものなどがある。

図 5.20 は新幹線のグリーン車の座席に組み込まれたものである[7]。隣席からのオーディオの**漏れ音の制御**（アクティブクロストークコントロール，**ACC**）と，床下から車内に透過してくる騒音の制御（アクティブノイズコントロール，ANC）を同時に実現したシートオーディオシステムである。隣接する座席を 1 セットとして実現している。**図 5.21** にその効果を示す。システムを作動させることにより，隣接のオーディオからの音も床下からのモータ磁気音も大幅に低減しているのが確認できる。

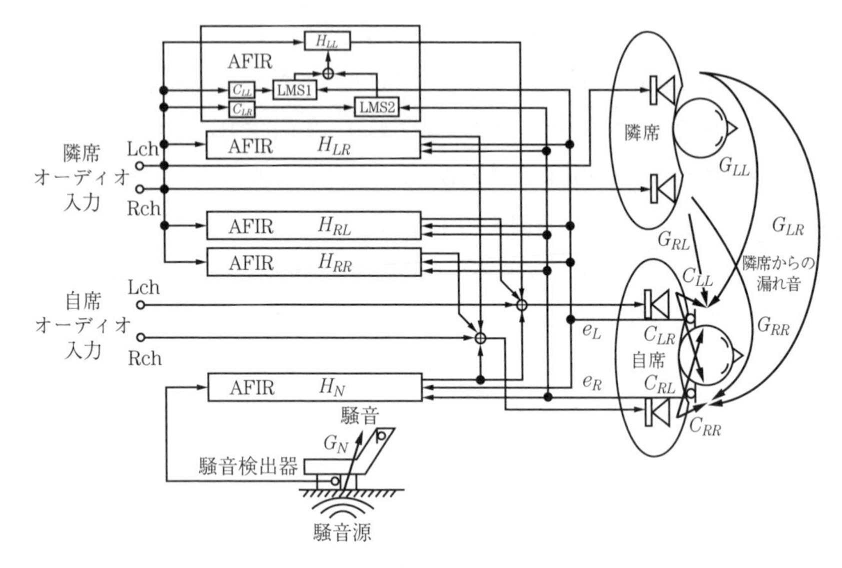

図 5.20　シートオーディオシステムのブロック図[7)]

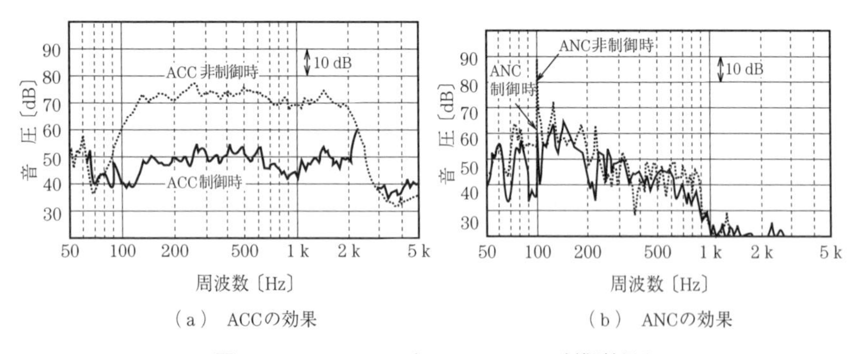

（a） ACCの効果　　　（b） ANCの効果

図 5.21　シートオーディオシステムの制御効果[7)]

5.2.3　MRI騒音向けアクティブノイズコントロール

MRI は人体の断面画像の撮像が可能な医療機器であり，近年広く利用されている。しかしながら，撮像時に非常に大きくかつ耳障りな騒音（MRI 騒音）を発生するという欠点がある。そのため，患者は長時間にわたって閉塞感の強い MRI のガントリー内で騒音（音圧レベルで 100 dB 程度）に曝（さら）されることになる。また，このような環境では医療スタッフと患者とで肉声によって会話をすることも難しい。このような背景のもと，この問題点をアクティブノイズコントロールにより解決しようとする試みが報告されており[8)~15)]，30 dB以上の騒音低減効果が実現されたという報告もなされている。

多くの研究事例では，ノイズキャンセリングヘッドホンに類したシステムの導入事例が多いが，ヘッドホンの利用は肉声による対話を阻害するとともに，耳への圧迫感などのため長時間の利用は負担が大きい。一方，文献13）では医療スタッフへの適用を目指したシステムを提案している。この文献ではMRI騒音環境下において医療スタッフ間の肉声による対話を実現するため，ヘッドマウント型の構成を提案している。いずれの研究事例においても，制御方式としてはIMC構成に基づくフィードバック制御が利用されている。これはMRI騒音が比較的周期性の強い信号であるという性質に着目しているためである。また，MRI装置は非常に強い磁場を有し，一般的な磁性体を利用した音響機器は正常に動作しないため，光マイクロホンや圧電セラミックスピーカなどが利用されることが多い。

図5.22は文献13）で提案されているヘッドマウント型システムのシステム概要図である。このシステムでは，耳元に光マイクロホンと圧電セラミックスピーカを配置することでユーザの耳元に消音領域（quiet zone）を生成し，不快なMRI騒音のみを低減し，その他の必要な音響情報（スタッフの音声な

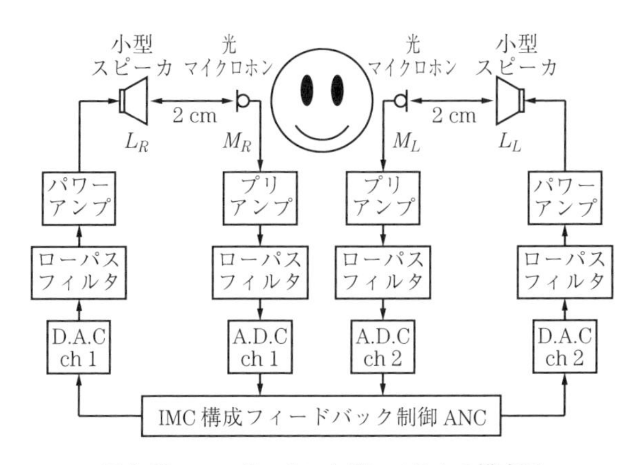

図5.22 ヘッドマウント型システムの構成図

ど）は耳をオープンにしているため聴取できるようになっている。**図 5.23** に制御効果の一例を示す。この図から，本システムが誤差マイクロホン地点（ユーザの耳元）において MRI 騒音の 500〜2 500 Hz の帯域における周期的なピークを 30 dB 以上大きく低減できていることがわかる。

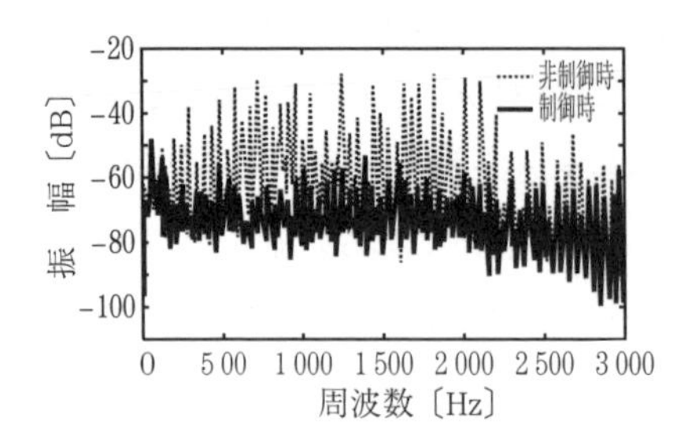

図 5.23　ヘッドマウント型システムの制御効果

なお，MRI 騒音は周期性成分（ビープ音）のほかに周期的に発生するインパルス音も含んでいる。そのため，通常の IMC 構成を利用したフィードバック制御では周期的なインパルス音を低減できないが，文献 14）や 15）で検討されている PALP（period aware linear prediction）法を利用することで制御可能であることが知られている。PALP 法は IMC 構成によるフィードバック制御における適応フィルタを複数用いることで，短時間周期の周期成分（ビープ音）と長時間周期の周期成分（インパルス音）をそれぞれ予測し，逆相の擬似騒音を生成することを可能としている。

MRI 向けのアクティブノイズコントロールとしては，今後はこれまで検討されてきた装着型に加えて，MRI 装置そのものに組み込むビルトイン型と，アクティブノイズコントロールを備えた付加的なもの（例えば枕など）を利用する後付け型などが検討されると考えられる。

5.3　車内・機内音のアクティブノイズコントロール

自動車，航空機などの内部の消音には，1.5 節で述べたように，こもり音（共鳴音）の消音と座席耳元付近を狙った局所空間の消音の 2 種類がある。後者は前記クワイエットチェアとは違い，全座席を広く消音するものである。

5.3.1 航空機機内音のアクティブノイズコントロール

航空機機内音のアクティブノイズコントロールとしては，主に小型プロペラ機に対して実用化されている。この場合，200～300 Hz のプロペラ回転音が機内で非常にうるさく，その対策にアクティブノイズコントロールが適しているためである。参照信号としてはプロペラの回転パルスなどを取り，数十個の制御スピーカを胴体と内装壁の間や座席下に組み込み，数十個の誤差マイクロホンを座席ヘッドレストなどに組み込んでいる。多チャネルのフィードフォワード制御システムによって，座席耳付近の水平断面の消音を実現している。対象としている音はプロペラ回転音とその高周波成分であり，いずれも数 dB から 10 dB の減音効果が得られている。

図 5.24 はヘリコプタの機内音制御を行った例である[16)]。参照信号としてはテールロータ音とエンジンの振動を取り，四つの座席の下に組み込んだ制御スピーカで，四つの座席のヘッドレストに取り付けた誤差マイクロホンの出力を制御する 2-4-4 の多チャネル FXLMS アルゴリズムを用いている。**図 5.25** に誤差マイクロホンの音圧スペクトルと減音量，および座席耳元水平断面内での 70 Hz（テールロータ音）成分の音圧分布を示す。70 Hz 成分が広い空間で減音していることが確認できる。

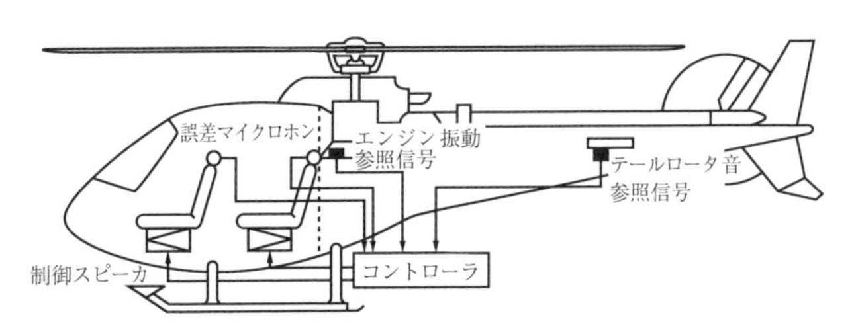

図 5.24 ヘリコプタ機内音用アクティブノイズコントロールの例[16)]

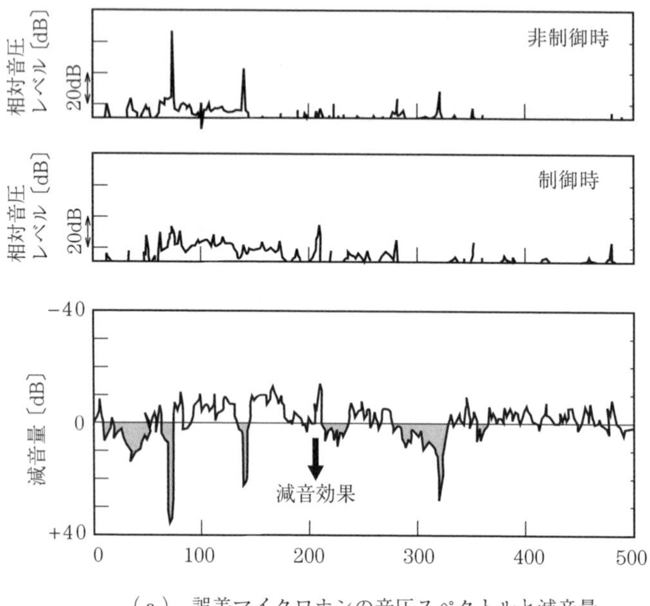

（a） 誤差マイクロホンの音圧スペクトルと減音量

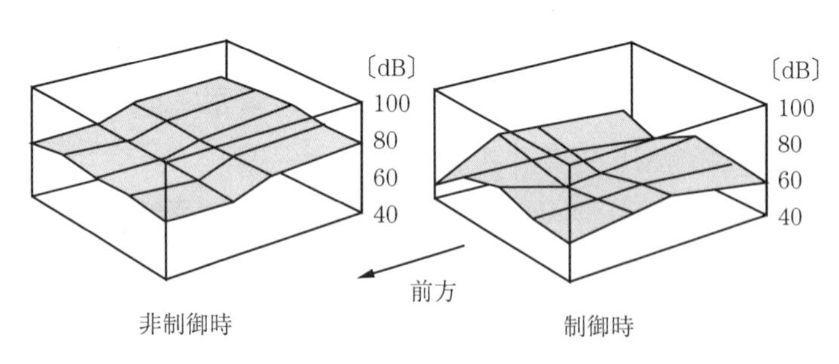

（b） 70 Hz成分の音圧分布（座席耳元水平断面）

図5.25　ヘリコプタ機内音用アクティブノイズコントロールの制御効果[16)]

5.3.2　建設機械キャブ内音のアクティブノイズコントロール

建設機械のキャブは，視界をよくするため通常四方が透明の窓で囲われている。したがって，従来の吸音・遮音対策がしづらく，アクティブノイズコントロールの有効な適用先である。内部は一人座席であるが，運転者はある程度上体を動かしながら作業を行う。したがって，頭の付近に少し余裕をもった消音領域（ZoQ）が必要である。

図5.26は建設機械キャブ内のアクティブノイズコントロールの適用例である[17]。制御対象とする音は，エンジンの爆発音，油圧ポンプの脈動音，ファンの回転音でいずれも周期音である。ただ前二者はエンジン回転の高周波成分であるが，後者はプーリ比の分回転がずれている。そこで，参照信号としてはエンジンの回転パルスとファンの回転パルスの二つを用い，制御スピーカは足元に2個，誤差マイクロホンは両耳付近に各1個設置した，2-2-2の多チャネルシステムとした。

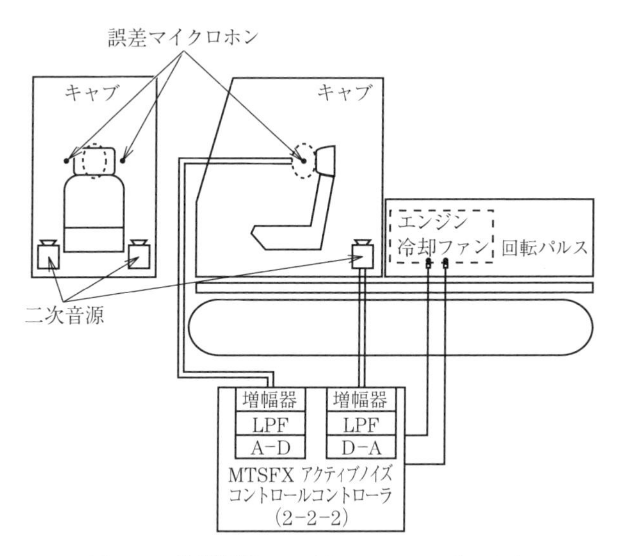

図5.26 建設機械キャブ内のアクティブノイズコントロールの適用例[17]

実際にはコントローラの簡素化と，演算のスピードアップを狙って，**図5.27**に示す，**multi-timing synchronized FXLMS**（MTSFX-LMS）**アルゴリズム**を用いている。これは，オーバサンプリングした信号から二つのパルスタイミングに同期した信号をそれぞれ取り出し，それぞれsynchronized FXLMSのアルゴリズムに従って作成した波形を重ね合わせて制御信号として出力するものである。

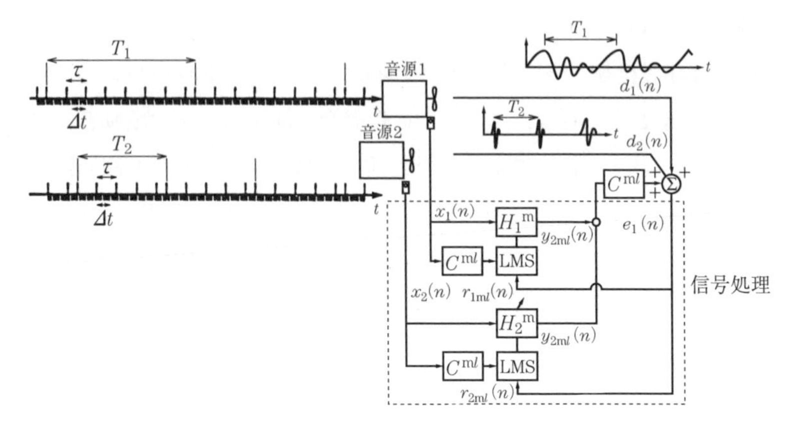

図 5.27　MTSFX-LMS のブロック図[17)]

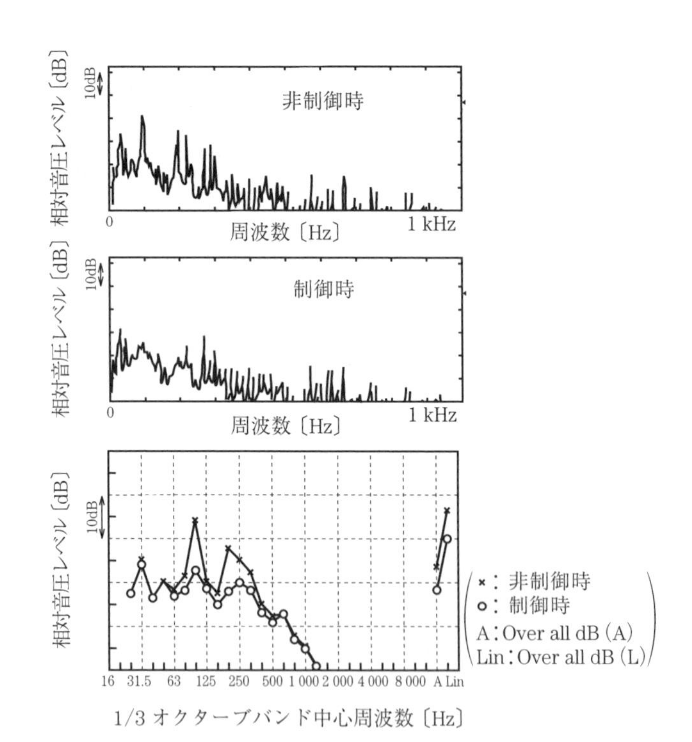

図 5.28　建設機械キャブ内のアクティブノイズコントロールのオペレータ耳元での減音効果[17)]

図 5.28 はアクティブノイズコントロールのオペレータ耳元での減音効果を示している。500 Hz 以下の周波数帯域でピーク周波数を確実に減音していることがわかる。また減音ゾーンは，運転者の姿勢の動きの範囲を十分カバーしていることが確認されている。

5.3.3 自動車車内音のアクティブノイズコントロール

自動車車内音の主要因は，エンジンの爆発音や，タイヤが路面から加振されるロードノイズである。最近ではエンジン音の対策は進み，主な寄与はロードノイズとされている。車内音に一般のアクティブノイズコントロールを適用する場合は，エンジンやシャーシの振動を参照信号とし，座席下に配した制御スピーカと座席ヘッドレストに組み込んだ誤差マイクロホンを用いる多チャネル FXLMS システムが考えられる。しかし，このシステムでは高価になり，なかなか実用化は難しい。そこで，最近では既存のオーディオシステムとマイコンを用い特定の音の消音を狙ったシステムが実用化されている。

図 5.29 はロードノイズによって発生する車内の約 40 Hz のこもり音を対策した例である[18]。前部座席はこもり音制御を行うためのフィードバック制御が行われ，後部座席はその制御による増音を防止するためのフィードフォワード制御を行っている。制御スピーカは既存のオーディオシステムのものを使用しており，制御はコスト低減を狙ってアナログ回路で実現している。またオーディオ装置と合体させるため種々の工夫が施されている。

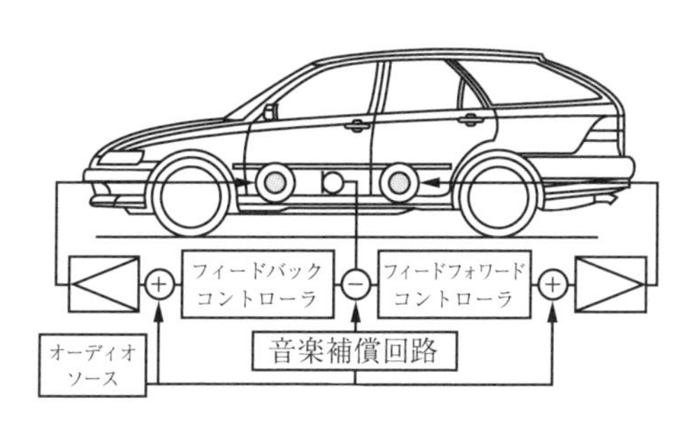

図 5.29 ロードノイズのアクティブノイズコントロールの例[18]

図 5.30 はそのアクティブノイズコントロールの減音性能を示している。前部座席でこもり音が 10 dB 程度低減しているのがわかる。

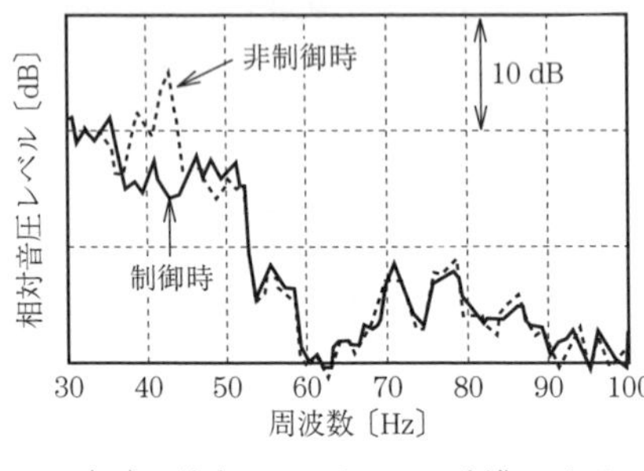

（a） 前席フィードバック制御による騒音低減効果

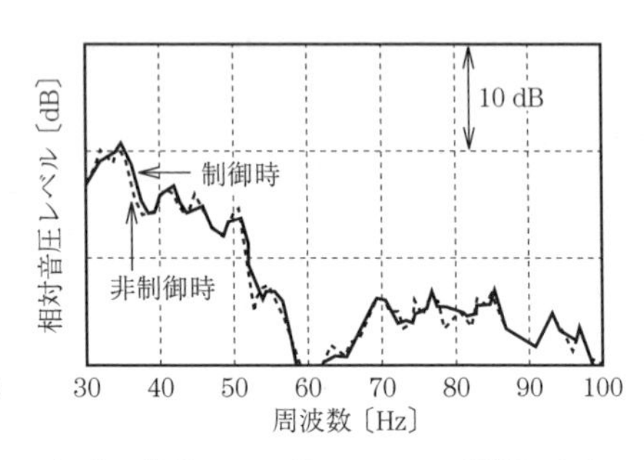

（b） 後席フィードフォワード制御による増音抑圧効果

図 5.30　ロードノイズのアクティブノイズコントロールの減音性能[18)]

図 5.31 の構成図は環境対策，燃費向上のための気筒停止運転を行うときに発生するこもり音対策を行ったものである[19)]。これも同様にオーディオシステムと一体化させている。これはアクティブノイズコントロールがこもり音対策を実現することにより，性能向上のためのモード切替え運転が可能になった例であり，アクティブノイズコントロールの新しい使い方と評価される。**図 5.32** はそのアクティブノイズコントロールの減音性能を示している。気筒停止運転時にもこもり音が発生していないことが認められる。

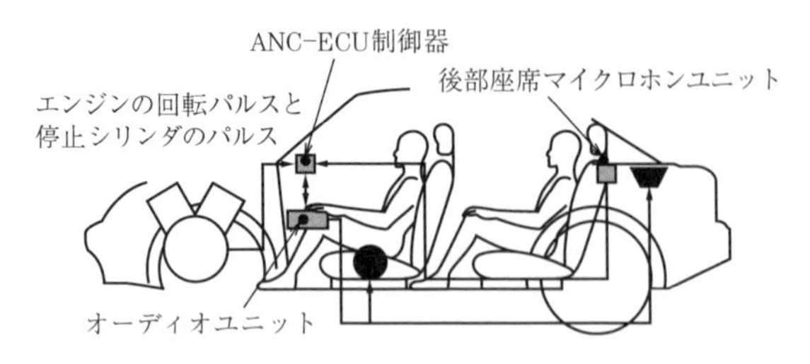

図 5.31　気筒停止に伴うこもり音のアクティブノイズコントロールの構成図[19)]

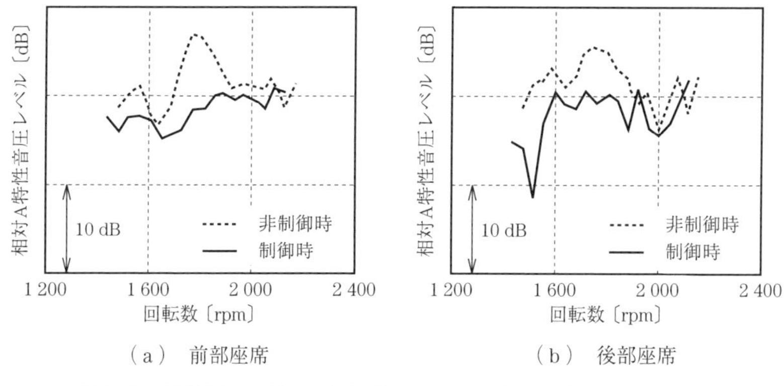

図 5.32 気筒停止に伴うこもり音のアクティブノイズコントロールの減音性能（回転の 1.5 次成分）

5.4 音場境界の制御

空間の音の制御を行う場合，波長相当以上の大きさの場合は，多チャネル制御が必要になり，制御対象空間の大きさに対してシステムは加速度的に複雑になる。そこで，現実問題としてはなかなか実現が難しい。そこで考えられたのが，分散制御による音場境界の制御である。1個の制御スピーカと1個の誤差マイクロホンを有した制御ユニット（アクティブノイズコントロールセル）を製作し，それを音場境界に並べるだけで，音場境界の音響インピーダンスを制御し，音場の特性を制御するものである。なおそれぞれの制御ユニットは，独立に制御され，相互干渉が起こらないように留意して配置される必要がある。

5.4.1 アクティブノイズコントロールによる壁吸音率の制御

まず壁の吸音率・反射率を制御する **AAT**（active acoustic treatment）を紹介する[20]。**図 5.33** に AAT の基本概念を示す。壁に **AAT セル**と呼ばれるユニットが並べられており，各セルには，二次音源と誤差マイクロホンおよびそれらを制御するコントローラが配置されている。セル表面には適度な流れ抵

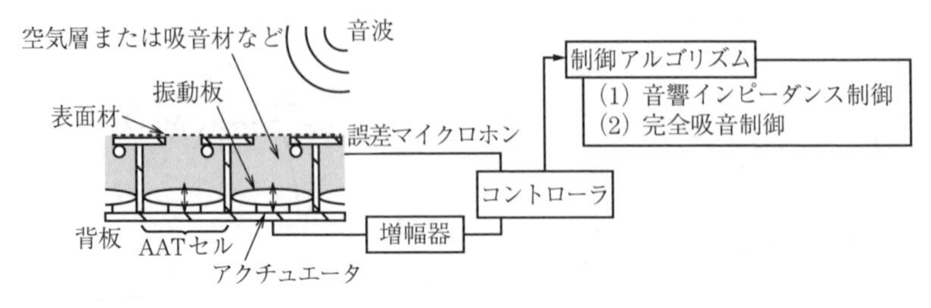

図 5.33　AAT の基本概念[20)]

抗をもつ**表面材**（facing sheet）が設置されている。各セルは独立に制御されており，入射してくる音波に対して，誤差マイクロホンの出力が適切になるように制御される。具体的には，後述のように表面材の流れ抵抗，誤差マイクロホンの位置，制御目標値により表面の音響インピーダンスが制御され，吸音率，反射率が制御されることになる。本システムではセルの表面に平行な断面は同位相を仮定しており，セルの大きさは波長に比べて十分小さくする必要がある。実際には 1/4 波長以下の大きさが推奨される。

具体的な制御手法を**図 5.34** に示す。手法 1 は 2 個のマイクロホンで入射音と反射音を分離し，反射音が目標どおりになるようにフィードフォワード制御するものであり，その具体的な制御ブロック図を**図 5.35** に示す。基本的には FXLMS アルゴリズムであるが，誤差信号をつぎの手順で作成しているのが特徴である。

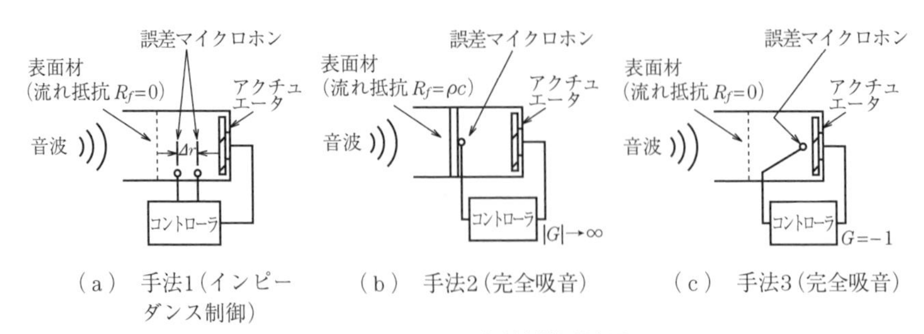

（a）　手法1（インピーダンス制御）　（b）　手法2（完全吸音）　（c）　手法3（完全吸音）

図 5.34　AAT の各種制御手法[20)]

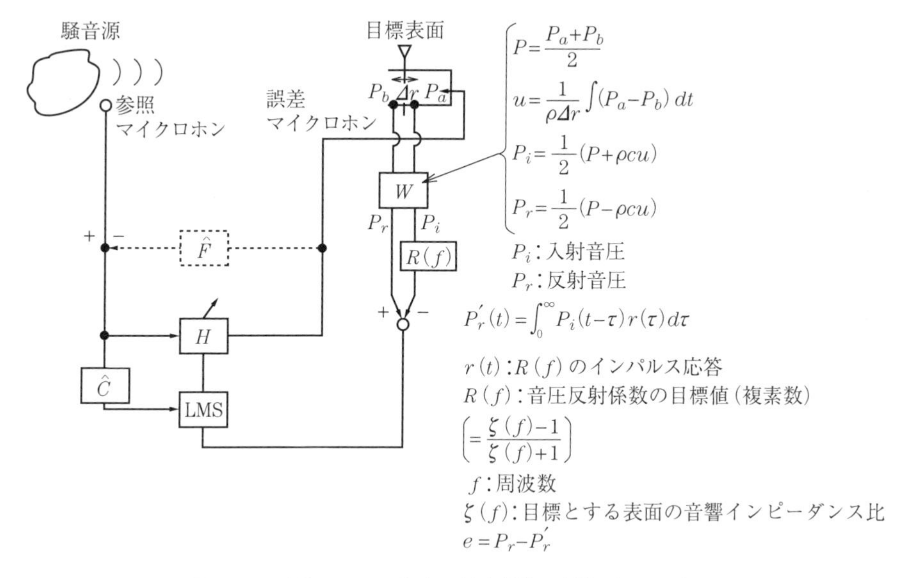

図 5.35 手法 1 による複素反射率制御の制御ブロック図[20)]

まず，二つのマイクロホンによって分離された入射音に，目標とする複素反射率のインパルス応答を畳み込み，目標とする反射音を作成する。つぎに二つのマイクロホンによって実際に分離計測された反射音と上記の目標とする反射音の差を誤差信号とする。本制御手法の妥当性をダクトを使って確認した結果を**図 5.36** に示す。制御対象周波数帯域で，目標どおりの吸音率，反射率が得られていることがわかる。しかし，本手法はフィードフォワード制御であるため，参照信号が必要である。演説や演奏のように音源が特定できる場合は容易に参照信号を取得できるが，一般の騒音の場合，因果律のある参照信号の取得が難しい。また，セルごとに 1 個のディジタルコントローラが必要になる。

図 5.34 の手法 2，手法 3 はフィードバック制御システムである。両者はまとめて**図 5.37** のブロック図で表現できる。ここで，G は誤差マイクロホンから二次音源を介して誤差マイクロホンへ至る閉ループの一巡伝達関数である。この場合，表面での音響インピーダンス比 ζ は次式で与えられる[20)]。

$$\zeta=\frac{R_f}{\rho c}-\frac{1}{G-i(1-G)\tan kl} \tag{5.2}$$

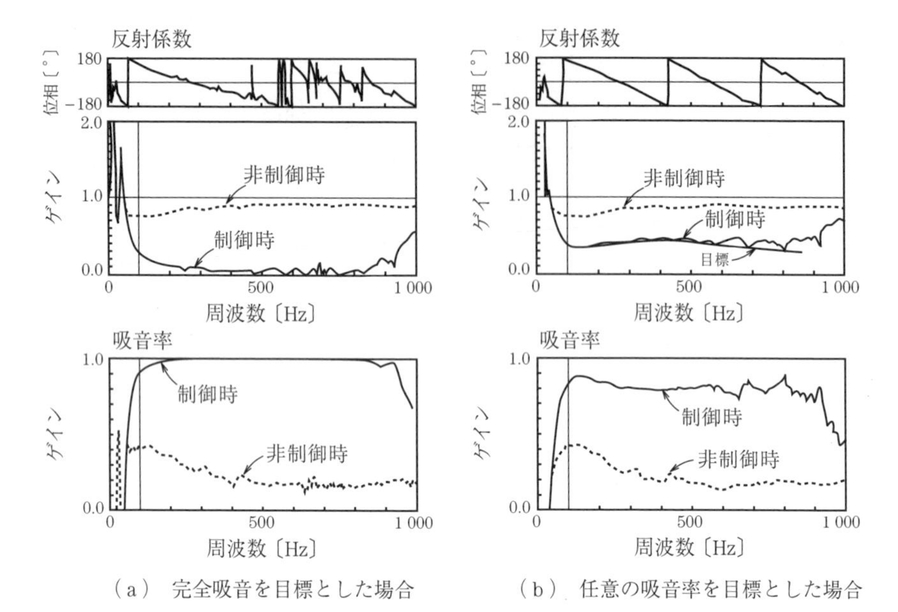

図 5.36　手法 1 による AAT の制御効果[20)]

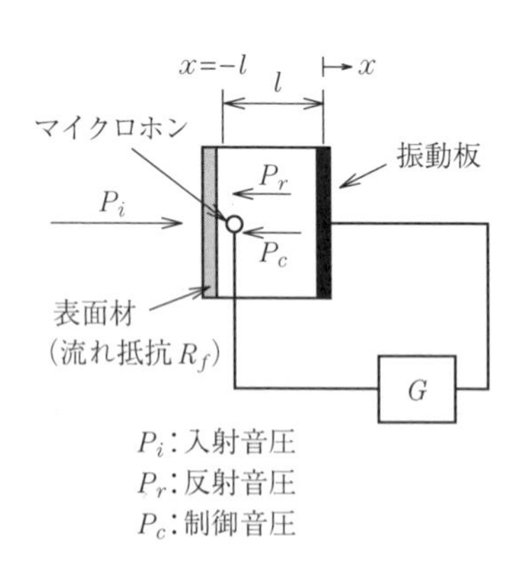

図 5.37　手法 2，3 による AAT の制御ブロック図[20)]

ここで，R_f は表面材の流れ抵抗，ρ は空気密度，c は音速，k は波数，l は二次音源から誤差マイクロホンまでの距離，i は虚数単位である。また音圧反射率 r，吸音率 α との関係はつぎのとおりである。

$$r = \frac{\zeta - 1}{\zeta + 1}, \qquad \alpha = 1 - |r|^2 \tag{5.3}$$

これらの関係から，$R_f = \rho c$ のとき，$|G| \to \infty$ で $\zeta \to 1$，$\alpha \to 1$ となり，ほぼ完全吸音が得られることがわかる。つまり表面材の流れ抵抗を ρc に調節して，通常のフィードバック制御で誤差マイクロホンの出力が 0 になるように制御すれば完全吸音が得られる。これは物理的には，二次音源で周波数ごとに反射波の位相を変え，誤差マイクロホンの位置つまり表面材の位置で，音圧が 0 つまり粒子速度が最大となる定在波を実現し，そこに適切な抵抗があることにより音響エネルギーが吸収されると見なすことができる。したがって，表面材の抵抗によって吸音率を調整することが可能である。

図 5.38 はダクト端に手法 2 の AAT セルを設置して，誤差マイクロホンの出力が 0 になるように制御した結果であるが，表面材の流れ抵抗の大きさに依存して，理論どおりの吸音率が得られていることがわかる。

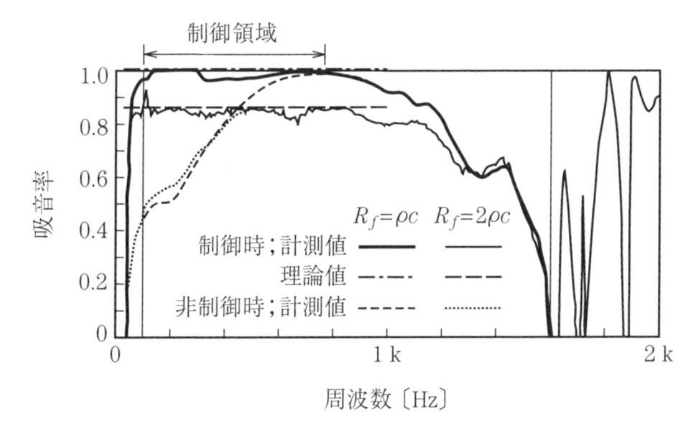

図 5.38　手法 2 による AAT の制御結果[20)]

一方，式 (5.2)，(5.3) から，$R_f = 0$，$l = 0$ のとき，$G \to -1$ で $\zeta \to 1$，$\alpha \to 1$ となることがわかる。つまり，表面材がないときは，二次音源直前に誤差マイクロホンを置き，一巡伝達関数をゲイン 1 で位相反転させればよいことがわかる。**図 5.39** は同じくダクト端に手法 3 の AAT セルを設置してアナログフィードバック制御を行った結果である。制御対象周波数範囲で高い吸音率

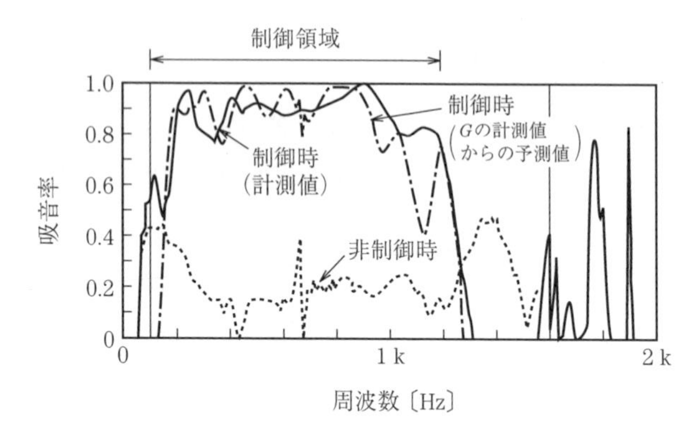

図 5.39　手法 3 による AAT の制御結果[20)]

が得られていることがわかる。

図 5.40 は試作の AAT セルとそれを並べてシート状にした写真である。この場合は手法 2 を用いてアナログ制御している。このシートを箱の中に入れて制御しても，隣接するセル間のクロストーク成分 20 dB 程度と十分小さく，狙いどおりの性能が発揮されることが確認されている[21)]。

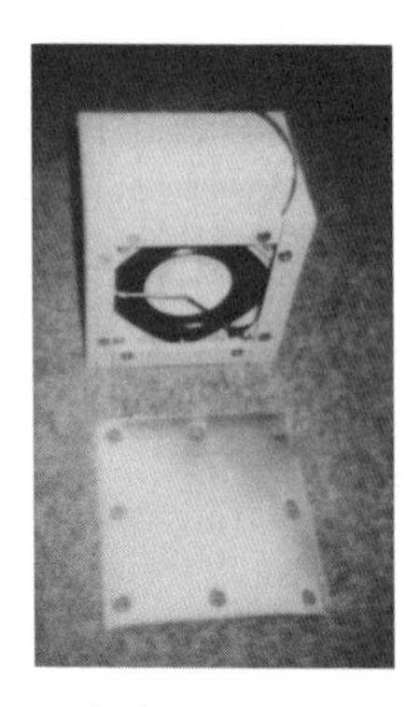

（a） AATセル

（b） AATシート

図 5.40　AAT の写真[21)]

5.4.2　アクティブノイズコントロールによる防音壁回折音の制御

防音壁先端からの回折音をアクティブノイズコントロールで低減しようという試みは古くから行われており，二次音源を壁先端部に設置して回折領域に誤差マイクロホンを設置する方法[22]や，壁の音源側に二次音源を設置し，先端に誤差マイクロホンを設置して，先端部の音圧を下げることにより回折音を低減する方法[23]などが提案されている。しかしこれらは，壁に沿って二次音源を並べていく必要があり，多チャネルのフィードフォワード制御が必要である。音源が複数ある場合や移動する場合などは，システムが非常に複雑になり実用的でない。

そこで考えられたのが，前述のAATセルを防音壁先端に並べ，上記後者と同様そこでの音圧を低減することにより，回折音を低減する方法である[24),25]。その基本概念を**図5.41**に示す。この場合は，AATは吸音壁でなく，反射率が−1となる逆位相反射壁としてチューニングされ，その表面で音圧0を実現する。具体的には，式（5.2）で$R_f = 0$とし，$|G| \to \infty$になるようにフィードバック制御を行えば，$\zeta \to 0$，$r \to -1$となることがわかる。このように音圧が0となる境界は**音響ソフト境界**と呼ばれており，本システムは**ASE**（active soft edge）と呼ばれる。

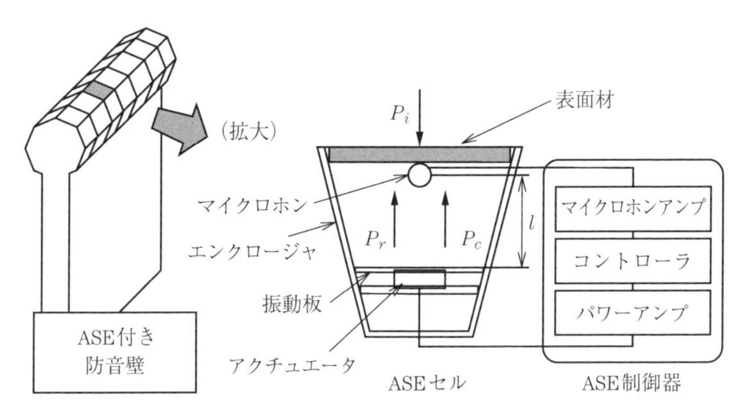

図5.41 ASEの基本概念[24]

ASEは基本的にはフィードバック制御であるため，音波がどこから到達したかによらず二次音源直前の音圧を0にすることになる。したがって，音源が複数あっても，移動していても，斜め方向から音波が入射しても制御は可能である。

図 5.42 はプロトタイプ ASE のフィールドテストの状況の写真である[25)]。ASE は耐候性をもたすためカバーシートや多孔板で覆われ，また高周波成分に対して吸音による減音効果を得るため，吸音材も併用されている。

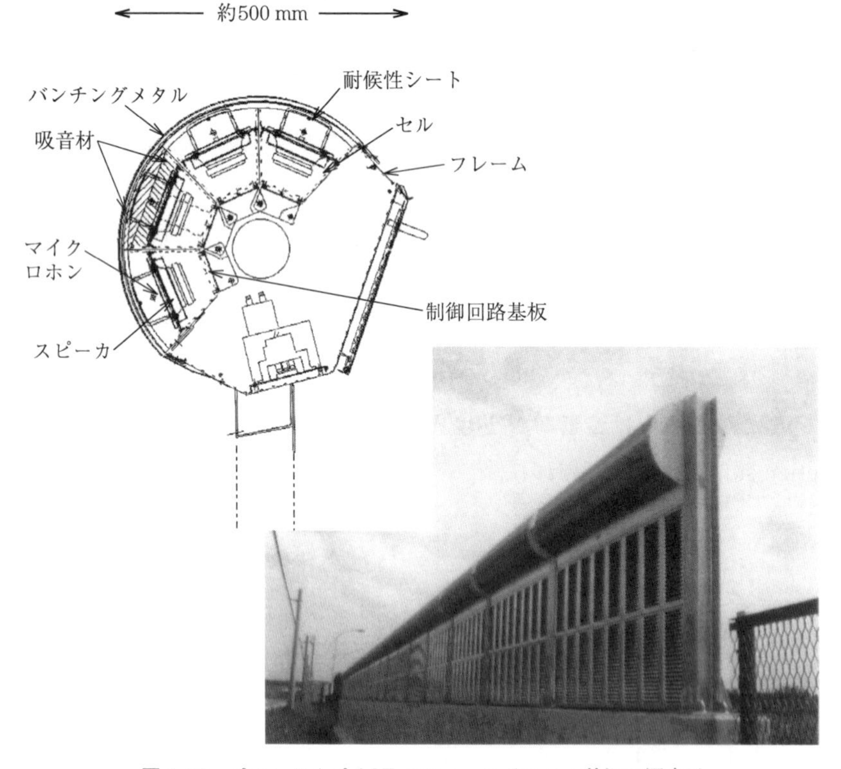

図 5.42　プロトタイプ ASE のフィールドテスト状況の写真[25)]

図 5.43 は防音壁裏側（音源と反対側）の代表点での音圧スペクトルを，同一高さの通常の統一型遮音壁の場合と比較して示した効果である。ASE は広い周波数帯域にわたって効果を発揮していることがわかる。

また，**図 5.44** はトラックを 80 km/h で走行させたときの 1/3 オクターブバンド 250 Hz 帯の音圧レベルの時間変化を示している。統一型遮音壁に比べ，トラックがすぐ前を通過するときのピークレベルが低減されており，ASE は移動音源にも十分効果を発揮することが確認できる。ASE はその後改良が重

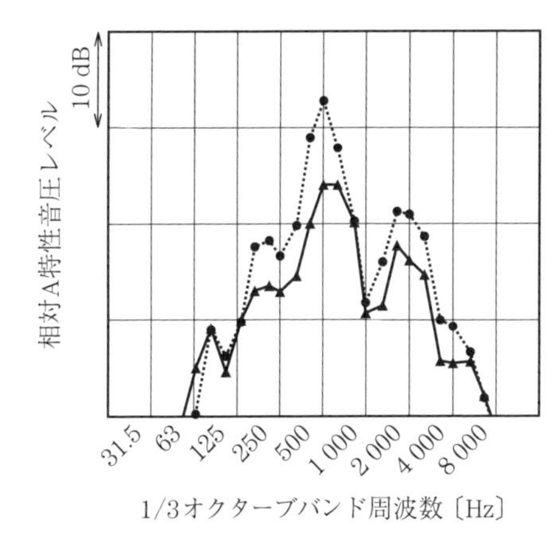

図 5.43 固定音源に対する ASE の効果（統一型遮音壁との比較）

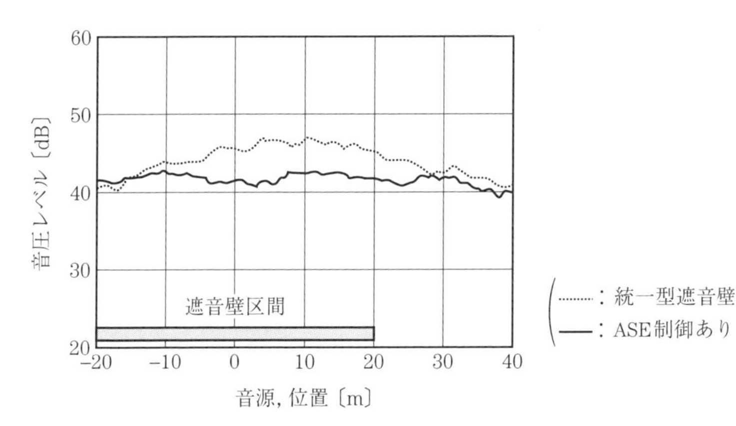

図 5.44 トラック走行時の ASE の効果[24]（10 t トラック，80 km/h 走行，250 Hz バンド）

ねられ，実用化に至っている[26]。

その後さらなる性能向上を目指して，信号処理速度を速めたディジタルフィドフォワード処理に基づいた音響セルが開発されている。これは，後述の AAS と同一のコンセプトで，各セルの参照マイクロホンと制御スピーカを非常に近い位置に設置することを可能としたもので，誤差マイクロホンの設置位置の選び方によって，見通せる場所も含め任意の方向の音の消音を重点的に行うことが可能である。移動音源，複数音源に適用できることは ASE と同様である[27]。

5.4.3 アクティブノイズコントロールによる壁透過音の制御

車両や航空機の胴体は，軽量で高い遮音性が求められる。しかし，一般の壁構造では軽いほど音が透過しやすく，低周波音ほど音が透過しやすい。そこで，アクティブノイズコントロールを利用した遮音壁が求められる。アクティブノイズコントロールを利用した遮音壁には二つのタイプが考えられる。一つは音波によって加振される壁の振動を制御し，透過側の空気を加振しないようにする方法である。この場合，音が問題となる周波数領域では一般に壁は高次モードで振動している場合が多く，高次モード振動の制御が必要になる。したがって，システムが複雑になってしまう欠点がある。もう一つの方法は，二重壁の内部の音圧を0にする方法である。壁に入射した音波は入射側の壁を振動させるが，その振動によって誘起される二重壁で挟まれた空間の音をアクティブノイズコントロールで消去すれば，透過側の壁は加振されず透過側の空気は加振されない。ただし，二重壁をつなぐ固体の振動による固体伝播音は小さいと仮定している。

後者の場合，二重壁内部の空間を波長に比べて十分小さい空間に仕切れば，仕切られた空間内は同位相音場になり，それをセルと見なした分散制御が可能である[28),29)]。その概念図を**図5.45**に示す。

各セルには二次音源と誤差マイクロホンとコントローラが設置されており，誤差マイクロホンの音圧が0になるようにフィードバック制御される。この**アクティブ遮音セル**（active sound insulation cell, **ASIC**）は基本的にはAATと同じコンセプトであり，セルの寸法を1/4波長以下にすることにより，単純フィードバックの独立制御が可能である。**図5.46**は同一の考え方で

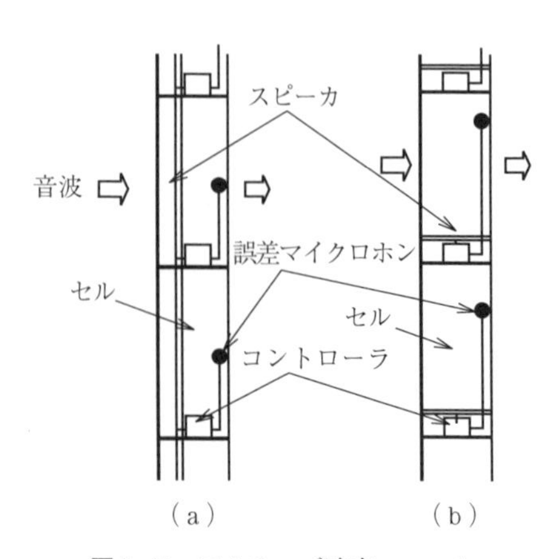

図5.45 アクティブ遮音ユニットの概念図[28)]

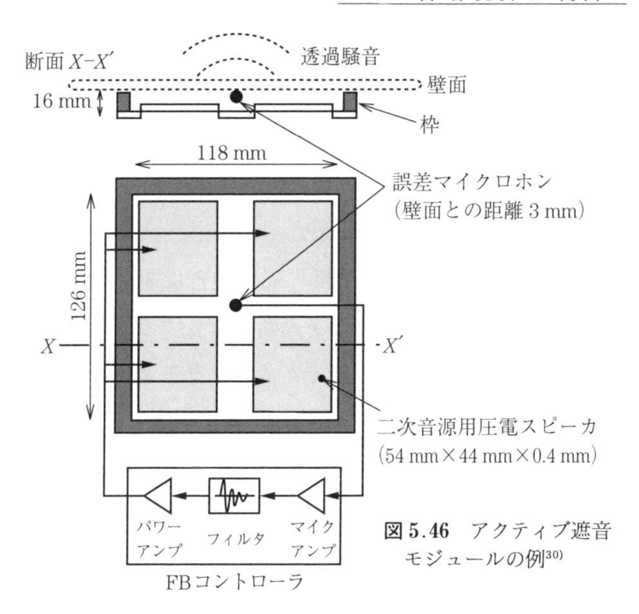

図 5.46 アクティブ遮音モジュールの例[30]

作成されたアクティブ遮音モジュールの例である[30]。ここでは二次音源として圧電スピーカを 4 枚使用し，軽量化を図っている。

図 5.47 は誤差マイクロホンでの制御効果を示している。まだ周波数範囲は狭いが，狙いの周波数帯域で 10 dB 程度の制御効果が得られていることがわかる。また複数個のセルを並べて設置しても相互干渉は発生しないことが確認されている。アクティブ遮音セルの今後の実用化が期待される。

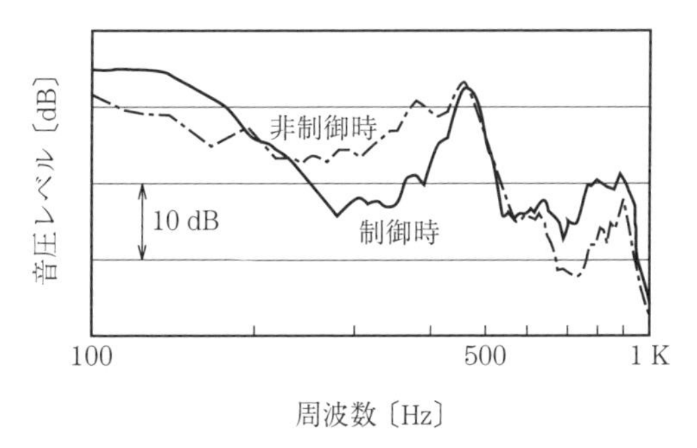

図 5.47 アクティブ遮音モジュールの誤差マイクロホンでの制御効果[30]

ほかにも床衝撃音の対策に，分散制御の考え方を取り入れた遮音モジュールの開発も行われており[31]，アクティブセルを用いた分散制御は，アクティブノイズコントロールの実用化を促進すると期待される。

5.4.4 アクティブ音響シールディング

開口窓からの音の透過を防止し，“風は通すが音は通さない窓”を実現したり，見通せる場所から伝播してくる音を遮断したりすることは，アクティブノイズコントロールにしかできない技術である。**アクティブ音響シールディング**(active acoustic shielding，**AAS**）はその実現を目指すものである[32)~36)]。

〔1〕 AASの基本コンセプト

ホイヘンスの原理によれば，音波はその波面に素波を発生して伝播していく。そしてその強度や伝播方向は，それぞれの素波の強さや位相関係によって決まってくる。そこで，任意境界面の各点で到来してくる一次音源の素波と同振幅逆位相の素波を発生させれば，一次音波と同一波面をもつ同振幅逆位相の波面を形成することが可能になる。つまり，参照マイクロホンと制御スピーカが一体化され（ほぼ同一位置に設置され）入射してくる音波に対して同振幅逆位相の音波を生成できる音響セルを製作することができれば，それを音場境界面に波長に比べて十分小さな間隔で並べることにより，その音場境界を透過する音を消音できると考えられる。このような考えに基づいて発案されたのがAASである。

具体的なAASの構成例を**図5.48**に示す。AASセルは制御スピーカのすぐ背後に参照マイクロホンをもっており，固定フィルタでフィードフォワード制御される。AASセルは窓などの境界面に波長に比べて十分短い間隔で並べて設置され，各々独立に制御される。また，各セルは原則的には同一の固定フィルタで制御される。もしこれが実現できれば，同一のAASセルを量産しそれをただ並べるだけで，開口窓から透過してくる音を消音することが可能になる。

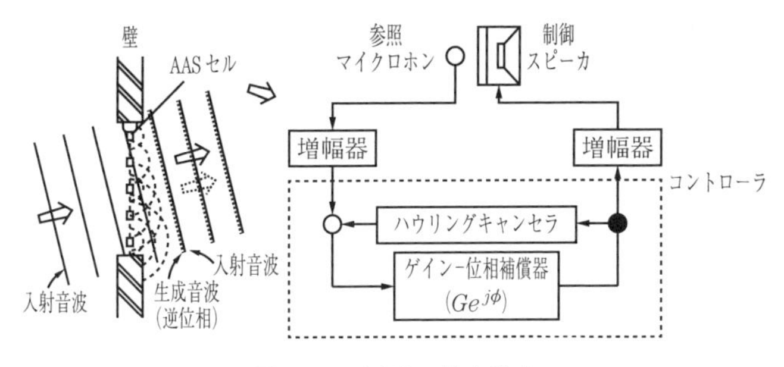

図 5.48 AAS の基本構成

〔2〕 **シミュレーション**[32)]

本コンセプトの可能性をシミュレーションで検討した結果を以下に示す。この場合，各 AAS セルは**図 5.49** に示すように格子状に並んだ点音源とし，参照マイクロホンと制御音源はまったく同じ位置に設置されていると仮定している。

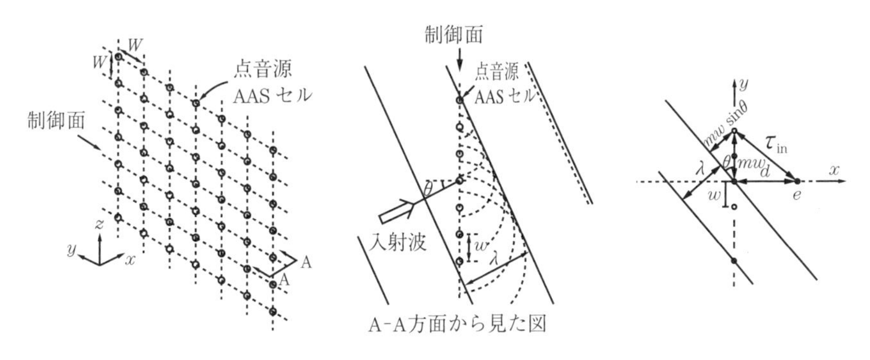

図 5.49 AAS シミュレーションモデル[32)]

図 5.50 は，種々の角度で入射する平面音波に対する減音効果をコンター図で示している。このときの条件は，セル数 50×50，$d/w = 1$，$w/\lambda = 0.25$，(w：セル間隔，d：制御面から誤差マイクロホンまでの距離，λ：波長）である。正面入射はいうまでもなく，60°の斜め入射でも，後方に広い減音領域が得られていることがわかる。なお，種々の条件でシミュレーションを行った結果，$w/\lambda \leqq 0.5$，$\theta \leqq 60°$ の条件で広範囲の減音領域が得られることが確認さ

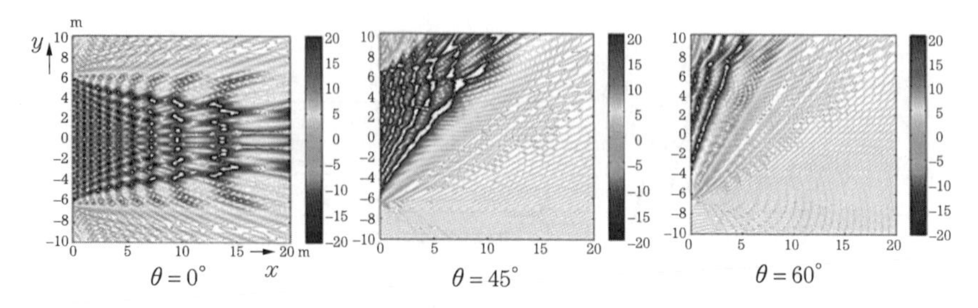

図 5.50　AAS 減音量シミュレーション結果[32)]

れている[32)]。

〔3〕 **小型AAS窓の試作試験**[33),34)]

つぎに4個のAASセルを設置した小型のAAS窓を試作し，その性能を実験で確認した結果を以下に示す。

（1） **試作小型 AAS 窓**　　試作した小型のAAS窓を**図 5.51** に示す。開口部は250 mm四方で，4個のAASセルを125 mm間隔で配置している。AASセルは91×55×50 mmの大きさで，制御スピーカとしては平面スピーカを使用している。参照マイクロホンと制御スピーカ間の距離は因果律が十分成り立つように50 mmとしている。ここでは，制御器として高性能のDSPコントローラを用いており，48 kHzの高速サンプリングが実現でき，アンチエリアシングフィルタのカットオフ周波数を20 kHzにすることができたため，4.5節に述べたようにコントローラでの遅延を短く抑えることができ，参照マイクロホンと制御スピーカの間隔をこのように短くすることが可能となっている。

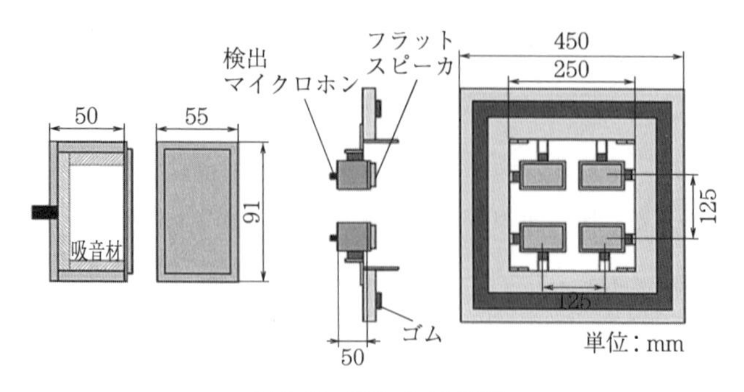

図 5.51　試作 AAS 窓[33)]

このように参照マイクロホンと制御スピーカをほぼ一体化した配置が実現できたことが，後述のように斜め入射や複数音源，移動音源にも有効なAASの実現につながったと考えられる。

（2） **試験装置**　小型の簡易無響室の扉に上記AAS窓を取り付け，外部に一次音源を設置して，窓を通して内部に入り込んでくる音の消音実験が実施された。試験装置と測定平面を**図5.52**に示す。一次音源は500〜2 000 Hzのランダム音である。誤差マイクロホンは各AASセル正面100 mmの位置に設置されている。減音効果の評価は図中a〜d点での音圧スペクトル，および1 m四方の水平測定平面での1/3オクターブバンド音圧レベルコンターで行われている。

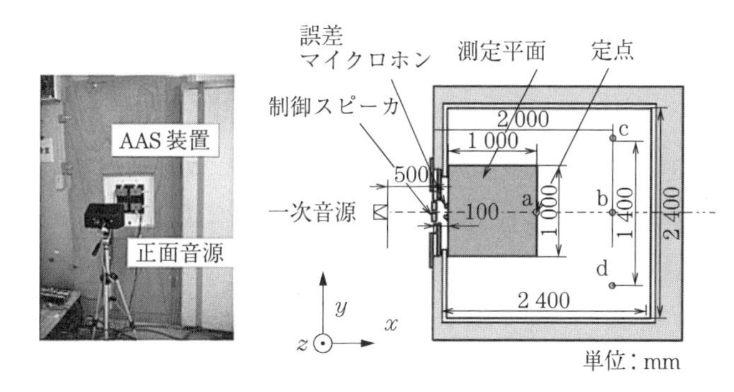

図5.52　試験装置と測定点，測定面[33)]

（3） **制御方法**　本実験では4(1-1)-4のFXLMSアルゴリズムが用いられた。そのブロック図を**図5.53**に示す。本アルゴリズムは4-4-4のmultiple error FXLMSアルゴリズムのクロスフィルタをゼロとおいた場合に対応し，収束後フィルタを固定した場合に，各セルは独立のフィルタで制御できるという特徴がある[33),34)]。

コントローラの設定値は，サンプリング周波数48 kHz，アンチエリアシングフィルタ遮断周波数20 kHz，適応フィルタHのタップ数220，二次経路フィルタ$\hat{C}$のタップ数120である。また，ハウリング防止フィルタ$\hat{F}$は用いなくてもよかった。まず四つの制御点を考慮したANC適応制御を行い，収束後

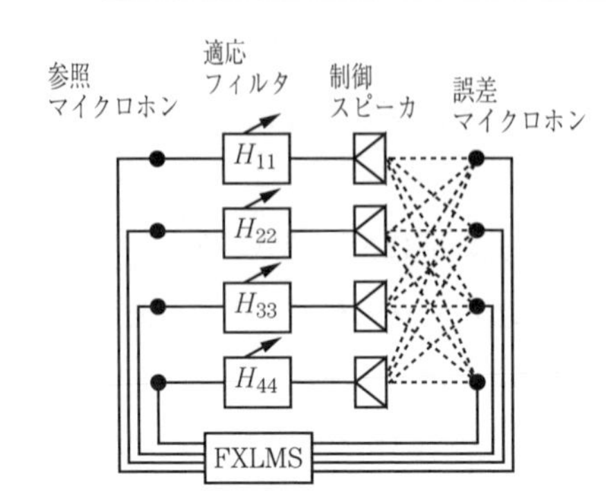

図 5.53　4(1-1)-4 FXLMS のブロック図[33)]

に四つの適応フィルタの更新を止め，フィルタを固定する。

AAS セルは基本的には同一フィルタで制御されるのが望ましい。本試験でも，システムが収束後各セルのフィルタを比較したところ，そのインパルス応答に大きな差がないため，その平均的な値が同一の固定フィルタとして採用された。フィルタを固定後は，誤差マイクロホンは不要となり，除去して試験を行われた。なお，以後の試験結果は，正面音源の場合に適応させた同一固定フィルタが他の試験条件においても用いられている。つまり，条件ごとにフィルタを適応収束させたものではない。

（4） **試 験 結 果**　　**図 5.54** は代表的な試験条件でのモニタ点 a で減音効果を示している。図(a)は正面 500 mm 離れた位置に一次音源を置いた場合で，500〜2 000 Hz で 10〜20 dB の減音効果が得られていることがわかる。また，無響室内の広い領域で同様の減音効果が得られた。図(b)は 30°の斜め入射音源の場合である。高周波の減音効果は劣化するが 1 500 Hz 以下では減音効果が得られている。また，特に音圧レベルの高い斜め部の減音効果が大きい。ここには示していないが，複数音源の場合も，それらを重ね合わせた音圧スペクトル，音圧分布に対する減音効果，減音分布が得られている。無響室内に反射板を設置して部屋の反射条件を変更しても減音効果は十分に得られるし，室内で話をしても制御効果が劣化することはなかった。**図 5.55** には音源を移動させたときの減音効果を示すが，移動スピードに関係なく一定の減音効果が得られていることがわかる。

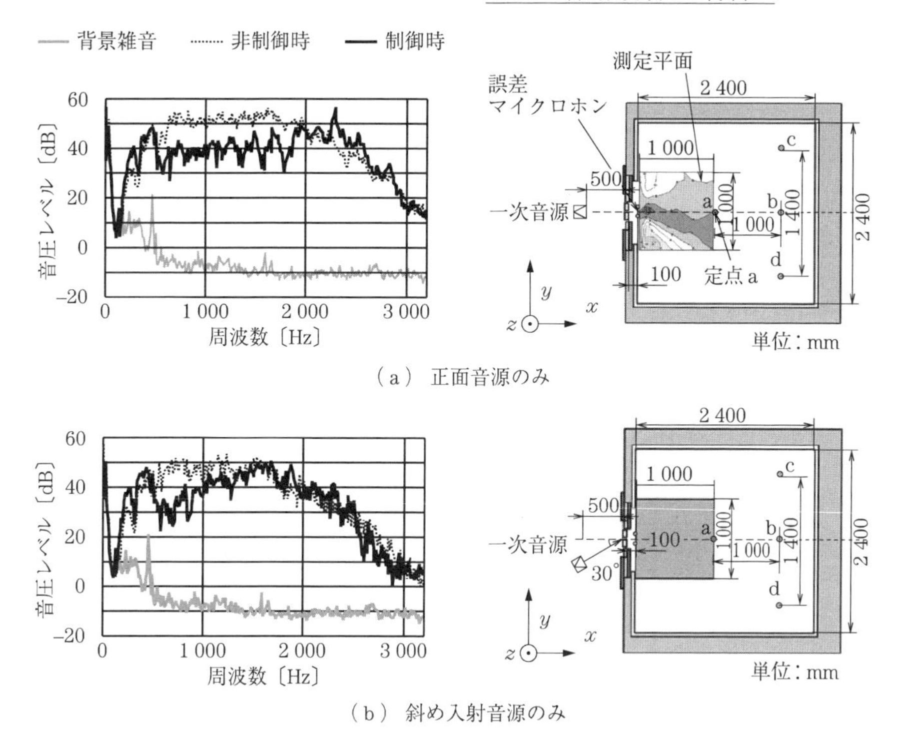

（a） 正面音源のみ

（b） 斜め入射音源のみ

図 5.54　AAS 窓定点 a での減音効果[34)]

これらは，制御フィルタの適応後，制御フィルタを固定し，誤差マイクロホンを撤去した効果と考えられる。また，それを可能にしたのは，参照マイクロホンと二次音源の間の距離を極力短くし，斜め音源にも対応できるようにしたことと，温度変化などによる音速の変化にもロバストにしたことが要因と考えられる。

〔4〕 AASのまとめ

以上のシミュレーション，基礎試験により，AAS のコンセプトの有用性が確認され，“風は通すが音は通さない窓”の実現に近づいたと考えられる。しかし今後，大型窓への対応，制御装置の小型化と AAS セル内への組み込み，AAS セルの量産化，低周波の性能改善など，まだまだ課題は多い[35),36)]。

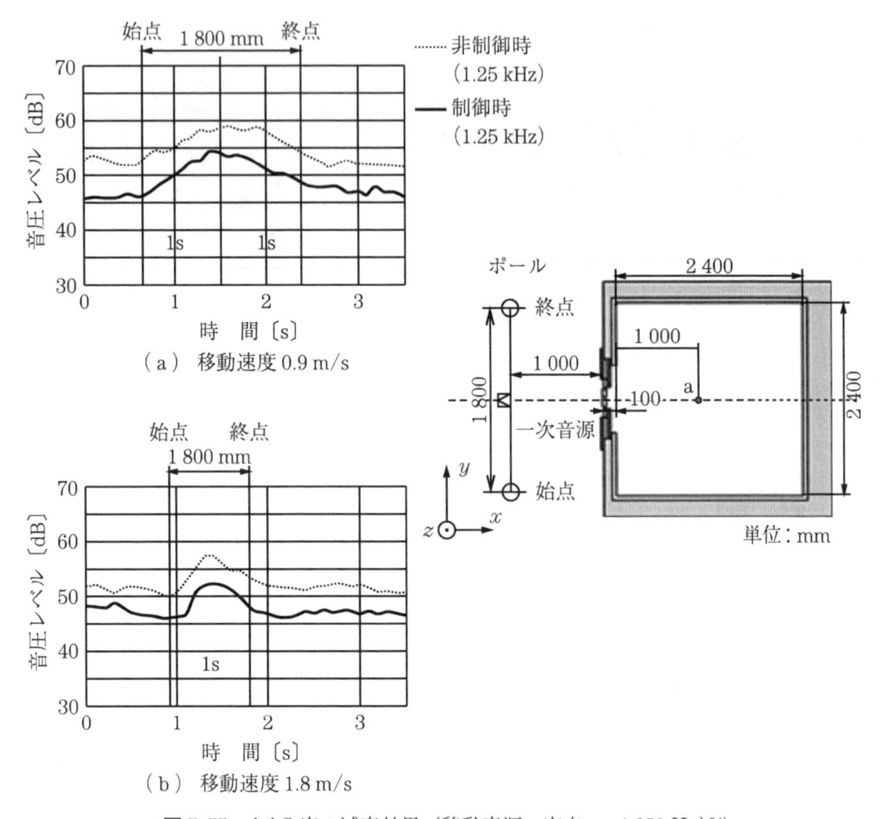

図 5.55　AAS 窓の減音効果（移動音源，定点 a，1 250 Hz）[34)]

5.5　空力自励音の制御

流れによって発生する音をアクティブに消音する手法としては，二次音源で元の音を消音するいわゆるアクティブノイズコントロールと，音で流れ自体を制御し，音の発生を抑制する **AFC**（active flow control）がある。AFC には，音波による噴流の混合促進による噴流音の低減や，フラップ制御による動静翼の干渉音の低減など多種の事例が存在するが，なかでも音による空力自励音の制御は非常に効果的である。

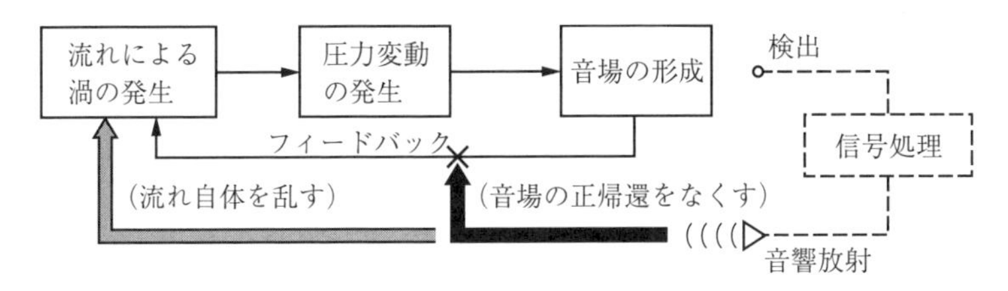

図 5.56 空力自励音制御の基本概念

図 5.56 にその基本概念を示す。キャビティ音や管群共鳴音のような空力自励音は，流れによる渦の発生が圧力変動を誘起して音場を形成し，それが渦の発生に正帰還して渦，音場をより強め，やがて自励発振する現象である。そこで，二次音源から制御音を発生し，正帰還を防止することができれば空力自励音の発生を防止することが可能である。正帰還を防止する方法としては，ランダム音を発生して流れを乱す方法，90°の位相差をもたせて音場のダンピングを増す方法，逆位相の音を発生して音場の成長を防止する方法などがある。

図 5.57 は，キャビティ音を逆位相の音で制御した例である[37]。パイプの底に二次音源を設置し，パイプ内に設置した誤差マイクロホンの信号をフィード

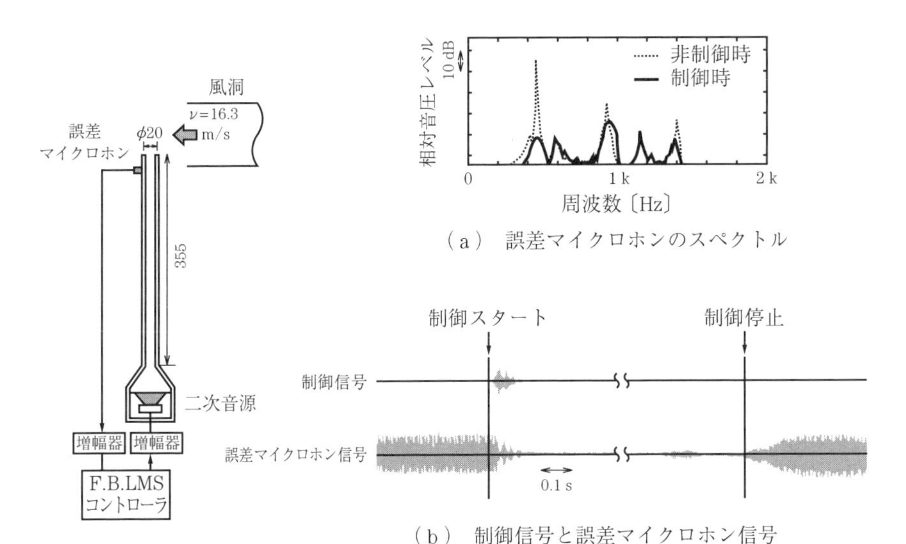

(a) 誤差マイクロホンのスペクトル

(b) 制御信号と誤差マイクロホン信号

図 5.57 キャビティ音の制御効果[37]

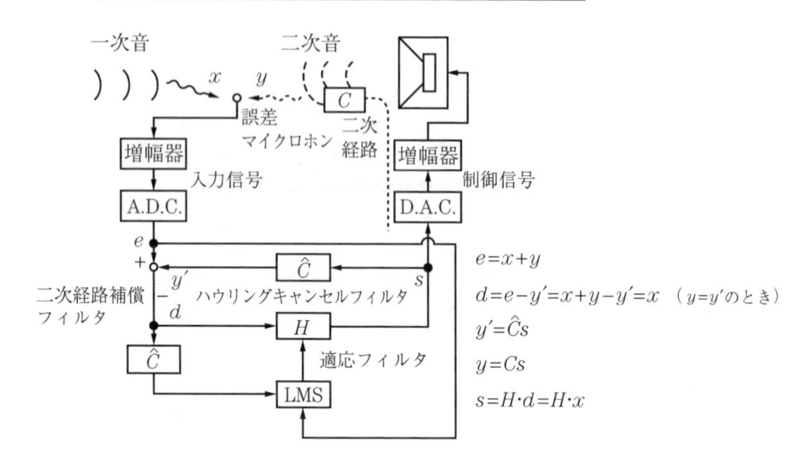

図 5.58　F. B. LMS 制御（IMC 構成のフィードバック制御）のブロック図[37)]

バックして制御している。制御は**図 5.58** のブロック図に示すような，フィードバック型の LMS 制御を行っている。これは 3.5.4 項に示した IMC 構成のフィードバック制御と同等のもので，ここでは F. B. LMS 制御と呼んでいる。

コントローラ内でハウリングキャンセルが行われているため，誤差信号の出力が小さくなっても参照信号としては一次音源からの音を検出できているため，安定した制御が可能である。この制御方式は因果律が成り立たないため，広帯域ランダム音の制御はできないが，周期的因果律が成り立つ周期音や共鳴音などの制御は可能である。制御結果は図 5.57 に示されている。制御を行うことにより空力自励音のピーク周波数が大幅に低減していることがわかる。また，制御信号は，制御をスタートした瞬間に少しインプットされるが，その後はほとんど制御信号が出されていないことが認められる。これが通常のアクティブノイズコントロールと異なる点であり，発生した音を消音しているのではなく，自励音の発生自体を抑制していることがわかる。

このような空力自励音のフィードバック制御は，管群共鳴音や燃焼振動の抑制，送風機のサージング防止にも有効である。

5.6 その他の試み

5.6.1 ボイスシャッター

電車の車内や喫茶店など，公共の場での携帯電話の話し声は，周りの人に迷惑である。また，周りの人に聞かれたくない機密の通話もある。そこで声を周囲に漏らすことなく通話できる**ボイスシャッター**の開発が望まれる。周りに声を漏らさないためには，完全に口を塞いで話せればよいが，それでは話すことができず，空気が抜けるための孔が必要である。ところが孔があればそこから声が漏れ，有効でなくなる。そこで，孔からの漏れ音の消音が必要である。また，口を完全に塞がなくても，発生した音声を完全に吸収してくれるデバイスがあれば，それを口の近くにもっていくだけで声が周囲に漏れるのを塞ぐことが可能になる。このようなデバイスがアクティブノイズコントロール技術を使って実現できないかとの試みが行われている[38),39)]。以下，その概要を示す。

〔1〕 ボイスシャッターの概要

図5.59にボイスシャッターのコンセプト図を示す。タイプAは口に円筒状のボイスシャッターを口に押し付けて使用する密閉タイプである。この場合，声を発生することができるようベント孔が設けられているが，そこからの漏れ

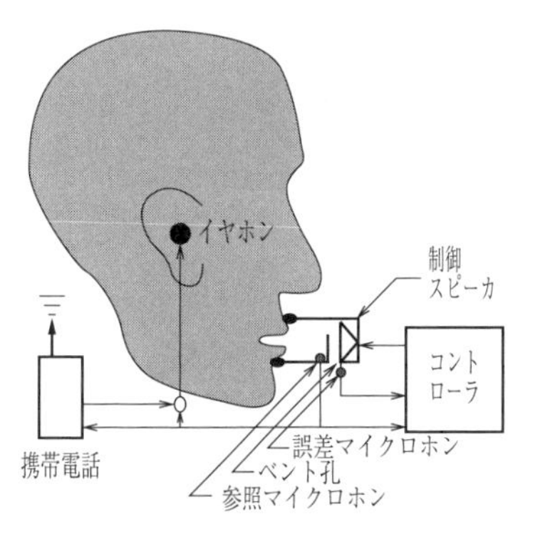

（a） 密閉タイプのボイスシャッター

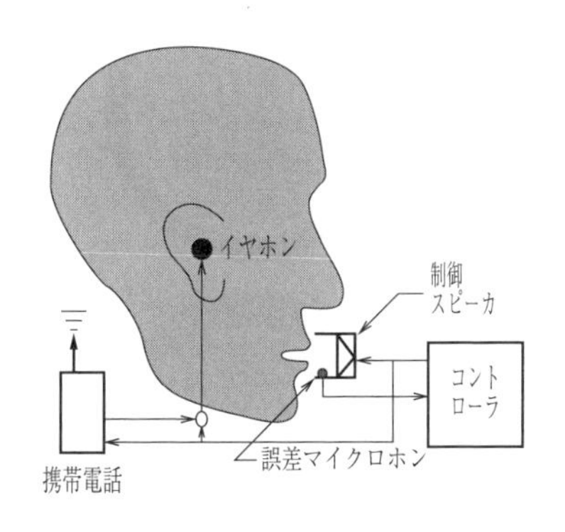

（b） 開放タイプのボイスシャッター

図5.59 ボイスシャッターのコンセプト図

音をアクティブノイズコントロールにより消音する。この漏れ音はフィードバック制御やフィードフォワード制御により制御可能である。また，参照マイクロホンで検知した音を通話に利用する。タイプBは口とボイスシャッターを密接させず隙間をもたせて使用する開放タイプである。この場合，制御の方法はフィードバック制御のみが有効と考えられる。通話については，制御器により生成された音の逆位相の音を通話に利用する。これは制御器により生成される音は本来の音の逆位相のためである。また，タイプA，Bとも通話音を話者のイヤホンに入力し，話者の声が大きくならないように工夫している。

〔2〕 **密閉タイプのボイスシャッター**

図5.60に密閉タイプのボイスシャッターの基本構造を示す。試作された密閉タイプのボイスシャッターは円筒状のカップの形をしており，その先端にANCのためのスピーカが設置されている。また，口形の変化による音場の変動を抑えるため，ボイスシャッター内にϕ 10 mmの小穴を設けた仕切り板を設けている。参照マイクロホンは仕切り板の小穴付近に設置している。誤差マイクロホンはボイスシャッター側面に開けられたベント孔近傍に設置されており，ここから漏れる声を制御することで通話中の声を外部に漏らさないように

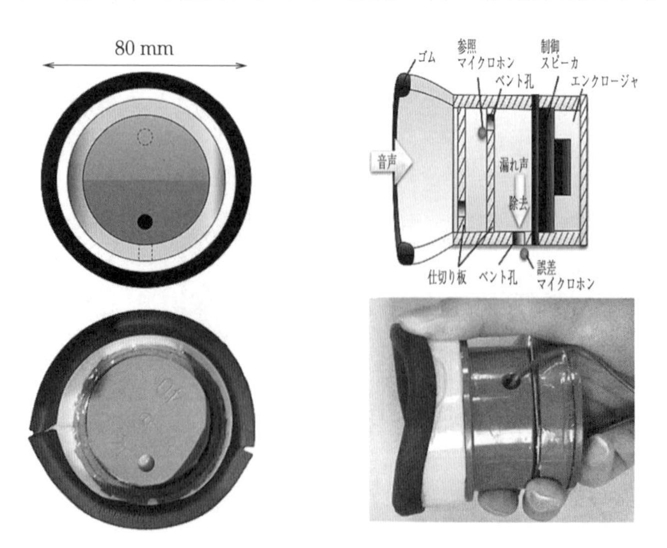

図5.60　密閉タイプのボイスシャッター

している。ここでは消音性能をより広い周波数範囲で実現するため，FXLMS アルゴリズムによるフィードフォワード制御を行っている。構造的に小型化を目指すためには，参照マイクロホンから制御スピーカまでの距離を短くする必要があり，4.5節に示したFPGAを用いた高速信号処理ボードが使用されている。

音源用スピーカから録音された音声を流し，ボイスシャッターを被せて，制御点での制御効果を計測した結果を**図 5.61**に示す。

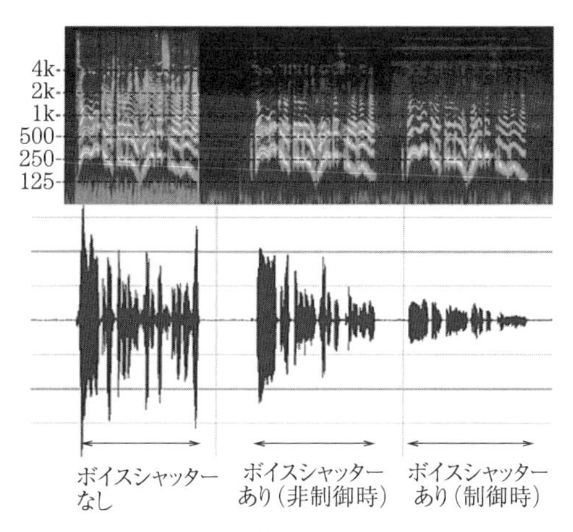

図 5.61 スピーカ音声に対する密閉タイプ
ボイスシャッターの効果

使用した音声は，女性の声で，/sou ookuno hitonomeni fureru sassideha naiga/（そう多くの人の目に触れる冊子ではないが）という文章である。ボイスシャッターを被せるだけでも減音はするが，アクティブノイズコントロールを作動させることにより，さらに大きな減音効果が得られていることがわかる。しかし，音圧レベルは下がるが，文意を把握でき，さらなる消音効果を上げるためには，何らかのマスキングノイズとの併用も考える必要がある。なお，側方500 mmのモニタ点においても同様の減音効果が得られることは，別途白色雑音（ホワイトノイズ）を用いて確認されている。

肉声についても試験が行われたが，実際の声は変動が大きく，まだまだ効果が不十分である。自動レベル調整など今後の開発が期待される[38]。

〔3〕 開放タイプのボイスシャッター

図 5.62 に試作された開放タイプのボイスシャッターの構造を示す。制御スピーカは口に対面して設置され，口との隙間間隔を一定に保つようにスペーサが上下に設置されている。誤差マイクロホンはその隙間の部分に設置され，隙間からの漏れ音を検出している。左右両側の誤差信号をミキシングし，フィードバック制御に使用する誤差信号としている。ここで制御対象周波数は，全周にわたって同相で放射される音の周波数（本試作寸法では約 2.4 kHz 以下）としており，単純加算した信号を誤差信号としている。

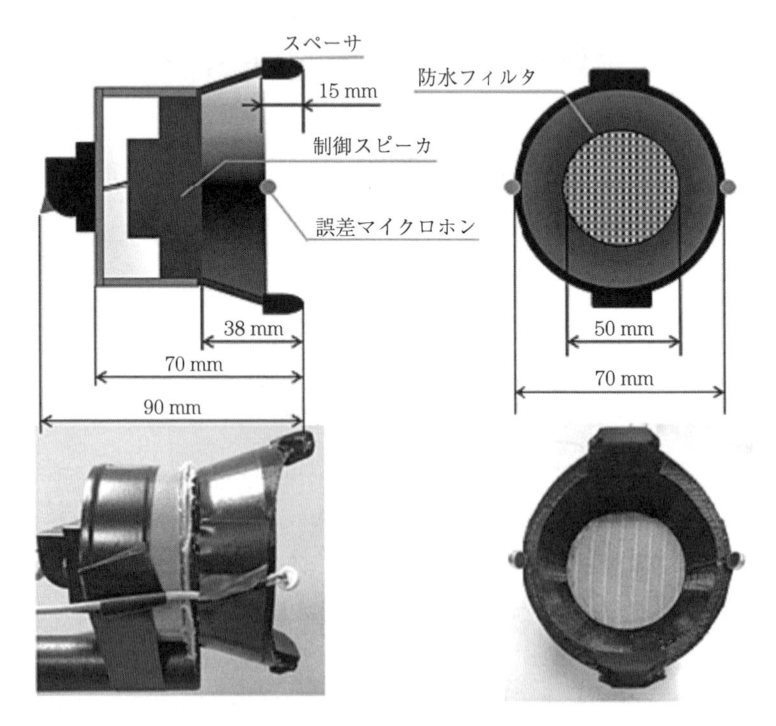

図 5.62　開放タイプのボイスシャッター

本装置の消音性能に関するポテンシャルを確認するため，スピーカ試験において，誤差マイクロホン位置での音圧をフィードフォワード制御したとき，遠方モニタ点でどの程度減音が得られるかを確認した。

図 5.63 は女性の声で，/sou ookuno hitonomeni fureru sassideha naiga/（そう多くの人の目に触れる冊子ではないが）という文章を音源としたものである。モニタ点においてもある程度減音効果が得られていることがわかる。

以上により，開放タイプのボイスシャッターも実現できる可能性が確認された。今後，適正なフィードバック制御回路の制作が進み，実用化されることが期待される[39)]。

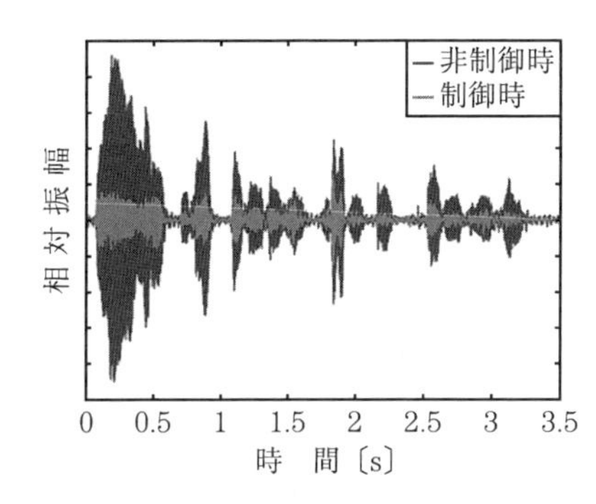

図 5.63 スピーカ音声に対する開放タイプボイスシャッターの効果（フィードフォワード制御）

5.6.2 パラメトリックスピーカを用いたアクティブノイズコントロール

近年，パラメトリックスピーカ（parametric array loudspeaker，PAL）という特殊なスピーカが注目されている。PAL は超音波を搬送波として再生したい音響信号を変調し，空気の非線形性による自己復調で可聴音を発生させるスピーカである。特徴として，再生された可聴音は非常に鋭い指向性（超指向性）をもち，狙った場所にのみ音を届けることが可能である[40),41)]。

このような超指向性の性質をアクティブノイズコントロールに利用する試みが数多くなされている[42)~54)]。三次元音場においてアクティブノイズコントロールを適用する場合，誤差マイクロホン周辺において消音領域（ZoQ）が形成され，その領域において騒音低減が実現される。一方で，ZoQ から離れた場所においては，アクティブノイズコントロールシステムから放射された音波と騒音源からの音波が同相となる場所が発生し，当然その領域においては騒音が増大する。この問題のことをスピルオーバーと呼ぶ。これは二次音源に用いるスピーカの指向特性に大きく関係しているため，PALを利用することでスピルオーバーを低減できることがこれまでに示されている[43)~46),48),54)]。

また，多数の参照マイクロホン，誤差マイクロホン，二次音源スピーカを用いるマルチチャネルシステムでは，チャネル数が増大するにつれて，演算量が膨大になり実現が困難となることが知られている。このようなマルチチャネルシステムにおいて，二次音源としてパラメトリックスピーカの超指向性を活かすことで，所望の領域において騒音低減を実現するとともに，異なるチャネル間の音響的な干渉（二次経路のクロストークパスと呼ぶ）を最小化できる。そのため，PALを用いたシステムではクロストークパスに対応する二次経路モデルを省略することができ，通常のマルチチャネルシステムよりも演算量を低減できることが示されている[54)]。

図5.64にCASE（1,2,2）マルチチャネルフィードフォワード制御において，二次経路モデルのクロストークパスを省略した場合のブロック図を示す。通常のCASE（1,2,2）マルチチャネルフィードフォワード制御においては，$6L+4N+12$（ここで，Lは制御フィルタのタップ長，Nは二次経路モデルのタップ長）の乗算回数が必要なのに対して，図のシステムでは$4L+2N+6$の乗算回数へと削減可能である。そのように演算量を削減できるだけでなく，**図5.65**の消音効果の例が示すとおり，両者の間で消音効果に大きな差が生じないことがわかる。このことはPALを利用するうえでの大きな利点であるといえる。

そのほかにも，湾曲したPALを利用することで逆相の点音源を騒音源地点に生成すると，音場全体の騒音を低減するglobal ANCを実現できることも実証されている[50)]。また，PALから照射された音響ビームを壁などに反射させることで，壁などにより音響的に影となっている空間において騒音を低減可能であることも示されている[49)]。さらに，PALを利用することで，局所領域（通常は誤差マイクロホン周辺）において騒音を低減するlocal ANCにおけるZoQの大きさを増大できることも示されている[53)]。以上のことから，PALの

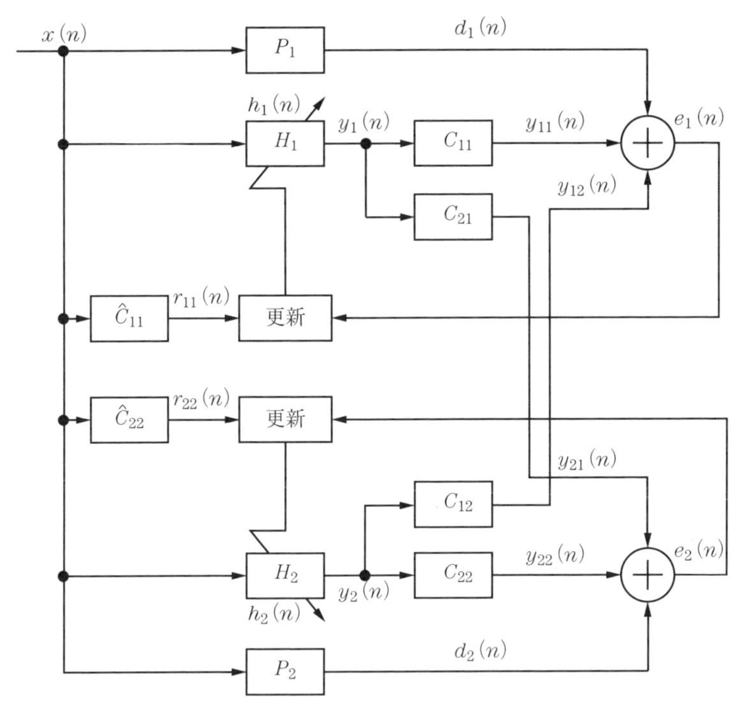

図 5.64　パラメトリックスピーカを利用したCASE (1,2,2) フィードフォワード制御（二次経路のクロストークパスのモデルが不要な構成）

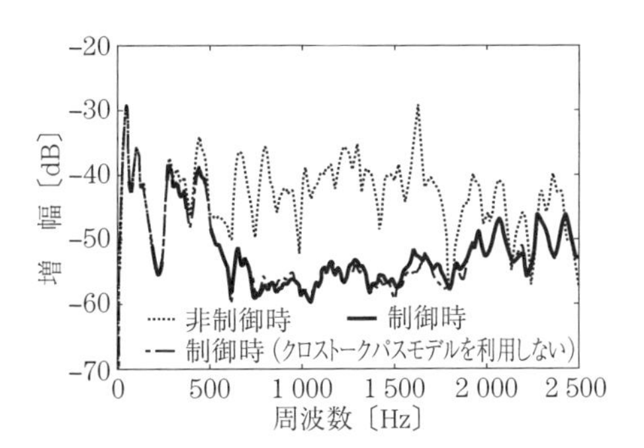

図 5.65　パラメトリックスピーカを用いたCASE (1,2,2) フィードフォワード制御の制御効果

特性を積極的に利用することでアクティブノイズコントロールへの適用事例は今後も増えると予想される。ただし，PAL はその原理上，低周波数領域（およそ 500 Hz 以下）における再生音圧が小さいため，本来アクティブノイズコントロールが得意とする低周波数の騒音低減が困難であるという問題も有することから，その適用には注意が必要である。

引用・参考文献

1）Iwata, H., Nishimura, M., Aoi, F., Abe, M. and Watabe, S.：Development of active noise control duct system, Proc. of International Symposium on Active Control of Sound and Vibration, pp. 493～496 (1991)
2）Nishimura, M.：Some problems of active noise control for practical use, Proc. of International Symposium on Active Control of Sound and Vibration, pp. 157～164 (1991)
3）阿部真一，栗栖清浩：IPP ガスタービン排気音等の ANC による低減，騒音制御，**27**，4，pp. 247～251（2003）
4）Ohnuma, T., Sugimura, J., Komura, Y., Nishimura, M. and Arai, T.：Active control of exhaust noise of diesel engine by wave synthesis method, Proc. of International Symposium on Active Control of Sound and Vibration, pp. 267～272 (1991)
5）Nelson, P. A. and Elliott, S. J.：Active Control of Sound, Academic Press (2000)
6）宇佐川毅他：DXHS アルゴリズムによる救急車電子サイレン音の制御，日本騒音制御工学会平成 16 年度春季研究発表会講演論文集，pp. 93～96（2004）
7）橋本裕之，寺井賢一：アクティブノイズコントロールのオーディオへの応用-新幹線「Max」のシートオーディオシステム-，情報処理，**40**，1，pp. 14～17（1999）
8）McJury, M., Stewart, R. W., Crawford, D. and Toma, E.：The use of active noise control (ANC) to reduce acoustic noise generated during MRI scanning: some initial results, Magnetic Resonance Imaging, **15**, 3, pp. 319～322 (1997)
9）Chen, C. K., Chiueh, T. T. and Chen, J. H.：Active cancellation system of acoustic noise in MR imaging, IEEE Trans. on Biomedical Engineering, **46**, 2, pp. 186～191 (1999)
10）Chambers, J., Akeroyd, M. A., Summerfield, A. Q. and Palmer, A. R.：Active control of the volume acquisition noise in functional magnetic resonance

imaging : method and psychoacoustical evaluation, J. Acoust. Soc. Am., **110**, 6, pp. 3041～3054 (2001)

11) Chambers, J., Bullock, D., Kahana, Y., Kots, A. and Palmer, A. : Developments in active noise control sound systems for magnetic resonance imaging, Applied Acoustics, **68**, 3, pp. 281～295 (2007)

12) Hall, D. A., Chambers, J., Akeroyd, M. A., Foster, J. R., Coxon, R. and Palmer, A. R. : Acoustic, psychophysical, and neuroimaging measurements of the effectiveness of active cancellation during auditory functional magnetic resonance imaging, J. Acoust. Soc. Am., **125**, 1, pp. 347～359 (2009)

13) Kumamoto, M., Kida, M., Hirayama, R., Kajikawa, Y., Tani, T. and Kurumi, Y. : Active noise control system for reducing MR noise, IEICE Trans. on Fundamentals, **E94-A**, 7, pp. 2922～2926 (2011)

14) Kannan, G., Milani, A. A., Panahi, I. and Briggs, R. W. : An efficient feedback active noise control algorithm based on reduced-order linear predictive modeling of fMRI acoustic noise, IEEE Trans. on Biomedical Engineering, **58**, 12, pp. 3303～3309 (2011)

15) Sawano, H. and Kajikawa, Y. : Active Noise Control Systems with Simplified Period Aware Linear Prediction Method for MR Noise, Asia-Pacific Signal and Information Processing Association 2016 Annual Summit and Conference (APSIPA ASC 2016)

16) 柴田勝彦他：ヘリコプタ機内音のアクティブ音響制御，第 30 回日本航空宇宙学会関西・中部支部合同秋季大会講演論文集（1991）

17) Nishimura, M., Matsunaga, Y. and Hata, S. : Multi-Timing Synchronized Multiple Error Filtered-X-LMS algorithm and its application for reducing cab noise, Proc. of ACTIVE'95, pp. 985～992 (1995)

18) 寺井賢一，佐野久：車室内低周波ロードノイズのアクティブ制御-実用化とオーディオとの融合技術-，音響会誌，**59**，7，pp. 424～425（2003）

19) 井上敏郎，高橋彰，箕輪聡，佐野久，大西将秀，中村由男：適応ノッチフィルタを応用したアクティブこもり音制御システム，自動車技術会　秋季学術講演会前刷集 84-03，pp. 1～4（2003）

20) Nishimura, M., Ohnishi, K., Patrick, W. P. and Zander, A. C. : Development of Active Acoustic Treatment (Phase1, Basic concept and development of AAT-Cell), Proc. of ACTIVE'97, pp. 319～330 (1997)

21) 西村正治，大西慶三，Patrick，W. P., Zander, A. C.：アクティブ吸音壁の開発（その 2）吸音シートの開発，日本音響学会平成 10 年度春季研究発表会講演論文集，pp. 461～462（1998）

22) Ise, S., Yano, H. and Tachibana, H. : Basic study on active noise barrier, J. Acoust. Soc. Jpn. (E), **12**, 6, pp. 299～306 (1991)

23) 尾本章，藤原恭司：防音壁エッジポテンシャルの能動消去，音響会誌，**47**，11，pp. 801～808（1991）
24) 大西慶三，寺西進，西村正治，上坂克巳，大西博文：アクティブソフトエッジ遮音壁の基本コンセプトと無響室実験による減音効果，音響会誌，**57**，2，pp. 129～138（2001）
25) 上坂克巳，木村健治，並河良治，大西博文，大西慶三，寺西進，西村正治：アクティブソフトエッジ遮音壁の開発と減音効果の評価，音響会誌，**58**，12，pp. 753～760（2002）
26) 大西慶三，齋藤卓，寺西進，並河良治，森悌司，木村健治，上坂克巳：量産型アクティブソフトエッジ遮音壁の開発，日本音響学会平成15年秋季研究発表会講演論文集，pp. 825～826（2003）
27) 河崎博秋，西村正治，金森直希，渡辺敏幸：防音壁用ANCシステムの高性能化に関する基礎検討（第2報：無響室実験），日本機械学会第18回環境工学総合シンポジウム2008，CD-ROM論文集（2008.7）
28) 西村正治，後藤知伸，上島力哉，三代巧：カードスピーカを用いたアクティブ遮音ユニットに関する基礎研究（第1報，シミュレーション），VS-Tech 2003 振動・音響新技術シンポジウム講演論文集，pp. 199～202（2003）
29) Nishimura, M., Goto, T., Kanamori, N., Mishiro, T. and Kimura, Y.：Basic research on active sound insulation unit, Proc. of ICA2004, pp. III-2169-III-2172 (2004)
30) 角張勲，水野耕，寺井賢一，山本克也：圧電スピーカを用いた壁面透過騒音の能動制御モジュール，日本騒音制御工学会平成16年度春季研究発表会講演論文集，pp. 85～88（2004）
31) 秋下貞夫，三谷篤史，高梨宏之：床衝撃音のアクティブコントロール（電磁アクチュエータの導入），日本騒音制御工学会平成16年度春季研究発表会講演論文集，pp. 89～92（2004）
32) Nishimura, M., Ohnishi, K. and Kanamori, N.：Basic Study on Active Acoustic Shielding, Proc. of Internoise2008, CD-ROM (2008)
33) Nishimura, M., Murao, T. and Wada, N.：Basic Study on Active Acoustic Shielding：Phase 2 Noise Reducing Performance for a Small Open Window, Proc. of Internoise2010, CD-ROM (2010)
34) Murao, T. and Nishimura, M.：Basic study on active acoustic shielding, Journal of Environment and Engineering, **7**, 1, pp. 76～91 (2012)
35) Murao, T., Nishimura, M., Sakurama, K. and Nishida, S.：Basic study on active acoustic shielding (Improving noise-reducing performance in low-frequency range), Journal of Environment and Engineering, **7**, 1, pp. 76～91 (2012), Bulletin of the JSME, Mechanical Engineering Journal, **1**, 6, pp. 1～12 (2014)
36) Murao, T., Nishimura, M., Sakurama, K. and Nishida, S.：Basic study on

active acoustic shielding (Improving the method to enlarge the AAS window), Bulletin of the JSME, Mechanical Engineering Journal, **3**, 1, pp. 1〜12 (2016)

37) Nishimura, M. and Fijita, K.：Active adaptive feedback control of sound field, JAME International Journal, **37**, 3-C, pp. 607〜611 (1994)

38) Nishimura, M., Tanaka, T., Shiratori, K., Sakurama, K. and Nishida, S.：Development of a voice shutter (Phase 1：A closed type with feed forward control), Proc. of Internoiise2014, CD-ROM (2014)

39) Nishimura, M., Shiratori, K., Sakurama, K. and Nishida, S.：Development of a voice shutter (Phase 2：Open type), Proc. of Internoiise2015, CD-ROM (2015)

40) Yoneyama, M., Fujimoto, J., Kawamo, Y. and Sasabe, S.：The audio spotlight：an application of nonlinear interaction of sound waves to a new type of loudspeaker design, J. Acoust. Soc. Am., **73**, 5, pp. 1532〜1536 (1983)

41) Shi, C., Kajikawa, Y. and Gan, W. S.：An overview of directivity control methods of the parametric array loudspeaker, APSIPA Trans. Sig. Inf. Process., **3**, e20, pp. 1〜12 (2015)

42) Brooks, L. A., Zander, A. C. and Hansen, C. H.：Investigation into the feasibility of using a parametric array control source in an active noise control system, Proc. ACOUSTICS 2005, pp. 39〜45 (2005)

43) Kinder, M. R. F., Petersen, C., Zander, A. C. and Hansen, C. H.：Feasibility study of localized active noise control using an audio spotlight and virtual sensors, Proc. ACOUSTICS 2006, pp. 55〜61 (2006)

44) 小松崎俊彦，畑中健介，岩田佳雄：パラメトリックスピーカを用いた能動騒音制御：音場特性に関する実験的検討，日本機械学会論文集（C 編），**74**，737，pp. 75〜82（2008）

45) 田中信雄，相原洋人：高指向性音源による能動騒音制御，日本機械学会論文集（C 編），**75**，750，pp. 357〜364（2009）

46) 小松崎俊彦，岩田佳雄：パラメトリックスピーカを用いた能動騒音制御：数値計算モデルの構築と干渉音場の検討，日本機械学会論文集（C 編），**76**，761，pp. 177〜184（2010）

47) Tanaka, N. and Tanaka, M.：Active noise control using a steerable parametric array loudspeaker, J. Acoust. Soc. Am. **127**, 6, pp. 3526〜3537 (2010)

48) Komatsuzaki, T. and Iwata, Y.：Active noise control using high-directional parametric loudspeaker, J. Environ. Eng., **6**, 1, pp. 140〜149 (2011)

49) 田中信雄，舘亮佑：パラメトリックスピーカの反射を用いたアクティブノイズコントロール，日本機械学会論文集（C 編），**77**，pp. 764〜775（2011）

50) Tanaka, N. and Tanaka, M.：Mathematically trivial control of sound using a parametric beam focusing source., J. Acoust. Soc. Am., **129**, 1, pp. 165〜172 (2011)

51) Lam, B., Gan, W. S. and Shi, C.：Feasibility of a length-limited parametric source for active noise control applications, Proc. 21th Int. Congr. Sound Vib., pp. 1～8 (2014)
52) Ganguly, A., Vemuri, S. H. K. and Panahi, I.：Real-time remote cancellation of multi-tones in an extended acoustic cavity using directional ultrasonic loudspeaker, Proc. 40th Annu. Conf. IEEE Ind. Electron. Soc., Dallas, Texas. pp. 2445～2451 (2014)
53) Tseng, W.-K.：Quiet zone design in diffuse fields using ultrasonic transducers, J. App. Math. and Physics, **3**, 2, pp. 247～253 (2015)
54) Tanaka, K., Shi, C. and Kajikawa, Y.：Binaural Active Noise Control Using Parametric Array Loudspeakers, Applied Acoustics, **116**, pp. 170～176 (2017)

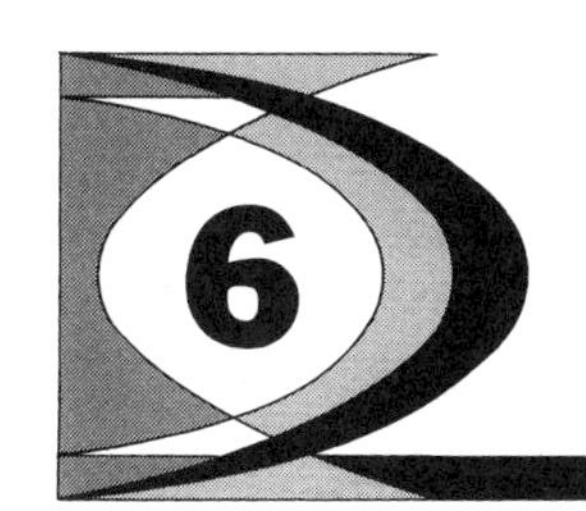

6 音場再現への展開

アクティブノイズコントロールで用いられる理論および技術は，ほぼ音場再現技術へ応用可能であり，特に空間的に複数の位置における音場再現に関しては，多点ANCに関する理論および技術の知識が役に立つ。またその逆も真である。近年では境界音場制御の原理に基づく音場再現システムが実用レベルに近づき，例えば，96個のスピーカを用いて80個のマイクロホン位置での音場再現を行う没入型聴覚ディスプレイシステム「音響樽」が実用化されている。ここでは，アクティブノイズコントロール（特にフィードフォワード制御）へ援用が可能である境界音場制御の原理に基づく音場再現の理論および技術に関して述べる。

6.1 理　　　論

6.1.1 音場制御理論の歴史的背景

音場制御の理論はホイヘンスの原理をもとに組み立てられてきたという歴史的経緯がある。そのため，音場制御の理論を数学的に説明する場合に，ホイヘンスの原理の数学的な解釈と位置付けられているキルヒホッフ-ヘルムホルツ積分方程式（以降，積分方程式と略す）が用いられてきた。すなわち積分方程式に現れる各項を音源の数学的性質として述べることにより，音場制御において必要な音源の性質が数学的に記述された[1)~4)]。

1930年代にスピーカが商用化され，立体音響を生成するステレオフォニクスの夢が語られるが，1960年代には積分方程式に現れるような音源をつくることができないという挫折が論文にも現れる[5]。この雰囲気はアクティブノイズコントロールの分野にも脈々と存在し，例えば三次元音場をある領域で静穏化することは不可能という理論的見解が重しとして存在していた。

1990年代にはディジタル信号処理技術を用いた音場制御の実験研究が盛んになり，特にアクティブノイズコントロールの分野では複数の二次音源を用いて広い領域を静穏化する実験例が報告されている[6),7]。しかし，この実験結果は理論的には説明できなかった。一方，コンピュータを用いて音場を数値的に解くために積分方程式を用いる数値計算法が現れた。その一つである境界要素法における積分方程式の解釈は，境界面上の物理量から領域内の物理量が決まるという素直なものであり，境界面上に音源を必要とするものではない。

アクティブ騒音制御の実験研究において点音源を用いずに可能となった領域の制御を理論的に説明するためにはどうすればよいか。境界要素法で用いられる積分方程式の物理的解釈を音場制御理論として応用することができないか。この二点が境界音場制御の原理が提案されるきっかけとなった[8)~10]。

6.1.2　キルヒホッフ-ヘルムホルツ積分方程式の物理的解釈

図6.1 のような音源を含まない閉曲面 S で囲まれた領域 V を想定する。音圧に関するヘルムホルツ方程式 $(\nabla^2+k^2)p(\boldsymbol{r})=0$ を積分方程式として表したキルヒホッフ-ヘルムホルツ積分方程式は次式のようになる。

$$\iint_S G(\boldsymbol{r}|\boldsymbol{s})\frac{\partial p(\boldsymbol{r})}{\partial n}-p(\boldsymbol{r})\frac{\partial G(\boldsymbol{r}|\boldsymbol{s})}{\partial n}\delta S=\begin{cases}p(\boldsymbol{s}) & \boldsymbol{s}\in V\\ 0 & \boldsymbol{s}\notin V\end{cases} \tag{6.1}$$

ここで，$G(\boldsymbol{r}|\boldsymbol{s})$ はグリーン関数と呼ばれ，$(\nabla^2+k^2)G(\boldsymbol{r}|\boldsymbol{s})=-\delta(\boldsymbol{r}-\boldsymbol{s})$ を

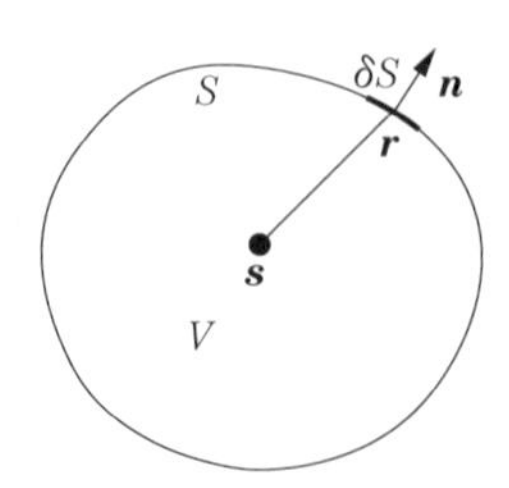

図6.1　閉曲面 S で囲まれた領域 V

満たす関数である。三次元音場では

$$G(\boldsymbol{r}|\boldsymbol{s}) = \frac{\exp(-jk|\boldsymbol{r}-\boldsymbol{s}|)}{4\pi|\boldsymbol{r}-\boldsymbol{s}|}$$

が解の一つとして知られているが，これは自由音場の点 $\boldsymbol{r}$ に点音源（モノポール音源）がある場合の点 $\boldsymbol{s}$ における音圧に等しい。また，$\partial G(\boldsymbol{r}|\boldsymbol{s})/\partial n$ は法線 n 方向に設置した二重音源（ダイポール音源）と解釈できる。一般に，場を表す微分方程式を積分表示したときに境界上に現れるグリーン関数はその場を生成する源と考えられてきた[11)]。したがって，式（6.1）はつぎのように解釈できる。領域 V 内の音場 $p(\boldsymbol{s})$ は，境界面 S 上に配置された振幅 $\partial p(\boldsymbol{r})/\partial n$ のモノポール音源と振幅 $-p(\boldsymbol{r})$ のダイポール音源によって生成される。ここに，ホイヘンスの原理における音源の性質の数学的表現が現れていることがわかる。これを音場制御の原理として説明すると，つぎのようになる。領域 V 内の音場 $p(\boldsymbol{s})$ を再生するためには，原音場において境界面 S 上で音圧 $p(\boldsymbol{r})$ とその勾配 $\partial p(\boldsymbol{r})/\partial n$ を計測し，再生音場において同じ形の境界面上にモノポール音源とダイポール音源を配置し，振幅がそれぞれ $\partial p(\boldsymbol{r})/\partial n$ と $-p(\boldsymbol{r})$ となるように調整すればよい。積分方程式における「解の一意性」の条件が成立する境界面形状（例えば無限大の面）であればレイリー積分方程式が成立し，モノポール音源のみで積分方程式は表現できる[12)]。それでも無限大の面をいかに近似できるか，モノポール音源をどのようにつくるかという問題が残る。

一方，数値計算で用いられる境界要素法の研究分野では，ホイヘンスの原理とは異なる文脈で積分方程式の数式展開が行われてきた。式（6.1）において境界面 S を N 個の微小な要素 $S_i (i=1, \cdots, N)$ に分割し，各要素内では音圧 $p(\boldsymbol{r})$ と音圧勾配 $\partial p(\boldsymbol{r})/\partial n$ が一定であると仮定した場合，式（6.1）はつぎのように離散化することが可能となる。

$$\sum_{i=1}^{N} g_i \frac{\partial p(\boldsymbol{r}_i)}{\partial n} - g_i' p(\boldsymbol{r}_i) = p(\boldsymbol{s}) \qquad (\boldsymbol{s} \in V) \tag{6.2}$$

ただし，g_i および g_i' は領域 V 内における対象とする点 $\boldsymbol{s}$ と境界要素 $\boldsymbol{r}_i$ との距離 $|\boldsymbol{r}-\boldsymbol{s}|$ から決まる係数であり，次式のように表される。

$$g_i = \iint_{S_i} G(\boldsymbol{r}|\boldsymbol{s})\delta S \qquad g_i' = \iint_{S_i} \frac{\partial G(\boldsymbol{r}|\boldsymbol{s})}{\partial n}\delta S$$

すなわち，領域 V 内のある点 $\boldsymbol{s}$ の音圧は境界面 S 上の離散点の音圧と音圧勾配にある係数を乗じ，それらの総和から求めることができると解釈できる。このように境界要素法の定式化において用いられる積分方程式の物理的解釈では，ホイヘンスの原理のように境界面 S 上に音源が想定されていないことがわかる。

6.1.3　二つの音場の相等性

ある空間に領域 V の音場（原音場），それとは別の空間に領域 V'（V と合同とする）の音場（再生音場）を想定する（式 (6.3)）。

$$\iint_{S'} G(\boldsymbol{r}'|\boldsymbol{s}')\frac{\partial p(\boldsymbol{r}')}{\partial n'} - p(\boldsymbol{r}')\frac{\partial G(\boldsymbol{r}'|\boldsymbol{s}')}{\partial n'}\delta S = p(\boldsymbol{s}') \qquad (\boldsymbol{s}' \in V') \tag{6.3}$$

ここで，g_i，g_i' は距離 $|\boldsymbol{r}-\boldsymbol{s}|$ から決まる係数であると前述したが，これは積分方程式に現れるグリーン関数 $G(\boldsymbol{r}|\boldsymbol{s})$ およびその法線方向微分 $\partial G(\boldsymbol{r}|\boldsymbol{s})/\partial n$ に関しても同じである。すなわち領域 V が領域 V' と合同であれば，グリーン関数およびその法線方向微分は領域 V と領域 V' において同じ値になる。式で表すと

$$\left.\begin{array}{l} \forall \boldsymbol{r} \in S \quad \forall \boldsymbol{r}' \in S' \quad \forall \boldsymbol{s} \in V \quad \forall \boldsymbol{s}' \in V' \\ G(\boldsymbol{r}|\boldsymbol{s}) = G(\boldsymbol{r}'|\boldsymbol{s}') \quad \dfrac{\partial G(\boldsymbol{r}|\boldsymbol{s})}{\partial n} = \dfrac{\partial G(\boldsymbol{r}'|\boldsymbol{s}')}{\partial n'} \end{array}\right\} \tag{6.4}$$

が成り立つ。したがって，式 (6.1)，(6.3)，(6.4) から

$$\left.\begin{array}{l} \forall \boldsymbol{r} \in S \quad \forall \boldsymbol{r}' \in S' \quad p(\boldsymbol{r}) = p(\boldsymbol{r}') \quad \dfrac{\partial p(\boldsymbol{r})}{\partial n} = \dfrac{\partial p(\boldsymbol{r}')}{\partial n'} \\ \Rightarrow \forall \boldsymbol{s} \in V \quad \forall \boldsymbol{s}' \in V' \quad p(\boldsymbol{s}) = p(\boldsymbol{s}') \end{array}\right\} \tag{6.5}$$

が導かれる。式 (6.5) は原音場においてある領域を囲む境界面上の音圧と粒子速度（音圧勾配）を計測し，それらが再生音場において（相対的に）同じ位置で再生されたとき，原音場における領域内音場は再生音場に完全に再生されることを意味する。これを境界音場制御の原理と定義する[13),14)]。

6.2 音場再現システム

6.2.1 音圧による音場再現

法線方向の音圧勾配は，つぎのような差分近似により表される。

$$\frac{\partial p(\boldsymbol{r}_i)}{\partial n} \cong \frac{p(\boldsymbol{r}_i + \boldsymbol{n}_i) - p(\boldsymbol{r}_i - \boldsymbol{n}_i)}{2\,|\boldsymbol{n}_i|}$$

すなわち，音圧勾配は境界面 S_i における法線上の二点 $\boldsymbol{r}_i \pm \boldsymbol{n}_i$ の音圧から求めることができる。音圧についても二点の平均

$$p(\boldsymbol{r}_i) \cong \frac{p(\boldsymbol{r}_i + \boldsymbol{n}_i) + p(\boldsymbol{r}_i - \boldsymbol{n}_i)}{2}$$

を用いると，式（6.2）は次式のように表される。

$$\sum_{j=1}^{2N} f_j p(\boldsymbol{q}_j) = p(\boldsymbol{s}) \qquad (\boldsymbol{s} \in V) \tag{6.6}$$

ただし，j は奇数のとき

$$i = \frac{j+1}{2} \qquad f_j = \frac{g_i}{2\,|\boldsymbol{n}_i|} - \frac{g_i{}'}{2} \qquad \boldsymbol{q}_j = \boldsymbol{r}_i + \boldsymbol{n}_i$$

であり，偶数のとき

$$i = \frac{j}{2} \qquad f_j = -\frac{g_i}{2\,|\boldsymbol{n}_i|} - \frac{g_i{}'}{2} \qquad \boldsymbol{q}_j = \boldsymbol{r}_i - \boldsymbol{n}_i$$

である。このように境界の離散化と音圧勾配の音圧差による表現という二つの近似が成り立てば，われわれは $2N$ 点の音圧から一意的に領域 V 内の音場を決めることができる。これは言い換えれば一意的に領域 V 内の音場を決めることができる M 点（$M \leqq 2N$）の音圧の観測位置あるいは制御位置（以降，これらを総称して音圧制御点と呼ぶ）が存在するということである。M が $2N$ より小さくなる可能性は大いにある。例えば，領域の形状で決まる固有周波数以外では音圧のみで一意性が成立することが知られており[15]，その場合には $M = N$ となる。そこで一意的に領域 V 内の音場を決めることができる最小の音圧制御点を $\boldsymbol{q}_j (j = 1, \cdots, M)$ として議論を進める。

6.2.2 離散点制御による二つの音場の相等性

6.1.2 項と同じようにある空間に領域 V の音場（原音場），それとは別の空間に領域 V と合同となる領域 V' の音場（再生音場）を想定すると，領域 V，V' の両方において音場を一意的に決めることができる音圧制御点 $\boldsymbol{q}_j$，$\boldsymbol{q}_j{}'(j=1,\cdots,M)$ が存在する。すなわち

$$\sum_{j=1}^{M} f_j p(\boldsymbol{q}_j) = p(\boldsymbol{s}) \qquad (\boldsymbol{s} \in V)$$

$$\sum_{j=1}^{M} f_j{}' p(\boldsymbol{q}_j{}') = p(\boldsymbol{s}') \qquad (\boldsymbol{s}' \in V')$$

が成り立つ。音圧制御点の相対的位置が同一であれば，$f_j = f_j{}'$ となるため

$$\left.\begin{array}{l} p(\boldsymbol{q}_j) = p(\boldsymbol{q}_j{}') \qquad (j=1,\cdots,M) \\ \Rightarrow \forall \boldsymbol{s} \in V \quad \forall \boldsymbol{s}' \in V' \quad p(\boldsymbol{s}) = p(\boldsymbol{s}') \end{array}\right\} \tag{6.7}$$

が導かれる。これは，原音場における M 点の音圧制御点 $\boldsymbol{q}_j$ で音圧 $p(\boldsymbol{q}_j)$ を計測し，再生音場における音圧制御点 $\boldsymbol{q}_j{}'$ で，音圧 $p(\boldsymbol{q}_j{}')$ が原音場と等しくなるように音場を制御することができれば，原音場における領域 V 内の音場は，再生音場における領域 V' 内に再生されることを意味する。

6.2.3 音場再現システムの実現

図 6.2 のように，ある空間に境界面 S の領域 V の音場（原音場）と，それとは別の空間に領域 V と合同となる領域 V' の音場（再生音場）を想定する。6.2.2 項より，原音場においてある領域を囲む境界面 S 上の音圧と粒子速度

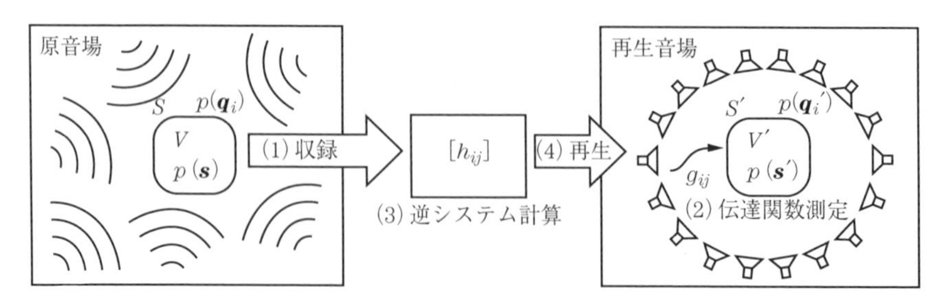

図 6.2　境界音場制御の原理に基づく音場再現システム（BoSC システム）

（音圧勾配）を計測し，それらが再生音場の境界面 S' 上において相対的に同じ位置で再生されたとき，原音場における領域 V 内の音場は再生音場の領域 V' 内に完全に再現されることがわかる。ここで，原音場における境界面 S 上の音圧および粒子速度は M 個のマイクロホンで計測した音圧信号により再現可能と仮定し，その位置座標を $\boldsymbol{q}_j(j=1,\cdots,M)$ とする。同様に再生音場に設置するマイクロホンの位置座標を $\boldsymbol{q}_j'$ とする。原音場でのマイクロホン出力信号から得られる逆システムの入力信号ベクトルを $[X_j](\in \mathbb{C}^{1\times M})$，再生音場における L 個のスピーカからマイクロホンへの伝達関数マトリクスを $[G_{ij}](\in \mathbb{C}^{L\times M})$，逆システムの伝達関数マトリクスを $[H_{ji}](\in \mathbb{C}^{M\times L})$，再生音場におけるマイクロホンからの出力信号ベクトルを $[Y_j](\in \mathbb{C}^{1\times M})$ とすると，次式が成り立つ。

$$[Y_j]=[X_j][H_{ji}][G_{ij}] \tag{6.8}$$

ただし，$X_j=P(\boldsymbol{q}_j)$，$Y_j=P(\boldsymbol{q}_j')$ である。ここで，式（6.8）が成立するためには $[Y_j]=[X_j]$ となる $[H_{ji}]$ を求めればよい。

6.2.4 逆システムの設計法

マイクロホンよりもスピーカの数が多い場合は，逆システムを時間領域で求めることにより FIR システムとして設計できるが，本システムのように多チャネルシステムの逆システムを時間領域で求めることは困難である。周波数領域で求める場合には式（6.8）を解くことにより逆システムを求めることができる。しかし，$M<L$ の場合には逆行列を一意に求めることができないため，最小ノルム解により求める方法が提案されている[16)]。最小ノルム解を与えるムーアペンローズ（MP）一般逆行列は，二次音源からの出力を最小化するため，比較的安定した逆システムの設計が期待できる。しかし，チャネル数が増えれば条件数が過度に大きくなる可能性が増え，想定した時間範囲で収束する逆システムを設計することが困難となる。そこで正則化一般逆行列

$$[H_{ji}]=([G_{ij}]^{\dagger}[G_{ij}]+\beta I_M)^{-1}[G_{ij}]^{\dagger} \tag{6.9}$$

を用いる。ただし，$[\,\cdot\,]^{\dagger}$ は行列の共役転置，β は正則化パラメータ，I_M は

M 次元単位行列である。正則化パラメータを加えることにより行列の対角成分が大きくなり，その逆行列から安定したFIRフィルタを設計することが可能となる[17),18)]。

6.3 システムの実装

6.3.1 BoSCマイクロホン

一人の受聴者の頭部を取り囲む大きさを想定し，また堅固な力学的な構造で支えるフレーム構造として，直径約45 cmのC 80フラーレン分子構造の形状のマイクロホンフレームを開発した。フレームの節の部分80ヶ所に小型無指向性マイクロホン（DPA 4060）を取り付けた。**図6.3**左にBoSCマイクロホンのフレーム全体，右にフレーム接点に取り付けたマイクロホンの拡大図（図中の円で囲んだ箇所がマイクロホン）を示す。

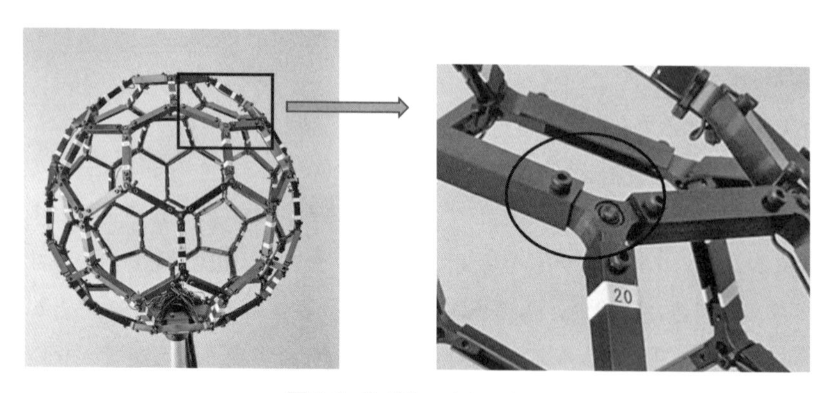

図6.3　BoSCマイクロホン

6.3.2 音　響　樽

受聴者を取り囲む閉じた境界面に高い精度で音圧波面を生成するためには，できるだけ多くの方向から波面を供給可能な音響装置の構成が必要となる。また，スピーカを取り付けるためのフレームとして，より堅固な力学的構造が安全面からも重要となる。そのためには建築物に取り付けるのが容易であるが，多くの人に音場を体験してもらうために分解，運搬，組立が可能なスピーカフレームが望ましい。また，精度の高い逆システムを設計するためには壁面やスピーカのエンクロージャなどによる音響的な境界条件の影響が懸念される。すなわちモードが小さく，かつ偏りが少ない境界条件をもつ音場再生室が必要となる。このように多数のスピーカを支える堅固な力学構造，分解，運搬，組立の容易さ，壁面のモードの偏りなどを考慮して，天井を含む床以外の壁面に96個のスピーカを取り付け，スピーカ以外の壁面をポリウール（120 mm 厚）で覆った，平面の断面が九角形となる樽型形状の音場再生室を開発した（**図6.4**）。

図6.4　音　響　樽

6.3.3　小型ディジタルアンプの開発

96 ch のスピーカから音を出すために，2 ch 程度での使用を想定した市販のスピーカアンプは装置規模が大きい。また，96 ch 分のアナログ信号を伝送するためのケーブルを音響樽の外部から引き込むことは非効率的である。すなわち 96 ch のディジタル信号を光ケーブルなどで伝送し，音響樽内部でディジタル信号を分割し，スピーカを駆動するアンプへ供給する方法が望ましい。そこで音響樽の床下に収まる程度のハードウェア規模で実現可能な，MADI入出力インタフェースをもつ小型ディジタルアンプ（8 ch D級アンプ×12台）を開発した（**図6.5**）。8 ch D級アンプはPCからMADI信号（64 ch）を受け取り，その中から該当する8 chのデータをPWM信号へ変換後に増幅して出力（76 W at 10％ THD+N 8 Ω）し，受け取ったMADI信号は再度光信号に変換して隣のディジタルアンプへ伝送する。すなわち，**図6.6**のように8 chアンプ12台をディジーチェーン接続し96 chアンプを実現した。8 ch D級アンプは仕様に従って一次LPFが含まれているが，96 ch出力において暗騒音が生じたため，三次チェビシェフ型LPF（パッシブLCR型，カットオフ周波数20 kHz）を付け加えた。**図6.7**のようにディジタルアンプ12台とLPFを音響樽の床下に設置した。使用した電源は36 V 6.7 A（安定化電源）4台，12 V 13 A 1台，5 V 15 A 1台である。

図6.5　開発した8 ch D級アンプ

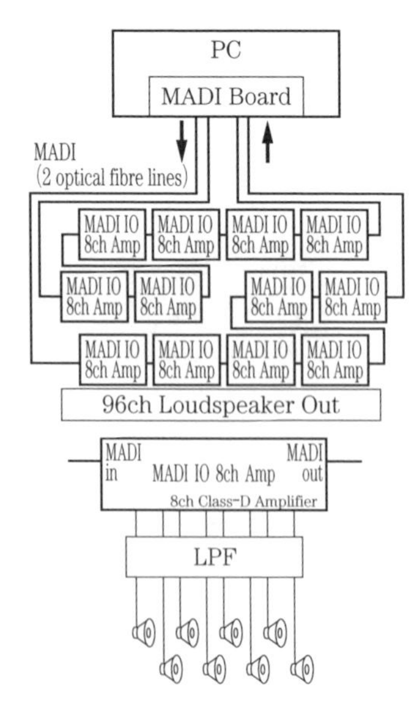

図6.6　8 chアンプ12台のディジーチェーン接続による96 chアンプの実現

図6.7　床下に設置した主要な機材

6.4 システムの性能評価

6.4.1 物 理 評 価

音響樽内部での音の波面の様子を調べるため，**図 6.8** のようにマイクロホン移動ロボットを音響樽内に設置し，三次元音場を計測した。マイクロホン移動ロボットを用いることにより，直径 1 m，高さ約 2 m の円柱状の領域の音圧を計測することができる。

防音室内にフラーレンマイクを設置し，マイク中心から距離 1.5 m の正面，左右 30°，左右 120° の 5 ヶ所から音を出力し，原音場とした。原音場で収録した 5 種類の波面と音響樽内の逆システムを畳み込み，1 kHz 以下の信号（サンプリング周波数 48 kHz）を 96 ch スピーカから出力した。音響樽内でマイクロホンを距離 4 cm，角度 4° ごとに移動しながら各波面を繰り返し生成したときの音圧信号を計測した。

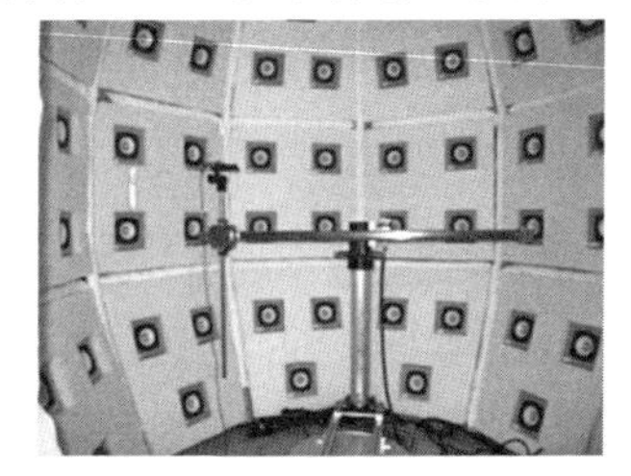

図 6.8　音響樽内に設置したマイクロホン移動ロボット

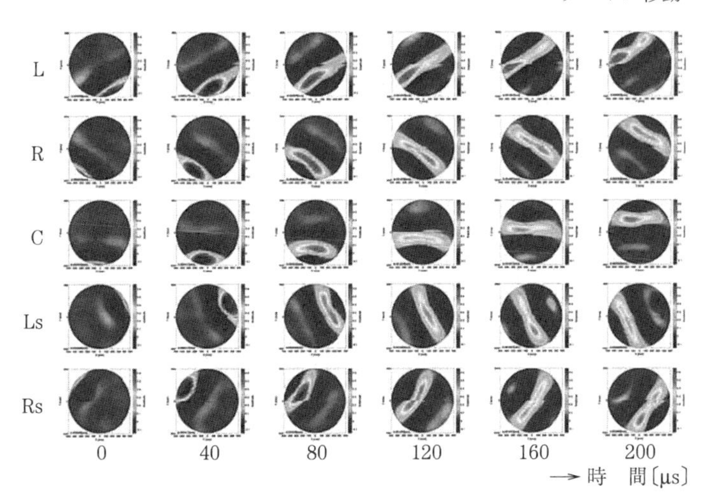

図 6.9　計測した再現音場

図 6.9 に計測した音場を示す。図は上からアレイの正面から左右 30°（LR），アレイの正面（C），左右 120°（LsRs）の直径 1 m の領域の音響樽内の波面である。また，図の左から右へは経過時間を示している。これらの結果から，各方向から波面が音響樽内部で合成され通過していくことがわかる。また，図より直径約 46 cm のマイクロホンアレイ内部の制御領域より外側の広い範囲が再現領域となっていることが，実験により明らかになった[19]。

6.4.2　音像定位実験

水平，仰角，奥行の 3 方向について音像定位実験を行った。水平方向の刺激は被験者の耳の高さの水平面内で半径 2 m の円周上 360°において，真正面を含む 15°刻みの 24 条件である。仰角方向の刺激は被験者の真正面を含む鉛直面内で半径 2 m の円周上において，真正面から真上までの 90°の範囲内，15°刻みの 7 条件である。奥行方向の刺激は頭部中心を距離 0 として，真正面の方向に，30，60，90，120，160，240 cm の 6 条件である。刺激音の作成はすべてシミュレーションで行った。まず自由空間を想定し，上記呈示条件で想定した音源位置から制御点までのインパルス応答と，1 秒間のピンクノイズ（10 ms のフェードイン/アウト処理）を畳み込み，原音とした。さらに，2 種類の BoSC システム再生のための逆フィルタを畳み込むことで，スピーカに入力する信号を求めた。逆フィルタは，それぞれの装置内で 80 ch フラーレン型マイクロホンアレイを使用して収録した，インパルス応答を用いて作成したものである。この入力信号を 0.5 秒間隔で 3 回呈示したものを 1 刺激とする。刺激の音圧レベルは，全条件において被験者の頭部中心位置で 60 dB（A）となるように調整した。

聴覚健常な成人男女 8 名が実験に参加した（うち男性 4 名，平均年齢 21.3 歳）。水平，仰角方向では，どの位置から刺激が呈示されたかを図示で回答させた。奥行方向では，マグニチュード推定法を用いて測定を行った。100 cm の位置から呈示される基準刺激と比較して，その後呈示する比較刺激がどの位置から呈示されたかを数値で回答させた。刺激呈示中は頭部の動きを許容した。実験するシステムの順番は被験者間でカウンターバランスをとった。各呈示条件はそれぞれ10回とし，呈示する順番はランダムであった。**図6.10**に水平，仰角，奥行方向の被験者間の平均角度と標準誤差を示す。水平軸は各ブロックにおける呈示条件を示す。

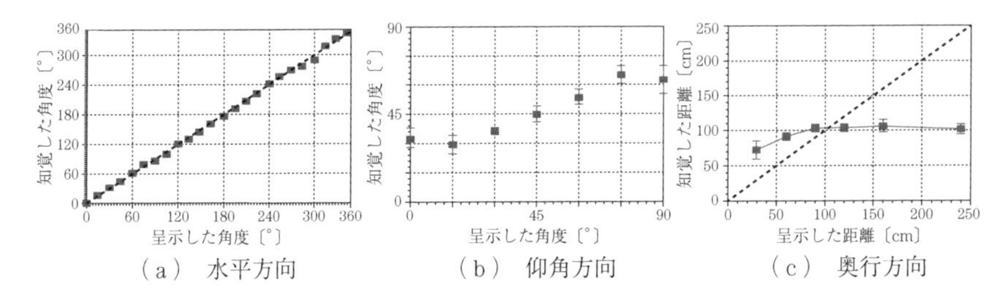

（a）　水平方向　（b）　仰角方向　（c）　奥行方向

図6.10　音像定位の実験結果

実験の結果，水平方向では呈示した角度に音源が知覚されることが示された(図(a))。聴取者全8名での平均定位誤差は7°程度であり，水平方向に関してはきわめて高い再現精度といえる。また奥行方向においても，1m以内であれば所定の距離に音源が知覚されることがわかった（図(c))。実空間においても音源までの距離が1m以上ある場合には物理的な距離よりも小さく知覚される傾向があることが示されている。先行研究で示された傾向と本研究の結果は一致しており，奥行方向においても高い再現性があると結論できる。一方，仰角方向においては全被験者の平均定位誤差が約21.1°であり（図(b))，再現精度に課題が残ることが示された[20]。

6.4.3　三次元音場による実在感の心理・生理評価

他者が自分と同一の空間に存在することを確信するために，音は不可欠な要素であり，むしろ音だけでも他者の存在を気配として感じるヒトの潜在的な能力が存在することが経験的にわかってきた。すなわち，ヒトが音により気配を感じるときには何らかの生理現象が現れる可能性がある。そこで生成する三次元音場の条件を変えることにより，“話者（発音体）の実在感”に着目したつぎの三つの心理・生理実験を行った。

（1） 話者の微細動作を再現することの効果　心理的評価に加え，自律神経系の活動およびホルモン分泌を客観的指標として用い，実在感に及ぼす微細動作の効果について確認した[21]。

（2） 接近する移動音源に対する生理反応　主観評価とともに移動音源の接近に伴う自律神経系の活動の時系列変化を指標として，実在感に及ぼす空間再現性の効果を確認した。その結果，空間再現性が高い場合には人の接近音が呈示されることによって交感神経系の活動が高まり，再現音場においても実空間と同様の生理反応が確認された。これはパーソナルスペースの侵害が生じている場合に観測されており，仮想空間でも音によってパーソナルスペースが侵害される可能性を示す[22]。

（3） 動作音・非動作音に対するミラーシステムの活動（脳波計測）　立体再生音場を心理・生理面から評価するために，人の動作音および非動作音に対するミラーシステムの活動計測（脳波計測）実験を行った。その結果，三次元再生音場では，非動作音に比べ動作音の呈示時にミラーシステムの活動が高まる（脳波におけるμサプレッション現象に有意な差が生じる）こと，1 chで音を呈示した場合に比べて三次元再生音場では動作音呈示時のミラーシステムの活動が高まることが示された（**図 6.11**，**図 6.12**）[23]。

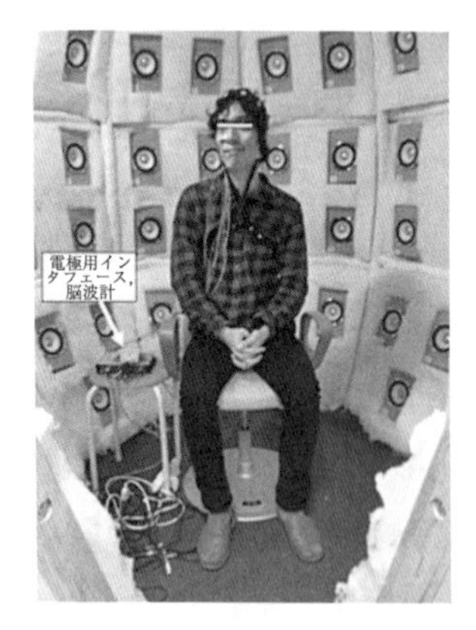

図 6.11　音響樽内での脳波測定実験の様子

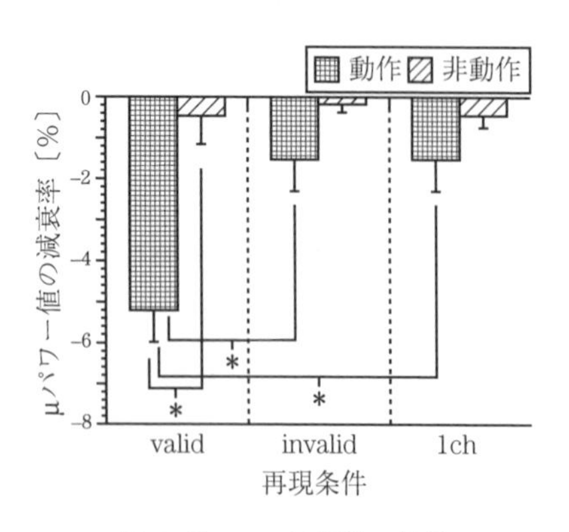

図 6.12　μ波抑制の結果

これらの結果から，高い精度での三次元音場の再現により，話者（発音体）のきわめて高い実在感が得られていることが示され，同時に音による気配を伴う話者（発音体）の実在感を心理・生理学的に評価できることが示された。

6.5 音響樽の応用

6.5.1 音場シミュレータ

音響樽内で収録した楽音信号にコンサートホールのステージなどで測定したインパルス応答および再生音場の逆システムを畳み込み，96 ch スピーカから出力することにより，演奏者の頭部周囲にコンサートホールの音場を生成することが可能となる。音場のインパルス応答と逆システムの畳込みをあらかじめ計算しておくことにより，楽音の1 ch 信号を入力として 96 ch スピーカへの出力信号を生成するフィルタを実現すればよい。この畳込み演算は1台のパソコンでリアルタイム処理が可能である。音響樽内に楽音を収音するマイクロホンを設置し，コンサートホールで計測したインパルス応答と音響樽内で計測したインパルス応答の逆システムを畳み込むことにより，コンサートホールの音場を演奏者は聴くことが可能となる。ある多目的ホールのインパルス応答から求めた残響生成用フィルタを，リアルタイムに畳み込むシステムを音響樽内に実現することにより，残響時間およびインパルス応答の初期エネルギー，残響エネルギーの周波数特性が，音響樽と多目的ホールでほぼ一致するように設計することが可能であることが実験的に明らかにされている[24]。

演奏者および楽器制作者による活用を想定し，ホールにおけるフルートの鳴り（そば鳴り・遠鳴り）に関する聴取実験を行い，システムの有用性を確認した（**図 6.13**）。ステージと客席で2点同時に測定したフルートの演奏音をプロのフルート奏者に評価させたところ，通常の録音より楽器の違いがよくわかるなどの高評価を得た。また，自身で演奏した場合のステージと客席の音を比較したいといった要望が多く寄せられたことから，システムグループが開発した三次元音場シミュレータを用い，音響樽内で演奏した音にステージと客席での

図 6.13　フルート演奏収録状況（左）と試聴実験の様子（右）

残響成分を付加することで各音場をシミュレートすることを試みた。プロのフルート奏者に実際に音響樽内で数本のフルートを演奏させ評価させたところ，ステージの仮想音場に対しては楽器の違いもわかり，ステージの音場をよく再現できているという高評価を得た。一方，客席の仮想音場に対しては楽器の違いがわからないなどの指摘を受けたことから，音場シミュレータの改善を行い，音域・特徴の異なる複数の楽器を対象に，10 名のプロ奏者の協力を得て演奏・聴取実験を行った。ここでは，規模の異なる三つのホールを再現し，音場再現性能および有効性について評価を求めた。その結果，ステージ音場ではすべての奏者がホールの規模の違いを認識して好嫌を順序付けることができ，前回と同様に高評価を得られた。客席音場では，大半の奏者がシミュレーションした規模を想定し，「客席の雰囲気がよく出て驚いた」などの高い評価を得ることができた。しかし，一部の奏者からは音質に違和感があることが指摘され，楽器により適用性に違いがあることが示唆された[25)]。

6.5.2 サウンドテーブルテニス

視覚障碍者の聴覚空間認知の訓練および娯楽を目的としたバーチャル卓球システムのプロトタイプを構築し，基本性能を調べた。視覚障碍者用の卓球の球（サウンドボール）が転がる音を呈示し，音響樽で知覚可能な球の移動経路の定位精度を確認した。その結果，始点・終点位置がともに 3 点程度であれば，球の定位はほぼ正しく知覚できることがわかった。また，画像認識を用いてユーザーの身体運動に応じて球が変化するシステムを構築し，身体運動を認識できる性能の限界などを確認した[26)]。

6.5.3 音場共有システム

二つの音響樽をネットワークで接続することにより，遠隔に位置する複数の人が同一の音響空間を感じながら，すなわち音場共有しながらコミュニケーションをとることが可能となる。例えばコンサートホールなどにおいて計測したインパルス応答と逆システムを畳み込み，**図 6.14** のように音響樽においてリアルタイムで再生することにより，アンサンブル演奏が可能となる。

オーケストラなどにおいて演奏者が例えば 10 m 程度離れると 34 ms（音速 340 m/s の場合）の遅延が生じるため，指揮者は不可欠となる。指揮者がいない 2 名のアンサンブル演奏では遅延の影響が深刻となるが，20 ms 以内であれば演奏に影響はないため[27)]，本システムでは遅延を 20 ms 以下に抑えることを目標とする。音場共有システムの実現において，遅延は通信システム，逆システム，オーディオ入出力システムの三つの要因により生じるが，オーディオ入出力装置による遅延は技術的に解決可能である。そこで低遅延で 96 ch 畳込みが可能な FPGA ボードの開発を行った。システム伝達関数の最初の 20 ms を開発した FPGA によって畳み込み，20 ms 以降のシステム伝達関数をパソコンによって畳み込み，両者を加算することにより 4 秒以上のインパルス応答を遅延 0.02 ms と実用上無視できるレベルの遅延で演算することが可能となった[28)]。

音場共有システムには，自分が発した音に残響が付加されたフィードバック経路と通信相手の空間を介するフィードバック経路が存在する。通常の通信システムでは信号のレベルでフィードバックキャンセルを行うが，本システムではフィードバック信号に含まれる伝達関数の信号長は長く，またチャネル数も多いためハードウェアとして実現することが難しい。そこで楽音を収音するためのマイクロホンの位置で再生音が無音となるように逆システムを設計する手法を採用する。実験の結果，全帯域で 20 dB 程度，特にハウリングが生じやす

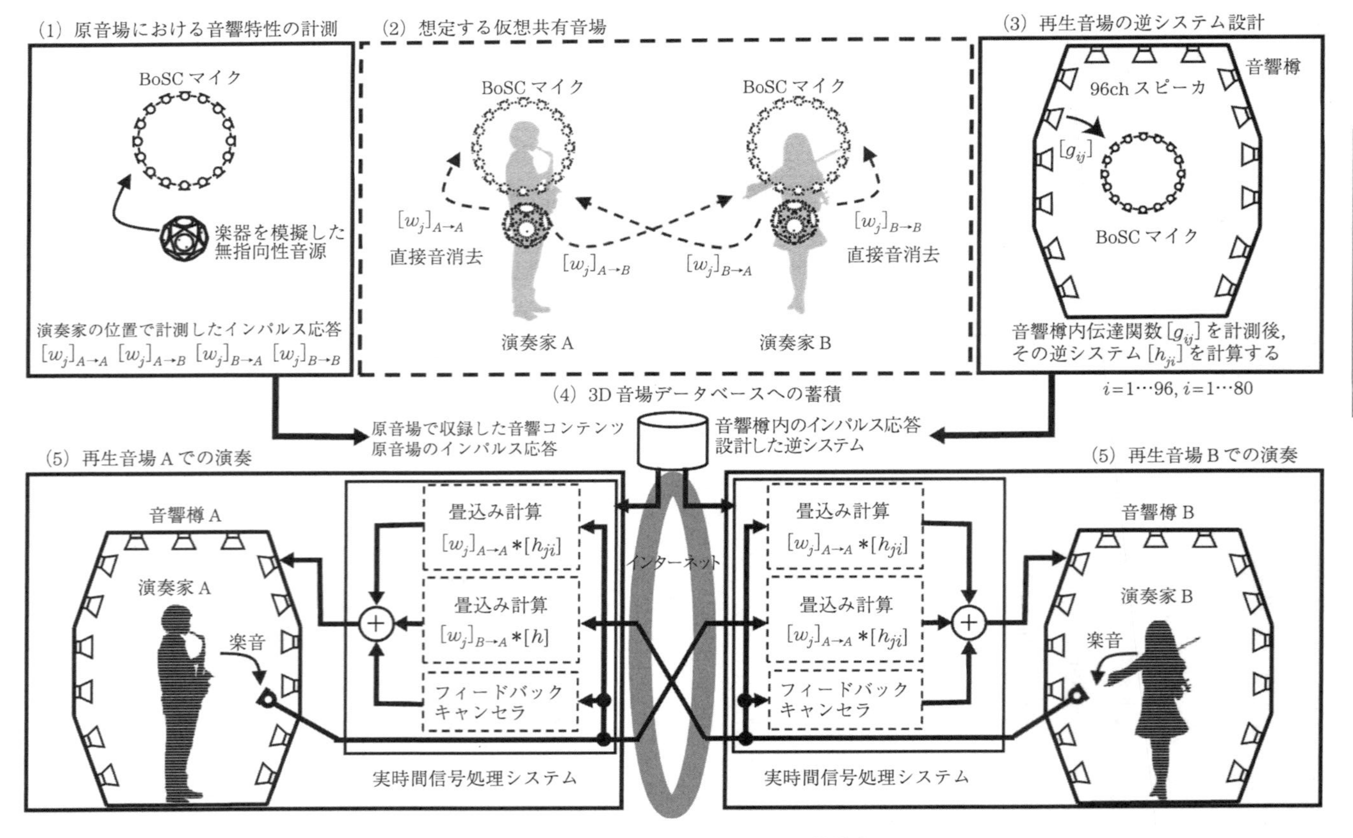

図 6.14　聴空間共有システムの全体構成

いピークにおいては30 dB程度のフィードバックの抑圧を確認した。また，フィードバックキャンセラを実装した音場シミュレータを建築音響指標により評価したところ，残響時間および残響音のエネルギー比に再現性能に十分な改善がみられた。これにより楽音収音マイクを音響樽内壁面に設置することが可能になり，演奏環境が改善された[29]。

二つの音響樽を連結したシステムについて，5組（計10名）のプロ奏者の協力を得て，評価実験を行い，システムの有用性を確認した（**図6.15**）。その結果，伝送・計算遅延による時間遅延についてはまったく気にならないといった回答が得られ，擬似的なステージ音場でのアンサンブル演奏を実現するシステムとして好評価を得ることができた。また，「遠隔地の生徒へのレッスンにも使用できそう」といった他の応用可能性についても積極的なコメントが得ることができた。その一方で，楽器の指向性による音質の違いがわからない，レッスンに使うなら画面（映像呈示）は大きいほうがよいなどの指摘を受け，今後は使用場面に応じた要求性能に対するシステムの性能向上が望まれる[30]。

図6.15　インパルス応答の測定風景（左）とアンサンブルシステム内での試奏実験の様子（右）

6.6　ま　と　め

多数のスピーカおよびマイクロホンを用いることにより，これまで困難であった三次元音場の比較的高精度な再現が可能となってきた[31]。現在，スマートフォンなどの携帯型端末の高性能化に伴い，低コストで高性能な小型マイクロホンが開発されつつある。今後，音場再現技術はさらなる多チャネル化が予想される[32]。

引用・参考文献

1) Konyaev, S. I., Lebedev, V. I. and Fedoryuk, M. V.：Discrete approximation of a spherical huygens surface, Soviet Physics-Acoustics, **23**, 4, pp. 373～374 (1977)

2) Jessel, M. J. M.：Secondary sources and their energy transfer, Acoustics Letters, **4**, 9, pp. 174～179 (1981)

3) Ffowcs-Williams, J. E.：Anti-sound, R. Soc., **A395**, pp. 63～88 (1984)

4) Nelson, P. A. and Elliott, S. J.：Active control of sound, pp. 275～294, Academic Press (1992)

5) Camras, M.：Approach to recreating a sound field, J. Acoust. Soc. Am., **43**, pp. 1425～1431 (1968)

6) Ise, S., Yano, H. and Tachibana, H.：Application of active control to sound insulation of building walls, Proc. of The 20th International Congress and Exposition on Noise Control Engineering (INTER-NOISE 1991), pp. 625～628 (1991)

7) 三好正人，金田豊：音場の逆フィルタ処理に基づく能動騒音制御，音響会誌，**46**，1，pp. 3～10（1990）

8) 伊勢史郎，橘秀樹：音場制御理論の比較，電子情報通信学会技術報告，**EA93-26**，pp. 55～60（1993）

9) 伊勢史郎，橘秀樹：エネルギーを視点としたアクティブ制御の分類，日本音響学会研究発表会講演論文集，pp. 689～690（1993）

10) 伊勢史郎：広範囲の音場再現についての研究(1)―キルヒホッフの積分公式に基づいて―，日本音響学会研究発表会講演論文集，pp. 479～480（1993）

11) Roach, G. F.：Green's Functions-2nd ed., pp. 1～8, Cambridge University Press (1992)

12) Williams, Earl G.：Fourie Acoustics, pp. 272～281, Academic Press (1999)

13) 伊勢史郎：キルヒホッフ-ヘルムホルツ積分方程式と逆システム理論に基づく音場制御の原理，音響会誌，**53**，9，pp. 706～713（1997）

14) Ise, S.：A principle of sound field control based on the Kirchhoff-Helmholtz integral equation and the theory of inverse systems, Acustica, **85**, pp. 78～87 (1999)

15) Kleiman, R. E. and Roach, G. F.：Boundary integral equations for the three

dimensional Helmholtz equation, SIAM Rev. **16**, pp. 214～236 (1974)

16) 神沼充伸，伊勢史郎，鹿野清宏：周波数領域における最小ノルム解を利用した多チャンネル音場再現システムにおける逆フィルタの設計，音響会誌，**57**，3，pp. 175～183（2001）

17) 李容子，伊勢史郎：正則化パラメータに着目した多チャネル逆システムの最適化設計法，音響会誌，**69**，6，pp. 276～284（2013）

18) 伊勢史郎：没入型聴覚ディスプレイ装置“音響樽”における逆システム設計法の検討，日本音響学会講演論文集，pp. 591～594（2014.09）

19) 榎本成悟：境界音場制御を用いた音場再現システムにおける仰角方向の再現精度の実験的検討，日本音響学会講演論文集，pp. 841～842（2014.09）

20) 山下真依，中島宏毅，小林まおり，池田雄介，榎本成悟，上野佳奈子，伊勢史郎：“音響樽”の音像定位に関する実験的検討—BoSC 再生システム 96 ch と 62 ch の比較—，日本音響学会講演論文集，pp. 719～720（2013.3）

21) 大石悠貴，小林まおり，北川智利，上野佳奈子，伊勢史郎，柏野牧夫：話者の無意識な微細運動が聴き手の自律神経活動に及ぼす効果，第 37 回日本神経科学大会（2015.9）

22) Kobayashi, M., Ueno, K.and Ise, S.：The Effects of Spatialized Sounds on the Sense of Presence in Auditory Virtual Environments：A Psychological and Physiological Study, Presence, **24**, 2, pp. 163～174 (2015)

23) 小林まおり，土田江一郎，上野佳奈子，嶋田総太郎：ミラーニューロンシステムの活動計測による三次元音場再現システムの定量的評価，日本バーチャルリアリティ学会論文誌，**21**，1，pp. 73～79（2016）

24) 渡邉祐子，吉田飛里，池田雄介，伊勢史郎：没入型聴覚ディスプレイ装置を用いた音場シミュレータの開発，日本バーチャルリアリティ学会論文誌，**20**，1，pp. 45～53（2015.3）

25) 小林まおり，上野佳奈子：ホールにおけるフルート演奏音の聴感印象—楽器の個性としての遠鳴り・そば鳴りに関する検証—，音響会誌，**73**，4，pp. 212～220（2017）

26) 渡邉祐子，池田雄介，伊勢史郎：音響樽を用いたバーチャル音卓球システムの開発，日本バーチャルリアリティ学会論文誌，**22**，1，pp. 91～101（2017）

27) 長尾翼，渡邊珠希，池田雄介，上野佳奈子，伊勢史郎：音の遅延条件がアンサンブル演奏に与える影響に関する検討，日本音響学会講演論文集，pp. 997～998（2012.03）

28) 吉田飛里，北川雄一，渡邉祐子，伊勢史郎：FPGA を用いた低遅延畳み込み演算の実現と音場共有システムへの応用，日本音響学会講演論文集，pp. 515～518（2015.09）

29) 河野峻也，井上裕介，池田雄介，渡邉祐子，伊勢史郎：没入型聴覚ディスプレイ“音響樽”を用いた音場シミュレータにおけるフィードバックの抑圧，日本音響

学会講演論文集，pp. 653～654（2015.03）

30）麻生治人，上野佳奈子，高橋茉里奈，小林まおり：音響樽を用いた音場共有システムの性能検証―ロ演奏家によるアンサンブル演奏実験―，日本音響学会講演論文集，pp. 669～670（2016.09）

31）Omoto, A., Ise, S., Ikeda, Y., Ueno, K., Enomoto, S. and Kobayashi, M.：Sound field reproduction and sharing system based on the boundary surface control principle, Acoustical Science and Technology, **36**, 1, pp. 1～11 (2015.01)

32）戦略的創造研究推進事業 CREST 平成 27 年度研究終了報告書，研究領域「共生社会に向けた人間調和型情報技術の構築」，研究課題「音楽を用いた創造・交流活動を支援する聴空間共有システムの開発」，研究代表者　伊勢史郎

索　　引

【F】

【I】

【J】

【L】

【M】

【N】

【P】

【Q】

【R】

【S】

【T】

【W】

【Z】

——著者略歴——

西村　正治（にしむら　まさはる）

1970 年　京都大学工学部航空工学科卒業
1972 年　京都大学大学院工学研究科修士課程修了（航空工学専攻）
1972 年　三菱重工業株式会社勤務
1990 年　工学博士（姫路工業大学）
2002 年　鳥取大学教授
2013 年　鳥取大学特任教授
　　　　N ラボ代表
　　　　現在に至る

宇佐川　毅（うさがわ　つよし）

1981 年　九州工業大学工学部情報工学科卒業
1983 年　東北大学大学院工学研究科博士前期課程修了（情報工学専攻）
1983 年　熊本大学助手
1988 年　工学博士（東北大学）
1988 年　熊本大学講師
1990 年　熊本大学助教授
2003 年　熊本大学教授
　　　　現在に至る

伊勢　史郎（いせ　しろう）

1984 年　早稲田大学理工学部電子通信学科卒業
1984 年　株式会社コルグ勤務
1988 年　早稲田大学大学院理工学研究科修士課程修了（電気工学専攻）
1991 年　東京大学大学院工学系研究科博士課程修了（建築学専攻），博士（工学）
1991 年　財団法人建設工学研究会主任研究員
1993 年　早稲田大学理工学総合研究センター客員講師
1994 年　奈良先端科学技術大学院大学助手
1996 年　ケンブリッジ大学客員研究員
1998 年　京都大学大学院助教授
2007 年　京都大学大学院准教授
2013 年　東京電機大学教授
　　　　現在に至る

梶川　嘉延（かじかわ　よしのぶ）

1991 年　関西大学工学部電子工学科卒業
1993 年　関西大学大学院工学研究科博士前期課程修了（電子工学専攻）
1993 年　富士通株式会社勤務
1994 年　関西大学助手
1997 年　博士（工学）（大阪大学）
1998 年　関西大学専任講師
2001 年　関西大学助教授
2007 年　関西大学准教授
2009 年　関西大学教授
　　　　現在に至る

新版　アクティブノイズコントロール
Active Noise Control (New Edition)

2006 年 7 月 7 日　初版第 1 刷発行
2008 年 7 月 10 日　初版第 2 刷発行
2017 年 10 月 6 日　新版第 1 刷発行

検印省略

編　　者　一般社団法人 日本音響学会
発 行 者　株式会社　コロナ社
　　　　　代 表 者　牛来真也
印 刷 所　壮光舎印刷株式会社
製 本 所　牧製本印刷株式会社

112-0011　東京都文京区千石 4-46-10
発 行 所　株式会社　コ ロ ナ 社
CORONA PUBLISHING CO., LTD.
Tokyo Japan
振替 00140-8-14844・電話(03)3941-3131(代)
ホームページ　http://www.coronasha.co.jp

ISBN 978-4-339-01134-0　C3355　Printed in Japan　(新宅)